Scharnweber | Kosten- und Leistungsrechnung
für Bilanzbuchhalter

Scharnweber | **Kosten- und Leistungsrechnung**
für Bilanzbuchhalter

Merkur
Verlag Rinteln

Praxisorientierte Wirtschaftswissenschaft

Verfasser:

Helmut Scharnweber, Dipl.-Hdl., Lübeck

4., überarbeitete Auflage 2009

© 2006 by MERKUR VERLAG RINTELN

Gesamtherstellung:
MERKUR VERLAG RINTELN Hutkap GmbH & Co. KG, 31735 Rinteln

E-Mail: info@merkur-verlag.de
          lehrer-service@merkur-verlag.de
Internet: www.merkur-verlag.de

ISBN 978-3-8120-**0125-0**

Vorwort zur ersten Auflage

Dieses Buch entstand aus dem Manuskript für rund 70 Unterrichtsstunden zur Vorbereitung auf die Prüfung zum anerkannten Abschluss „Geprüfter Bilanzbuchhalter/Geprüfte Bilanzbuchhalterin" im Fach *Kosten- und Leistungsrechnung.* Es orientiert sich streng an den Prüfungsanforderungen, die in der Prüfungsordnung von 1990 und im Rahmenstoffplan von 1998 nachzulesen sind. Es erhebt den Anspruch, die dort genannten Lerninhalte in einer didaktisch und methodisch geordneten Reihenfolge darzustellen. Dabei wurde besonderer Wert darauf gelegt, Zusammenhänge aufzuzeigen. Aus diesem Grund wurde auch (wie bei Wolfgang Kilger, „Kurzfristige Erfolgsrechnung", Wiesbaden 1962) ein durchgehendes Zahlenbeispiel zur Kostenarten-, Kostenstellen-, Kostenträger- und Betriebsergebnisrechnung auf Vollkostenbasis und auf Grenzkostenbasis eingebaut. Die Tabellenverknüpfung erfordert zwar ein gelegentliches Zurückblättern, schafft aber auch ein Mosaik aus den vielen kleinen Bausteinen.

Das Buch enthält nach jedem Lernabschnitt Aufgaben, die nicht nur der Übung, sondern in Verbindung mit der anschließend beschriebenen Lösung auch der Vertiefung dienen sollen. Einen Eindruck vom Umfang und Schwierigkeitsgrad der Aufgaben in der Abschlussprüfung vermittelt ein Aufgabensatz mit Lösungen am Ende des Buches.

Für konstruktive Kritik an ScharnweberH@aol.com bin ich dankbar.

Lübeck, im November 2005 Helmut Scharnweber

Vorwort zur dritten Auflage

Rechtsgrundlage der Bilanzbuchhalter-Prüfung ist die neue „Verordnung über die Prüfung zum anerkannten Abschluss Geprüfter Bilanzbuchhalter/Geprüfte Bilanzbuchhalterin" vom 18. Oktober 2007, wonach das „Erstellen einer Kosten- und Leistungsrechnung und zielorientierte Anwendung" neben dem anderen Handlungsbereich „Finanzwirtschaftliches Management" den Prüfungsteil A bildet. Der dazugehörige Rahmenplan vom Deutschen Industrie- und Handelskammertag (DIHK) wurde im November 2007 überarbeitet, setzt jedoch in der Kosten- und Leistungsrechnung im Vergleich zum Rahmenstoffplan von 1998 keine neuen inhaltlichen Akzente. Dennoch waren einige Änderungen in diesem Kurzlehrbuch nötig, z.B. eine Ergänzung um die optimale Maschinenbelegung.

Der vom DIHK empfohlene Rahmen für die Kosten- und Leistungsrechnung von 80 Unterrichtsstunden ist knapp bemessen. Im Vorwort zum Rahmenplan wird daher auch die Bereitschaft der Lehrgangsteilnehmer vorausgesetzt, die Lehrgangsinhalte eigenständig vorzubereiten, zu vertiefen und zu ergänzen. Das ermutigte mich, einige zusätzliche Aufgaben zu stellen.

Lübeck, im Mai 2008 Helmut Scharnweber

Inhaltsverzeichnis

1 Einführung in die Kosten- und Leistungsrechnung

1.1 Aufgaben und Grundbegriffe der Kosten- und Leistungsrechnung

Bei Leserinnen und Lesern, die mit der Finanzbuchführung (Geschäftsbuchführung) vertraut sind, bietet sich als Einführung in die Kosten- und Leistungsrechnung diese Gegenüberstellung an:

Finanzbuchführung	Kosten- und Leistungsrechnung
⇓	⇓

Externes Rechnungswesen:
- liefert in erster Linie Informationen an externe Interessenten (Aktionäre, Banken …)
- vermittelt einen Überblick über die Vermögens-, Finanz- und Erfolgslage
- ermittelt das Gesamtergebnis als Differenz von Aufwendungen und Erträgen gewöhnlich eines Jahres

Internes Rechnungswesen:
- liefert in erster Linie Zahlen für das Unternehmen selbst
- ermöglicht unternehmerische Entscheidungen und eine Kontrolle der Wirtschaftlichkeit
- ermittelt und analysiert das Betriebsergebnis als Differenz von Kosten und Leistungen in einer kurzfristigen Erfolgsrechnung

Einen Überblick über die Aufgaben der Kosten- und Leistungsrechnung gibt auch dieser Auszug aus dem Stellenangebot eines größeren Industriebetriebes in einer überregionalen Tageszeitung:

> Sie sollten die Verfahren der Kosten- und Leistungsrechnung beherrschen. Eine Trennung von fixen und variablen Kosten sollte Ihnen ebenso geläufig sein wie die Einholung und Kontrolle der betrieblichen Daten. Wir suchen also nicht den reinen Zahlenmenschen, sondern jemanden, der die Kosten- und Leistungsrechnung als Führungsinstrument der Unternehmensleitung versteht.

Wer in der Kosten- und Leistungsrechnung ein **Führungsinstrument der Unternehmensleitung** sieht, der erwartet von ihr

◆ Unterlagen für unternehmerische Entscheidungen, beispielsweise Aussagen zur Beantwortung der Frage, ob Fertigung und Absatz eines bestimmten Erzeugnisses gesteigert oder eingeschränkt werden sollten, und

◆ eine Kontrolle des betrieblichen Geschehens durch Feststellung und Analyse der Abweichungen von den vorgegebenen Größen.

In den ersten Aufgabenbereich fällt auch die Entscheidung über den Absatzpreis. Dazu ein Zahlenbeispiel:

> Sehr geehrte Damen und Herren,
>
> wir bedanken uns für Ihre Anfrage und beantworten Ihre Fragen wie folgt:
>
> Der Preis ab Werk beträgt 180,00 €/Stück + Umsatzsteuer. Bei Abnahme von mindestens 100 Stück gewähren wir einen Mengenrabatt von 10 %.
>
> Zahlbar innerhalb von 10 Tagen nach Rechnungsdatum abzüglich 2 % Skonto oder innerhalb 30 Tagen netto Kasse.

Dem Angebotspreis liegt folgende Rechnung zugrunde:

Selbstkosten	147,00 €	
+ Gewinn (8 %)	11,76 €	
Barverkaufspreis	158,76 €	
+ Kundenskonto (2 %)	3,24 €	
Zielverkaufspreis	162,00 €	
+ Kundenrabatt (10 %)	18,00 €	
Listenverkaufspreis (netto)	**180,00 €**	

Weil Kundenskonto vom Zielverkaufspreis zu berechnen ist, wird der Betrag so ermittelt: $\dfrac{158,76}{98} \cdot 2$.

Entsprechendes gilt für den Kundenrabatt.

Diese Rechnung mit einem **Gewinnzuschlag** auf die Selbstkosten hat sich in der Praxis weitgehend durchgesetzt, wird heute allerdings vielfach kritisiert, weil sie nicht zu systematischen Anstrengungen der Kostensenkung zwingt, um die Markterfordernisse zu erfüllen. Eine alternative Methode, die **Zielkostenrechnung oder das Target Costing,** leitet die höchstzulässigen Kosten aus dem erwünschten Marktpreis ab. Zum Beispiel stand die Entwicklung des Volkswagens in den dreißiger Jahren unter der Voraussetzung, dass das Auto zu einem Preis angeboten werden sollte, der 990 Reichsmark nicht überschritt.

Auch wenn der Preis nicht aus**gerechnet,** sondern aus**gehandelt** wird, spielen die Kosten insofern eine entscheidende Rolle, als sie die Preis**unter**grenze für die abzusetzenden oder – bei vorgegebenen Absatzpreisen – die Preis**ober**grenze für die zu beschaffenden Güter bestimmen.

Wir beschäftigen uns zunächst näher mit dem ersten Aufgabenbereich (stellen z.B. die Frage nach den Selbstkosten der Produkte). Der Aufbau unserer Rechnung kann wie folgt umrissen werden:

① **Kostenartenrechnung** (Welche Kosten sind angefallen?)

② **Kostenstellenrechnung** (Wo sind die Kosten angefallen?)

③ **Kostenträgerrechnung** (Wofür sind die Kosten angefallen?)

Zur vereinfachten Darstellung betrachten wir dabei einen sehr kleinen Industriebetrieb in der Rechtsform der Einzelunternehmung, der Haushaltsgeräte herstellt und absetzt.

Die nachstehende Tabelle 1 weist im Rechnungskreis I die Gewinn- und Verlustrechnung und im Rechnungskreis II die Betriebsergebnisrechnung dieses Betriebes **für den letzten Monat** aus.

Zur Klarstellung definieren wir zunächst die wichtigsten Grundbegriffe:

Kosten = leistungsbezogener bewerteter Güterverbrauch (in der Rechnungsperiode), wobei unter Gütern sowohl Sachgüter als auch Dienstleistungen zu verstehen sind.

Leistungen = Wert der in Erfüllung des Betriebszwecks erstellten Güter, wobei der Betriebszweck der Gegenstand des Unternehmens ist (in unserem Fall also die Herstellung und der Absatz von Haushaltsgeräten).

Ein Balkendiagramm soll die Unterschiede zwischen Kosten und anderen betriebswirtschaftlichen Stromgrößen veranschaulichen:

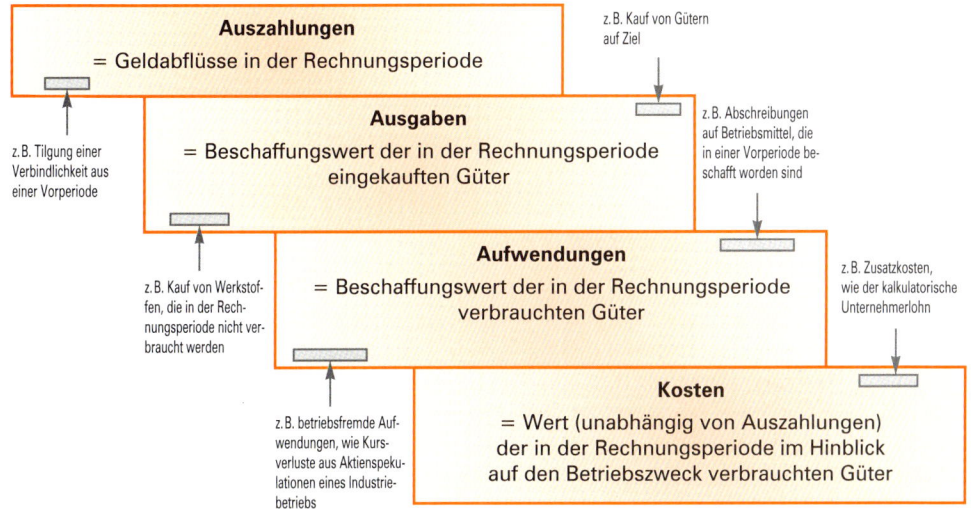

Auszahlungen
= Geldabflüsse in der Rechnungsperiode

z.B. Kauf von Gütern auf Ziel

z.B. Tilgung einer Verbindlichkeit aus einer Vorperiode

Ausgaben
= Beschaffungswert der in der Rechnungsperiode eingekauften Güter

z.B. Abschreibungen auf Betriebsmittel, die in einer Vorperiode beschafft worden sind

z.B. Kauf von Werkstoffen, die in der Rechnungsperiode nicht verbraucht werden

Aufwendungen
= Beschaffungswert der in der Rechnungsperiode verbrauchten Güter

z.B. Zusatzkosten, wie der kalkulatorische Unternehmerlohn

z.B. betriebsfremde Aufwendungen, wie Kursverluste aus Aktienspekulationen eines Industriebetriebs

Kosten
= Wert (unabhängig von Auszahlungen) der in der Rechnungsperiode im Hinblick auf den Betriebszweck verbrauchten Güter

Analog dazu unterscheiden wir

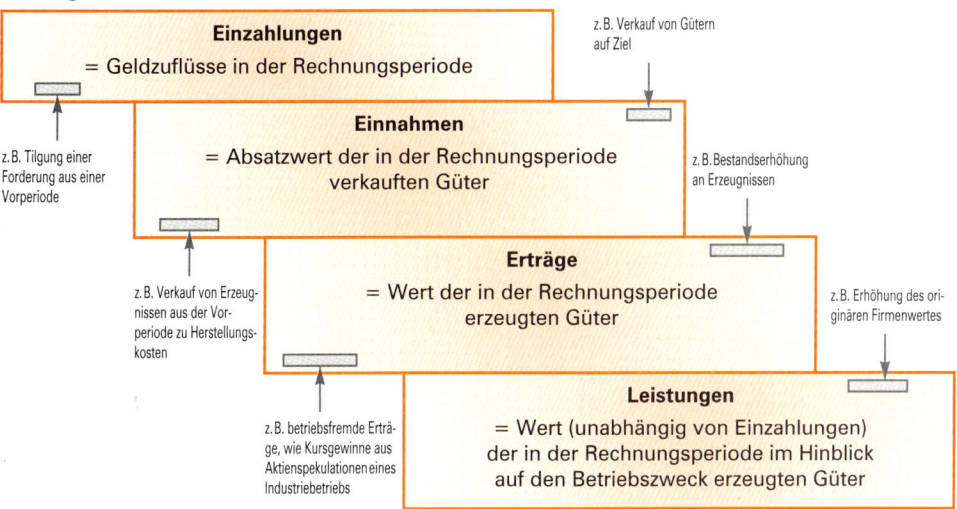

Einzahlungen
= Geldzuflüsse in der Rechnungsperiode

z.B. Verkauf von Gütern auf Ziel

z.B. Tilgung einer Forderung aus einer Vorperiode

Einnahmen
= Absatzwert der in der Rechnungsperiode verkauften Güter

z.B. Bestandserhöhung an Erzeugnissen

z.B. Verkauf von Erzeugnissen aus der Vorperiode zu Herstellungskosten

Erträge
= Wert der in der Rechnungsperiode erzeugten Güter

z.B. Erhöhung des originären Firmenwertes

z.B. betriebsfremde Erträge, wie Kursgewinne aus Aktienspekulationen eines Industriebetriebs

Leistungen
= Wert (unabhängig von Einzahlungen) der in der Rechnungsperiode im Hinblick auf den Betriebszweck erzeugten Güter

Bei den Leistungen, also dem wertmäßigen Output, unterscheiden wir
◆ Absatzleistung
  = Umsatzerlöse für Erzeugnisse, Dienstleistungen und Handelswaren
◆ Lagerleistung
  = Erhöhung der Bestände an unfertigen und fertigen Erzeugnissen
  Eine „Andersleistung" ist der Wert der auf Lager produzierten Erzeugnisse, soweit er die Herstellungskosten (den Wertansatz gemäß § 253 HGB) übersteigt.
◆ innerbetriebliche Leistung (Eigenleistung)
  – aktivierbare Leistungen (selbst erstellte Betriebsmittel)
  – nicht aktivierbare Leistungen (Wiedereinsatzgüter, originärer Firmenwert)
  Eine „Zusatzleistung" ist die Erhöhung des originären Firmenwertes, der nach Handelsrecht nicht aktiviert werden darf.

Genauer und unter Angabe von Zahlen aus der Tabelle 1 auf Seite 13 sieht die Abgrenzung von Aufwendungen und Kosten so aus:

Aufwendungen 264 480 €		
betriebs-fremde 400 €	betriebsbedingte 264 080 €	
	20 820 €	243 260 €
neutrale	kostengleiche	

Grundkosten (als Kosten verrechneter Aufwand) 243 260 €	Anderskosten (in anderer Höhe als in der Finanzbuchführung bewerteter Güterverbrauch) 18 000 €	Zusatzkosten (in der Finanzbuchführung nicht ausgewiesener Güterverbrauch) 6 000 €
	kalkulatorische Kosten 24 000 €	
Kosten 267 260 €		

Wir betrachten nun die **Ergebnistabelle** (☞ Tabelle 1 auf der folgenden Seite) näher:

Die Umsatzerlöse aus der Zelle C 7 übernehmen wir als Leistung in die Zelle I 7.

Ebenso verfahren wir mit der Erhöhung des Bestands an Erzeugnissen, weil wir (in diesem Fall) keinen Grund für einen anderen Wertansatz sehen. Ein höherer Wertansatz zum erwarteten Umsatzerlös abzüglich der bis zum Verkauf noch anfallenden Kosten wäre jedoch möglich, weil wir in der Kostenrechnung keine Rücksicht auf die Bewertungsvorschriften im Handelsgesetzbuch (vgl. §§ 253 ff. HGB) nehmen müssen.

Bei den sonstigen betrieblichen Erträgen handelt es sich um Erträge aus der Herabsetzung von Wertberichtigungen. Wir filtern sie ebenso heraus wie die Zinserträge und die außerordentlichen Erträge, weil sie bei der Bemessung der kalkulatorischen Kosten berücksichtigt werden, auf die wir im Abschnitt 1.2 näher eingehen.

Den Materialaufwand übernehmen wir als Materialkosten, obwohl ein anderer Preisansatz möglich wäre. Ebenso verfahren wir mit dem Personalaufwand.

Die bilanziellen Abschreibungen auf Anlagevermögen grenzen wir ab und ersetzen sie durch die kalkulatorischen Abschreibungen, die im Abschnitt 1.2 näher beschrieben werden.

Von den sonstigen betrieblichen Aufwendungen übernehmen wir 25 380,00 € als sonstige betriebliche Kosten, wozu u. a. Büromaterial und Werbekosten zählen. 400,00 € filtern wir als betriebsfremde Aufwendungen heraus.

Die betrieblichen Steuern übernehmen wir als Kosten.

Die Zinsaufwendungen und die außerordentlichen Aufwendungen grenzen wir ab, um sie in der Kostenrechnung durch kalkulatorische Zinsen bzw. kalkulatorische Wagniskosten zu ersetzen.

Der Wert des Güterverbrauchs, der in der Kostenrechnung in anderer Höhe als in der Finanzbuchführung angesetzt werden soll, wird in der Spalte F abgegrenzt. An seine Stelle treten Anderskosten, die – wie die Zusatzkosten, die im Abschnitt 1.2 näher beschrieben werden – in der Spalte H unter den Kosten erfasst und in der Spalte G als Gegenposten „verrechnete Kosten" erscheinen, damit diese Gleichung erfüllt ist:

Gesamtergebnis = neutrales Ergebnis + Betriebsergebnis

Ergebnistabelle (€/Monat)

	A	B	C	D	E	F	G	H	I
1	Rechnungskreis I						Rechnungskreis II		
2	Erfolgsbereich der Geschäftsbuchführung			Abgrenzungsbereich				Kosten- und Leistungsbereich	
3		Aufwands- und Ertragsarten		Unternehmensbezogene Abgrenzungen		Kosten- und leistungs-		Kosten- und Leistungsarten	
4						rechnerische Korrekturen			
5	Konten laut Industrie-Kontenrahmen (IKR)	Aufwendungen	Erträge	Aufwendungen	Erträge	–	+	Kosten	Leistungen
6									
7	50 Umsatzerlöse für eigene Erzeugnisse		267 120,00						267 120,00
8	52 Bestandsveränderungen an Erzeugnissen		3 360,00						3 360,00
9	54 Sonstige betriebliche Erträge		1 440,00				1 440,00		
10	57 Zinserträge		900,00				900,00		
11	58 Außerordentliche Erträge		1 660,00				1 660,00		
12	60 – 61 Materialaufwand	79 200,00						79 200,00	
13	62 – 64 Personalaufwand	132 280,00						132 280,00	
14	65 Abschreibungen auf Anlagevermögen	10 400,00				10 400,00			
15	66 – 69 Sonstige betriebliche Aufwendungen	25 780,00		400,00				25 380,00	
16	70 Betriebliche Steuern	6 400,00						6 400,00	
17	75 Zinsaufwendungen	4 340,00				4 340,00			
18	76 Außerordentliche Aufwendungen	6 080,00				6 080,00			
19									
20	*Verrechnung kalkulatorischer Kosten*								
21	Kalkulatorische Abschreibungen						8 250,00	8 250,00	
22	Kalkulatorische Zinsen						8 750,00	8 750,00	
23	Kalkulatorische Wagnisse						1 000,00	1 000,00	
24	Kalkulatorischer Unternehmerlohn						6 000,00	6 000,00	
25	*Summen*	264 480,00	274 480,00	400,00	0,00	20 820,00	28 000,00	267 260,00	270 480,00
26		→ Wert der verbrauchten / erzeugten Güter (Sachgüter und Dienste)		→ Der Saldo ist das Ergebnis aus unternehmensbezogenen Abgrenzungen: – 400,00		→ Der Saldo ist das Ergebnis aus kosten- und leistungsrechn. Korrekturen: 7 180,00		→ Wert der für den Betriebszweck verbrauchten / erzeugten Güter (Sachgüter und Dienste)	
27									
28									
29									
30		Gesamtergebnis (G) (Unternehmensergebnis)		Neutrales Ergebnis (N)				Betriebsergebnis (B)	
31	*Salden (Abstimmung: G = N + B)*	10 000,00		6 780,00				3 220,00	
32									

Tabelle 1

1.2 Ausgewählte Einzelheiten der Kostenartenrechnung

Wir gruppieren zunächst die wichtigsten Kostenarten nach der Art der verbrauchten Güter wie folgt:

◆ Materialkosten

   ◆ Personalkosten

      ◆ Fremdleistungskosten

         ◆ kalkulatorische Kosten (= Anderskosten und Zusatzkosten)

und klären ausgewählte Einzelheiten dazu:

◆ **Materialkosten** (Werkstoffkosten) sind der Wert der verbrauchten

- Rohstoffe, das sind Güter (wie Metall bei der Geräteherstellung), die als Hauptbestandteile in das zu fertigende Produkt eingehen
- Hilfsstoffe, das sind Güter (wie Schrauben bei der Geräteherstellung), die als Nebenbestandteile in das zu fertigende Produkt eingehen
- Betriebsstoffe, das sind Güter (wie Strom oder Büromaterial), die zwar nicht in das zu fertigende Produkt eingehen, aber zu dessen Herstellung und Vertrieb erforderlich sind

Der Materialverbrauch kann auf verschiedene Weise ermittelt werden:

❖ **Zugangsmethode**

Verbrauch = Zugang laut Lieferschein

Diese abrechnungstechnisch sehr einfache Methode, bei der keine Bestände entstehen können, lässt sich für solche Materialarten anwenden, die entweder sofort verbraucht werden, weil sie nicht lagerfähig sind, oder (wie Büromaterial) zwar lagerfähig sind, aber so geringwertig, dass eine spätere Verbrauchserfassung nicht sinnvoll ist.

❖ **Inventurmethode**

Verbrauch = Anfangsbestand + Zugang laut Lieferschein – Endbestand

❖ **Skontrationsmethode**

Verbrauch = Addition der auf Materialentnahmescheinen festgehaltenen Mengen

Diese Methode ermöglicht durch entsprechende Eintragungen auf Materialentnahmescheinen eine verursachungsgerechte Weiterverrechnung auf die Produkte. Der Nachteil dieser Methode besteht darin, dass außerordentliche Bestandsminderungen (z. B. durch Verderb oder Diebstahl) erst nach Kenntnis der Inventurbestände ermittelt werden können.

❖ **Rückrechnung**

Verbrauch = Stückverbrauch laut Stücklisten · gefertigte Menge

Nach dieser Methode ergeben sich nur Soll-Verbrauchsmengen, die mehr oder weniger stark von den Ist-Verbrauchsmengen abweichen können. Daher ist die Rückrechnung insbesondere für die Bestimmung der Rohstoffverbrauchsmengen praktisch ungeeignet.

◆ **Personalkosten** sind

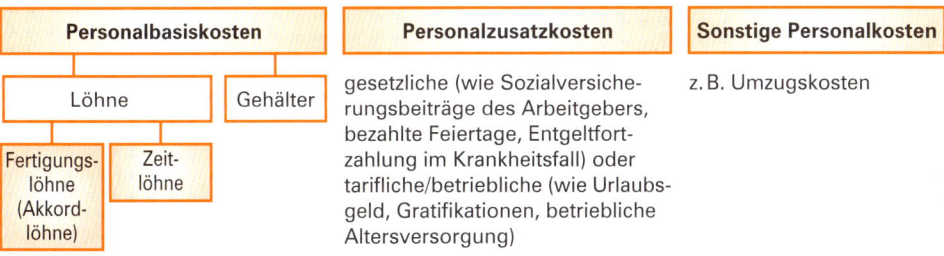

Personalbasiskosten		Personalzusatzkosten	Sonstige Personalkosten
Löhne	Gehälter	gesetzliche (wie Sozialversicherungsbeiträge des Arbeitgebers, bezahlte Feiertage, Entgeltfortzahlung im Krankheitsfall) oder tarifliche/betriebliche (wie Urlaubsgeld, Gratifikationen, betriebliche Altersversorgung)	z. B. Umzugskosten
Fertigungslöhne (Akkordlöhne)	Zeitlöhne		

◆ **Fremdleistungskosten** sind nicht nur die Entgelte für die in Anspruch genommenen Dienste von Transport-, Versicherungs- und anderen Dienstleistungsunternehmen, sondern auch die Beiträge und Gebühren der öffentlichen Hand sowie die Kostensteuern (Grund-, Kfz-Steuer usw.).

◆ **Kalkulatorische Kosten** umfassen Anderskosten und Zusatzkosten.

Zu den **Anderskosten** zählen

❖ **kalkulatorische Abschreibungen**

Sie unterscheiden sich von den bilanziellen Abschreibungen auf Sachanlagen z.B. durch die folgenden Merkmale:

	kalkulatorische Abschreibungen	bilanzielle Abschreibungen
Ausgangswert	Wiederbeschaffungswert[1] der betriebsnotwendigen abnutzbaren Sachanlagen	(historische) Anschaffungs- oder Herstellungskosten aller abnutzbaren Sachanlagen
Abschreibungsdauer	betriebsindividuelle Nutzungsdauer[2]	betriebsgewöhnliche Nutzungsdauer lt. AfA-Tabelle
Abschreibungsverfahren	linear (Manchmal wird auch die Leistungsabschreibung gewählt.)	gewöhnlich anfangs degressiv (wenn steuerrechtlich zulässig)[3]

❖ **kalkulatorische Zinsen**

Im Unterschied zu den Zinsaufwendungen bildet nicht das Fremdkapital, sondern das betriebsnotwendige Kapital die Wertbasis zur Berechnung der kalkulatorischen Zinsen. Dazu gehört auch das im betriebsnotwendigen Vermögen gebundene Eigenkapital, das zwar keinen Zinsaufwand, wohl aber einen Nutzenentgang (= *Opportunitätskosten*) verursacht.

---

1 Der Wiederbeschaffungswert wird zugrunde gelegt, weil im Unterschied zur bilanziellen Abschreibung nicht nominelle Kapitalerhaltung, sondern Substanzerhaltung angestrebt wird.

2 Zeigt sich im Zeitablauf, dass die tatsächliche Nutzungsdauer größer oder kleiner ist als die geschätzte Nutzungsdauer, muss danach der Abschreibungsbetrag geändert werden. Da in der Kostenrechnung aber ein Fehler in der Vergangenheit niemals durch einen Fehler in der Zukunft kompensiert werden darf, ist in Zukunft derjenige Abschreibungsbetrag anzusetzen, der sich ergeben hätte, wenn die Nutzungsdauer von Anfang an richtig geschätzt worden wäre. Dieses Vorgehen kann in der Kostenrechnung zu Mehr- oder Minderabschreibungen führen, die als Abschreibungswagnis bei der Bemessung der kalkulatorischen Wagniskosten berücksichtigt werden.

3 Nach dem Unternehmensteuerreformgesetz 2008 wurde die steuerrechtliche Möglichkeit der degressiven Abschreibung für bewegliche Wirtschaftsgüter des Anlagevermögens, die nach dem 31.12.2007 angeschafft wurden, abgeschafft. 2009 wurde die degressive Abschreibung wieder zugelassen

Das betriebsnotwendige Kapital wird so ermittelt:

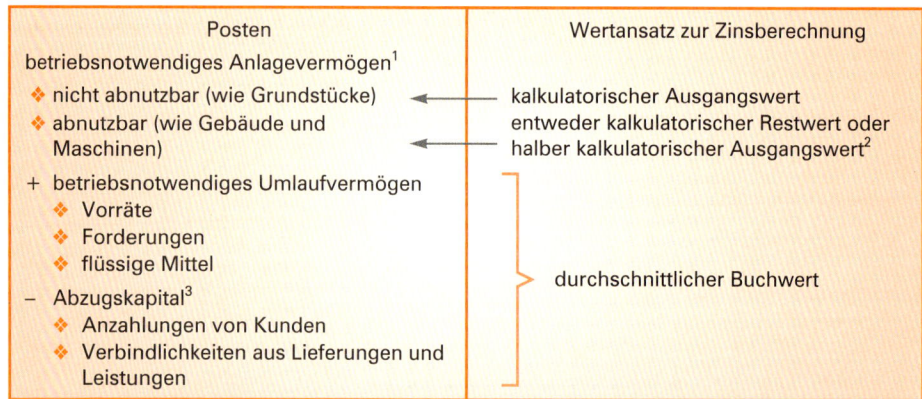

Posten	Wertansatz zur Zinsberechnung
betriebsnotwendiges Anlagevermögen[1]	
❖ nicht abnutzbar (wie Grundstücke)	kalkulatorischer Ausgangswert
❖ abnutzbar (wie Gebäude und Maschinen)	entweder kalkulatorischer Restwert oder halber kalkulatorischer Ausgangswert[2]
+ betriebsnotwendiges Umlaufvermögen	
❖ Vorräte	
❖ Forderungen	
❖ flüssige Mittel	
− Abzugskapital[3]	durchschnittlicher Buchwert
❖ Anzahlungen von Kunden	
❖ Verbindlichkeiten aus Lieferungen und Leistungen	

Als Zinssatz wird der durchschnittliche landesübliche Zinssatz risikofreier Anleihen früherer Jahre gewählt, der aus Gründen der Vergleichbarkeit über mehrere Jahre unverändert anzuwenden ist.

Nebenerträge aus Teilen des betriebsnotwendigen Kapitals (wie Zinserträge) werden manchmal – wie in Nr. 43 (4) der LSP für die Berechnung des Selbstkostenpreises bei bestimmten öffentlichen Aufträgen gefordert – als Gutschrift behandelt.

❖ **kalkulatorische Wagniskosten**

In den Leitsätzen für die Preisermittlung aufgrund von Selbstkosten (LSP) heißt es:

Nr. 47 Abgrenzung

(1) Wagnis (Risiko) ist die Verlustgefahr, die sich aus der Natur des Unternehmens und seiner betrieblichen Tätigkeit ergibt.

(2) Wagnisse, die das Unternehmen als Ganzes gefährden, die in seiner Eigenart, in den besonderen Bedingungen des Wirtschaftszweiges oder in wirtschaftlicher Tätigkeit schlechthin begründet sind, bilden das allgemeine Unternehmerwagnis.

(3) Einzelwagnisse sind die mit der Leistungserstellung in den einzelnen Tätigkeitsgebieten des Betriebes verbundenen Verlustgefahren.

Nr. 48 Verrechnung

(1) Das allgemeine Unternehmerwagnis wird im kalkulatorischen Gewinn abgegolten.

(2) Für die Einzelwagnisse können kalkulatorische Wagniskosten (Wagnisprämien) in die Kostenrechnung eingesetzt werden. Betriebsfremde Wagnisse sind außer Betracht zu lassen. Soweit Wagnisse durch Versicherungen gedeckt oder eingetretene Wagnisverluste in anderen Kostenarten abgegolten sind, ist der Ansatz von Wagniskosten nicht zulässig.

---

1 Als nicht betriebsnotwendige Vermögensteile bleiben die im Unternehmen vorhandenen Objekte außer Ansatz, die nicht dem Betriebszweck dienen, z. B. Wertpapiere und stillgelegte Anlagen.

2 Dadurch, dass man beim abnutzbaren betriebsnotwendigen Anlagevermögen den halben kalkulatorischen Ausgangswert als Kapitalbetrag ansetzt (also die Hälfte der historischen Anschaffungs- oder Herstellungskosten oder die Hälfte des Wiederbeschaffungswertes), ergibt sich für das einzelne Anlagegut eine gleich bleibende Zinsbelastung im Zeitablauf. Setzt man, wie in Nr. 45 der u. U. bei öffentlichen Aufträgen zu beachtenden Leitsätze für die Preisermittlung aufgrund von Selbstkosten **(LSP)** gefordert, das Anlagevermögen mit dem kalkulatorischen Restwert (Ausgangswert – kalkulatorische Abschreibungen) an, sinken die kalkulatorischen Zinsen von Jahr zu Jahr.

3 Die Berücksichtigung des **Abzugskapitals** ist umstritten, weil man damit gegen den Grundsatz verstößt, Finanzierungseinflüsse aus der Kostenrechnung herauszuhalten.

Nr. 49 Ermittlung der kalkulatorischen Wagniskosten

(1) Die kalkulatorischen Wagniskosten sind auf der Grundlage der tatsächlich entstandenen Verluste aus Wagnissen zu ermitteln. Soweit Verlusten aus Wagnissen entsprechende Gewinne gegenüberstehen, sind diese aufzurechnen. Der tatsächlichen Gefahrenlage im laufenden Abrechnungszeitabschnitt ist Rechnung zu tragen. Fehlen zuverlässige Unterlagen, so sind die kalkulatorischen Wagniskosten sorgfältig zu schätzen.

(2) Für die Bemessung der Wagniskosten soll ein hinreichend langer, möglichst mehrjähriger Zeitabschnitt zugrunde gelegt werden. Dabei ist stets ein Ausgleich zwischen den kalkulatorischen Wagniskosten und den tatsächlichen Verlusten aus Wagnissen anzustreben.

Anstelle der stoßweise anfallenden Zufallsaufwendungen (z. B. Kassenfehlbeträge und Forderungsausfälle) hat der von uns betrachtete Betrieb auf der Grundlage der in vergangenen Jahren tatsächlich entstandenen Verluste einen monatlichen Durchschnittsbetrag von insgesamt 1 000,00 € ermittelt. Dabei wurden folgende Einzelwagnisse berücksichtigt:

Beständewagnis: z. B. Vorratsverluste durch Schwund, Diebstahl oder Verderb
Anlagenwagnis: z. B. Anlagenverluste durch besondere Schadensfälle
Fertigungswagnis: z. B. Mehrkosten durch Ausschuss und Nacharbeit
Vertriebswagnis: Forderungs- und Währungsverluste
Gewährleistungswagnis: Verluste durch Garantieverpflichtungen oder Kulanzleistungen

Zusatzkosten (denen keine Aufwendungen gegenüberstehen) sind

❖ **der kalkulatorische Unternehmerlohn**

Er wird bei Einzelkaufleuten und Personengesellschaften als Entgelt für die Arbeit des Unternehmers in der Kostenrechnung berücksichtigt. Er ist (nach Nr. 24 LSP) „unabhängig von den tatsächlichen Entnahmen des Unternehmers in der Höhe des durchschnittlichen Gehaltes eines Angestellten mit gleichwertiger Tätigkeit in einem Unternehmen gleichen Standorts, gleichen Geschäftszweiges und gleicher Bedeutung oder mit Hilfe eines anderen objektiven Leistungsmaßstabes zu bemessen. Die Größe des Betriebes, der Umsatz und die Zahl der in ihm tätigen Unternehmer sind zu berücksichtigen."

❖ **die kalkulatorische Miete**

Wenn – was bei unserem Betrieb nicht der Fall ist – die betrieblich genutzten Räume zum Privatvermögen des Eigentümers gehören, muss aus Gründen sowohl der Vergleichbarkeit mit einer Kapitalgesellschaft als auch wegen des entgangenen Nutzens bei unterbliebener Fremdvermietung eine als Zusatzkosten verrechnete kalkulatorische Miete angesetzt werden.

2 Scharnweber – ISBN 978-3-8120-0125-0

1.3 Aufgaben und Lösungen zum Lernabschnitt 1

1.3.1 Aufgaben

Aufgabe 1 >

Ordnen Sie den folgenden Geschäftsfällen die Begriffe

(1) Auszahlung
(2) Ausgabe
(3) Aufwand
(4) Kosten

zu. Mehrfachnennungen sind möglich.

a) Rohstoffe werden in der Rechnungsperiode auf Ziel gekauft und auf Lager gelegt.

b) Rohstoffe, die in der Rechnungsperiode beschafft und bezahlt worden sind, werden verbraucht und in der Finanzbuchführung und Kostenrechnung gleich bewertet.

c) Gegenstände der Betriebs- und Geschäftsausstattung, die vor der Rechnungsperiode beschafft und bezahlt und in der Finanzbuchführung bereits voll abgeschrieben worden sind, werden kalkulatorisch abgeschrieben.

Aufgabe 2 >

Kreuzen Sie jeweils an, ob die folgenden Aussagen richtig oder falsch sind:

a) Das Betriebsergebnis einer Abrechnungsperiode …

	richtig	falsch
◆ ist immer die Differenz zwischen Umsatz und Gesamtkosten der Periode.		
◆ ergibt sich aus dem neutralen und kalkulatorischen Ergebnis der Periode.		
◆ ist stets höher als das neutrale Ergebnis.		

b) Kosten, denen kein Aufwand gegenübersteht, heißen …

	richtig	falsch
◆ aufwandsgleiche Kosten.		
◆ Zusatzkosten.		
◆ Zweckaufwand.		

c) Kalkulatorische Kosten …

	richtig	falsch
◆ werden in Anders- und Zusatzkosten unterschieden.		
◆ umfassen u.a. Garantiekosten, Abschreibungen und Unternehmerlohn.		

Aufgabe 3 >

a) Die Umsätze in den letzten 5 Jahren betrugen zusammen 100 000 000,00 €. Die Forderungsausfälle beliefen sich im gleichen Zeitraum auf insgesamt 1 400 000,00 €.

   Mit welchem Prozentsatz ist das Vertriebswagnis anzusetzen, wenn 30 % der Umsätze Barverkäufe sind?

b) (1) Erläutern Sie drei andere Einzelwagnisse (neben dem Vertriebswagnis).

   (2) Nennen Sie zwei Unterschiede zwischen den Einzelwagnissen und dem allgemeinen Unternehmerwagnis.

c) Ein LKW wird zu 40 % zeitabhängig und zu 60 % leistungsabhängig kalkulatorisch abgeschrieben. Nutzungsdauer und maximale km-Leistung werden mit 6 Jahren bzw. 400000 km veranschlagt. Die Anschaffungskosten betrugen 150000,00 €. Der Preisindex im Anschaffungsjahr war 250 %. Der Preisindex im Wiederbeschaffungsjahr wird auf 300 % geschätzt.

Wie viel Euro beträgt die kalkulatorische Abschreibung am Ende des 2. Nutzungsjahres, in dem 75000 km gefahren wurden?

d) Nennen Sie vier Unterschiede zwischen bilanziellen Abschreibungen auf Sachanlagen und den kalkulatorischen Abschreibungen.

Aufgabe 4

a) Begründen Sie, warum die Durchschnittswertmethode der Restwertmethode bei der Berechnung der kalkulatorischen Zinsen vorzuziehen ist.

b) Geben Sie drei mögliche Bilanzposten für das Abzugskapital an, das bei der Berechnung des betriebsnotwendigen Kapitals berücksichtigt wird.

c) Nennen Sie den Grund, warum die Berücksichtigung des Abzugskapitals bei der Berechnung des betriebsnotwendigen Kapitals umstritten ist.

Aufgabe 5

Ein Industriebetrieb verwendet für die Herstellung seiner Produkte A und B einen bestimmten Rohstoff. Für den letzten Monat hat die Materialabrechnung zu diesem Rohstoff folgende Daten zusammengestellt:

	Menge (kg)	Einstandspreis (€/kg)
Anfangsbestand	2500	11,00
Zugang lt. Lieferschein	1700	11,80
Abgang lt. Materialentnahmeschein	3800	
Zugang lt. Lieferschein	2600	12,10
Abgang lt. Materialentnahmeschein	1650	
Zugang lt. Lieferschein	1000	12,50
Schlussbestand lt. Inventur	2280	

Im letzten Monat wurden 10000 Stück der Produktart A und 12000 Stück der Produktart B hergestellt. Laut Stücklisten sind in jedem Stück A 300 g dieses Rohstoffes und in jedem Stück B 200 g dieses Rohstoffes enthalten.

Der Industriebetrieb bewertet sämtliche Materialmengen mit Verrechnungspreisen. Der Verrechnungspreis dieses Rohstoffes beträgt 12,00 €/kg. Das Unternehmen erfasst bei jedem Materialzugang die Abweichungen des Einstandspreises gegenüber dem Verrechnungspreis und verrechnet diese monatlich als Korrekturposten in die Ergebnisrechnung.

Ermitteln Sie die Rohstoffkosten im letzten Monat nach der

a) Skontrationsmethode (Fortschreibung),

b) Inventurmethode (Befundrechnung),

c) retrograden Methode (Rückrechnung).

Aufgabe 6

Nach § 275 (2) HGB weist die Gewinn- und Verlustrechnung das **Ergebnis der gewöhnlichen Geschäftstätigkeit** als Saldo aus diesen 13 Posten aus, wobei sich das Ergebnis in zwei Teile gliedern ließe:

1. Umsatzerlöse
2. Erhöhung oder Verminderung des Bestands an fertigen und unfertigen Erzeugnissen
3. andere aktivierte Eigenleistungen
4. sonstige betriebliche Erträge — Ergebnis des Betriebsbereiches
5. Materialaufwand
6. Personalaufwand
7. Abschreibungen (in erster Linie auf Sachanlagen)
8. sonstige betriebliche Aufwendungen
9. Erträge aus Beteiligungen
10. Erträge aus anderen Wertpapieren und Ausleihungen des Finanzanlagevermögens
11. sonstige Zinsen und ähnliche Erträge — Ergebnis des Finanzbereiches
12. Abschreibungen auf Finanzanlagen und auf Wertpapiere des Umlaufvermögens
13. Zinsen und ähnliche Aufwendungen

Begründen Sie, warum weder das ganze Ergebnis der gewöhnlichen Geschäftstätigkeit noch das darin enthaltene Ergebnis des Betriebsbereiches dem Betriebsergebnis aus der Kosten- und Leistungsrechnung entspricht.

Aufgabe 7

Vervollständigen Sie die nachstehende Ergebnistabelle unter Berücksichtigung dieser Angaben:

1. In den Abschreibungen auf Sachanlagen sind 15 000,00 € Abschreibungen auf ein Gebäude enthalten, das für 20 000,00 € vermietet worden ist.
2. In den Steuern ist die Grundsteuer auf das vermietete Gebäude mit 1 000,00 € enthalten.
3. Der Materialverbrauch wird in der Kostenrechnung mit Verrechnungspreisen bewertet und mit 900 000,00 € angesetzt.
4. Der kalkulatorische Unternehmerlohn beträgt 120 000,00 €.
5. Die kalkulatorischen Zinsen betragen 50 000,00 €.
6. Statt der aufgetretenen Verluste aus Schadensfällen werden in der Kostenrechnung kalkulatorische Wagnisse von 40 000,00 € angesetzt.
7. Die kalkulatorischen Abschreibungen betragen 90 000,00 €.

	Rechnungskreis I		Rechnungskreis II					
	Erfolgsbereich der Finanzbuchführung		Abgrenzungsbereich				KLR-Bereich	
Konto	Aufwands- und Ertragsarten der Klassen 5,6 und 7		Unternehmensbezogene Abgrenzungen		Kosten- und leistungsrechnerische Korrekturen		Kosten- und Leistungsarten	
	Aufwendungen	Erträge	Aufwendungen	Erträge	Aufwendungen	verr. Kosten	Kosten	Leistungen
Umsatzerlöse		1 880 000						
Bestandserhöhung an Erzeugnissen		40 000						
Mieterträge		20 000						
Materialaufwand	895 000							
Personalaufwand	700 000							
Abschreibungen auf Sachanlagen	100 000							
Verluste aus Schadensfällen	60 000							
Betriebliche Steuern	26 000							
Zinsaufwendungen	4 000							
	1 785 000	1 940 000						
	155 000 Gesamtgewinn							

Aufgabe 8

Ein Industriebetrieb hat zu Beginn des Jahres 04 eine Maschine mit Anschaffungskosten von 190 800,00 € und einer geschätzten Nutzungsdauer von 6 Jahren erworben. Abschreibungen erfolgen auf der Basis aktueller Wiederbeschaffungskosten. Zum Zeitpunkt der Anschaffung lag der Preisindex bei 106. Die Preisindizes (zum Ende des Basisjahres 01 = 100) entwickelten sich wie folgt:

Jahr	Preisindex	zum Jahresende
04	108,0	
05	110,5	
06	112,0	
07	114,0	(geschätzt)
08	116,0	(geschätzt)
09	118,0	(geschätzt)

a) Ermitteln Sie die kalkulatorischen Abschreibungen für die ersten drei Nutzungsjahre.

b) Begründen Sie, warum trotz der (verdienten) Abschreibungen vom Wiederbeschaffungswert die Substanz nicht erhalten bleibt.

1.3.2 Lösungen

Aufgabe 1

a) 2

b) 1, 2, 3 und 4

c) 4

Aufgabe 2

a) Das Betriebsergebnis einer Abrechnungsperiode ...

	richtig	falsch
◆ ist immer die Differenz zwischen Umsatz und Gesamtkosten der Periode.		X
◆ ergibt sich aus dem neutralen und kalkulatorischen Ergebnis der Periode.		X
◆ ist stets höher als das neutrale Ergebnis.		X

b) Kosten, denen kein Aufwand gegenübersteht, heißen ...

	richtig	falsch
◆ aufwandsgleiche Kosten.		X
◆ Zusatzkosten.	X	
◆ Zweckaufwand.		X

c) Kalkulatorische Kosten ...

	richtig	falsch
◆ werden in Anders- und Zusatzkosten unterschieden.	X	
◆ umfassen u.a. Garantiekosten, Abschreibungen und Unternehmerlohn.	X	

Aufgabe 3

a) $\dfrac{1\,400\,000\ €}{100\,000\,000\ € - 30\,000\,000\ €} \cdot 100 = \underline{\underline{2\,\%}}$

b) (1) z.B.

◆ Beständewagnis: Güterverbrauch durch z.B. Schwund oder Verderb

◆ Anlagenwagnis: z.B. Fehleinschätzung der Nutzungsdauer von Maschinen

◆ Fertigungswagnis: z.B. Ausschuss, Nacharbeit

(2) **Einzelwagnisse ...**

– sind die Verlustgefahren in einzelnen Tätigkeitsgebieten des Unternehmens.

– werden als Kosten berücksichtigt.

Das allgemeine Unternehmerwagnis ...

– gefährdet das Unternehmen als Ganzes.

– wird im Gewinn abgegolten.

c) Anschaffungskosten, hochgerechnet mit $\dfrac{300\,\%}{250\,\%}$, ergeben einen Wiederbeschaffungswert von

180 000,00 €

40 % davon = 72 000,00 € sind zeitabhängig abzuschreiben

Abschreibung pro Jahr: 12 000,00 €

60 % davon = 108 000,00 € sind
leistungsabhängig abzuschreiben

Abschreibung pro km: 0,27 €

kalkulatorische Abschreibung am Ende des 2. Nutzungsjahres
32 250,00 €

d)

	kalkulatorische Abschreibungen	bilanzielle Abschreibungen
Berechnungsgrundlage	Wert der betriebsnotwendigen abnutzbaren Sachanlagen	Wert der gesamten abnutzbaren Sachanlagen
Wertbasis	Wiederbeschaffungswert	Anschaffungs- oder Herstellungskosten
Abschreibungsdauer	betriebsindividuelle Nutzungsdauer	betriebsgewöhnliche Nutzungsdauer lt. AfA-Tabelle
Abschreibungsverfahren	gewöhnlich linear	gewöhnlich anfangs degressiv (wenn steuerrechtlich zulässig)

Aufgabe 4

a) Die Durchschnittswertmethode ist vorzuziehen, weil nur sie die Forderung nach einer gleichmäßigen Kostenverteilung erfüllt.

b) Z. B. unverzinsliche Kundenanzahlungen, Verbindlichkeiten aus Lieferungen und Leistungen, unverzinsliche Rückstellungen.

c) Berücksichtigt man das Abzugskapital bei der Berechnung des betriebsnotwendigen Kapitals, so verstößt man gegen den Grundsatz, Finanzierungseinflüsse aus der Kostenrechnung herauszuhalten.

Aufgabe 5

a) 3 800 kg + 1 650 kg = 5 450 kg à 12,00 € = 65 400,00 €

b) 2 500 kg + 5 300 kg – 2 280 kg = 5 520 kg à 12,00 € = 66 240,00 €

c) 10 000 Stück · 0,300 kg/Stück = 3 000 kg
    12 000 Stück · 0,200 kg/Stück = 2 400 kg
                                    5 400 kg à 12,00 €/kg = 64 800,00 €

Aufgabe 6

Das Ergebnis der gewöhnlichen Geschäftstätigkeit entspricht schon deshalb nicht dem Betriebsergebnis aus der Kosten- und Leistungsrechnung, weil im Ergebnis der gewöhnlichen Geschäftstätigkeit auch das Ergebnis des Finanzbereiches enthalten ist, das zum neutralen Ergebnis zählt.

Auch das Ergebnis des Betriebsbereiches entspricht nicht dem Betriebsergebnis aus der Kosten- und Leistungsrechnung, weil im Ergebnis des Betriebsbereiches sowohl betriebsfremde als auch periodenfremde oder außergewöhnliche Aufwendungen und Erträge enthalten sind. Zum Beispiel können durch Abgänge von Vermögensgegenständen außergewöhnliche Aufwendungen oder Erträge entstehen, die das Ergebnis des Betriebsbereiches beeinflussen. Damit das Ergebnis des Betriebsbereiches mit dem Betriebsergebnis der Kosten- und Leistungsrechnung übereinstimmt, müssten außerdem Korrekturen im Hinblick auf die kalkulatorischen Kosten vorgenommen werden.

Aufgabe 7

	Rechnungskreis I			Rechnungskreis II				
	Erfolgsbereich der Finanzbuchführung			Abgrenzungsbereich			KLR-Bereich	
	Aufwands- und Ertragsarten der Klassen 5, 6 und 7		Unternehmensbezogene Abgrenzungen		Kosten- und leistungsrechnerische Korrekturen		Kosten- und Leistungsarten	
Konto	Aufwendungen	Erträge	Aufwendungen	Erträge	Aufwendungen	verr. Kosten	Kosten	Leistungen
Umsatzerlöse		1880000						1880000
Bestandserhöhung an Erzeugnissen		40000						40000
Mieterträge		20000		20000				
Materialaufwand	895000				895000	900000	900000	
Personalaufwand	700000						700000	
Abschreibungen auf Sachanlagen	100000		15000		85000	90000	90000	
Verluste aus Schadensfällen	60000				60000	40000	40000	
Betriebliche Steuern	26000		1000				25000	
Zinsaufwendungen	4000				4000	50000	50000	
kalkulatorischer Unternehmerlohn						120000	120000	
	1785000	1940000	16000	20000	1044000	1200000	1925000	1920000
	155000 Gesamtgewinn		neutraler Gewinn = 160000				Betriebsverlust	5000

Zu dieser Tabelle sei noch angemerkt, dass unter den Aufwendungen in der unternehmensbezogenen Abgrenzung häufig nicht nur die betriebsfremden Aufwendungen (wie Abschreibungen auf nicht betrieblich genutztes Anlagevermögen) eingeordnet werden, sondern auch andere neutrale Aufwendungen, die wir bei den kosten- und leistungsrechnerischen Korrekturen abgrenzen: betriebliche außerordentliche Aufwendungen (wie Schadensfälle) und periodenfremde Aufwendungen (wie Steuernachzahlungen).

Aufgabe 8

a) siehe Angaben zu den Jahren 04 bis 06 in dieser Tabelle:

Jahr	Preisindex zum Jahresende	Ausgangswert für die Abschreibung (€)	Abschreibung (€)
04	108,0	194400,00	32400,00
05	110,5	198900,00	33150,00
06	112,0	201600,00	33600,00
07	114,0	205200,00	34200,00
08	116,0	208800,00	34800,00
09	118,0	212400,00	35400,00
Summe:			203550,00

b) Am Ende der Nutzungsdauer müssten 212400,00 € als verdienter Abschreibungsgegenwert für die Ersatzbeschaffung zur Verfügung stehen. Es sind aber nur 203550,00 € verrechnet und verdient worden. Der Fehlbetrag wäre nur vermieden worden, wenn man die Minderabschreibungen aus den Vorjahren nachgeholt hätte. Man sollte aber nicht Fehler in Vorjahren durch Fehler in Folgejahren ausgleichen, sondern Mehr- oder Minderabschreibungen in den gleichmäßig auf die Jahre verteilten kalkulatorischen Wagniskosten berücksichtigen.

Dieses Argument spricht gegen die folgende Rechnung, in der die Minderabschreibungen in den ersten drei Nutzungsjahren, die sich aus dem steigenden Preisindex ergeben, durch Mehrabschreibungen in den letzten drei Nutzungsjahren ausgeglichen werden:

Jahr	Preisindex zum Jahresende	Wiederbeschaf-fungs-kosten (€)	Abschreibung		
			Rechenweg	pro Jahr (€)	kumuliert (€)
04	108,0	194 400,00	194 400 : 6	32 400,00	32 400,00
05	110,5	198 900,00	(198 900 – 32 400) : 5	33 300,00	65 700,00
06	112,0	201 600,00	(201 600 – 65 700) : 4	33 975,00	99 675,00
07	114,0	205 200,00	(205 200 – 99 675) : 3	35 175,00	134 850,00
08	116,0	208 800,00	(208 800 – 134 850) : 2	36 975,00	171 825,00
09	118,0	212 400,00	(212 400 – 171 825) : 1	40 575,00	212 400,00

2 Kostenstellen- und Kostenträgerrechnung auf Vollkostenbasis

2.1 Divisions- und Äquivalenzzahlenkalkulation

2.1.1 Ein- und mehrstufige Divisionskalkulation

Die Kostenstellenrechnung beantwortet die Frage, in welchem betrieblichen Teilbereich (z. B. Fertigung) die Kosten angefallen sind. Weil wir die Kostenstellenrechnung zunächst nur als ein Bindeglied zwischen der Kostenartenrechnung und der Kostenträgerrechnung („Wofür sind wie viel Kosten angefallen?") betrachten und von einfachen Sachverhalten ausgehen, wird eine Kostenstellenrechnung anfangs nicht benötigt.

Ein einfacher Sachverhalt liegt vor, wenn wir die Tabelle 1 zu unserem durchgängigen Zahlenbeispiel heranziehen, die Gesamtkosten im letzten Monat von 267 260,00 € ausweist, und (zuerst unter Vernachlässigung der Bestandserhöhung an Erzeugnissen) annehmen, dass in diesem Monat 5 400 Stück einer einzigen Produktart hergestellt und auch abgesetzt worden sind. Die Stückkosten (k) ergeben sich als Quotient aus **Gesamtkosten** (K) und Stückzahl (x):

$$k = \frac{K}{x}$$

$$k = \frac{267\,260,00\ \text{€}}{5\,400\ \text{Stück}} = 49,49\ \text{€/Stück}$$

Wegen der Division, die allerdings auch bei den komplizierteren Kalkulationsverfahren vorkommt, spricht man von der **Divisionskalkulation.**

Jetzt berücksichtigen wir, dass von den 5 400 Stück nur 5 320 Stück abgesetzt worden sind. Die auf Lager produzierten 80 Stück sollen zu Herstellkosten bewertet werden.

Herstellkosten dürfen nicht mit **Herstellungskosten** verwechselt werden! Herstellkosten sind *Kosten,* die bei der Herstellung von Gütern entstehen, Herstellungskosten sind

Aufwendungen, die bei der Herstellung von Gütern entstehen. Vgl. § 255 Abs. 2 HGB, der 2009 durch das Bilanzrechtsmodernisierungsgesetz diese Fassung erhalten hat:

„Herstellungskosten sind die Aufwendungen, die durch den Verbrauch von Gütern und die Inanspruchnahme von Diensten für die Herstellung eines Vermögensgegenstands, seine Erweiterung oder für eine über seinen ursprünglichen Zustand hinausgehende wesentliche Verbesserung entstehen. Dazu gehören die Materialkosten, die Fertigungskosten und die Sonderkosten der Fertigung sowie angemessene Teile der Materialgemeinkosten, der Fertigungsgemeinkosten und des Werteverzehrs des Anlagevermögens, soweit dieser durch die Fertigung veranlasst ist. Bei der Berechnung der Herstellungskosten dürfen angemessene Teile der Kosten der allgemeinen Verwaltung sowie angemessene Aufwendungen für soziale Einrichtungen des Betriebs, für freiwillige soziale Leistungen und für die betriebliche Altersversorgung einbezogen werden, soweit diese auf den Zeitraum der Herstellung entfallen. Forschungs- und Vertriebskosten dürfen nicht einbezogen werden."

Der Unterschied zwischen Herstellkosten und Herstellungskosten kann durch ein Balkendiagramm veranschaulicht werden:

Wenn zwischen Herstellkosten, Verwaltungskosten und Vertriebskosten unterschieden wird, dann ist eine Kostenstellenrechnung nötig. Wir wollen zunächst keine Einzelheiten der Kostenstellenrechnung betrachten und davon ausgehen, dass die in der Tabelle 1 ausgewiesenen Gesamtkosten sich so zusammensetzen:

Wir verteilen die Herstellkosten auf die Produktionsmenge und die Verwaltungs- und Vertriebskosten auf die Absatzmenge und ermitteln die Selbstkosten pro abgesetztes Stück wie folgt:

Herstellkosten	$\dfrac{214\,480{,}00\ €}{5\,400\ \text{Stück}}$	= 39,72 €/Stück
Verwaltungs- und Vertriebskosten	$\dfrac{52\,780{,}00\ €}{5\,320\ \text{Stück}}$	= 9,92 €/Stück
Selbstkosten		49,64 €/Stück

Obwohl die Selbstkosten jetzt in zwei Rechenschritten ermittelt werden, wollen wir auch hier noch von **einstufiger Divisionskalkulation** sprechen. Die **mehrstufige Divisionskalkulation** ist anzuwenden, wenn das Produkt mehrere *Produktionsstufen* durchläuft.

BEISPIEL:

Ein Kunststeinwerk produzierte im letzten Monat Steine einer einzigen Produktart. Deren Herstellung erfolgte in zwei Stufen.

◆ In der ersten Stufe wurden 800 000 Steine gefertigt, wobei die Herstellkosten 240 000,00 € betrugen.

◆ Von diesen 800 000 Steinen wurden in der zweiten Stufe 700 000 Steine weiterbearbeitet, wobei Herstellkosten von 70 000,00 € anfielen.

Von den Steinen, die beide Produktionsstufen durchlaufen haben, wurden 640 000 abgesetzt. Die Verwaltungs- und Vertriebskosten betrugen 89 600,00 €.

Die Selbstkosten pro abgesetztes Stück lassen sich mit zwei Methoden ermitteln:

„addierende Methode"

$$\text{I} \quad \frac{240\,000,00\ €}{800\,000\ \text{Stück}} = 0,30\ €/\text{Stück}$$

$$\text{II} \quad \frac{70\,000,00\ €}{700\,000\ \text{Stück}} = 0,10\ €/\text{Stück} \quad \Bigg\} \quad 0,54\ €/\text{Stück}$$

$$\text{III} \quad \frac{89\,600,00\ €}{640\,000\ \text{Stück}} = 0,14\ €/\text{Stück}$$

„kumulierende Methode"

$$\text{I} \quad \frac{240\,000,00\ €}{800\,000\ \text{Stück}} = 0,30\ €/\text{Stück}$$

$$\text{II} \quad \frac{0,30\ €/\text{Stück} \cdot 700\,000\ \text{Stück} + 70\,000,00\ €}{700\,000\ \text{Stück}} = 0,40\ €/\text{Stück}$$

$$\text{III} \quad \frac{0,40\ €/\text{Stück} \cdot 640\,000\ \text{Stück} + 89\,600,00\ €}{640\,000\ \text{Stück}} = 0,54\ €/\text{Stück}$$

Die addierende Methode eignet sich zur Beantwortung der Frage, wie hoch die zusätzlichen Herstellkosten auf den einzelnen Produktionsstufen sind, um danach z.B. über Fertigungsverlagerung an andere Unternehmen zu entscheiden. Diese Methode kann allerdings zu falschen Ergebnissen führen, wenn z.B. Schwund zu berücksichtigen ist. In diesem Fall muss man bei der addierenden Methode mit Ergiebigkeitsfaktoren rechnen. Sie geben an, welche Endproduktmengen z.B. aus 1 kg Stufenausbringung gewonnen werden.

BEISPIEL:

Für die Gewinnung von 9000 kg Rohmaterial sind 18 000,00 € Kosten entstanden. Aus 7500 kg des Rohmaterials wurden 5000 kg des Zwischenprodukts hergestellt, wobei zusätzliche Kosten von 10 000,00 € anfielen. 4000 kg des Zwischenprodukts wurden zu 2000 kg des Endprodukts verarbeitet; die Kosten der Verarbeitung betrugen 6000,00 €. Die Herstellkosten pro kg des Endprodukts lassen sich leichter mit Hilfe der kumulierenden Methode ermitteln:

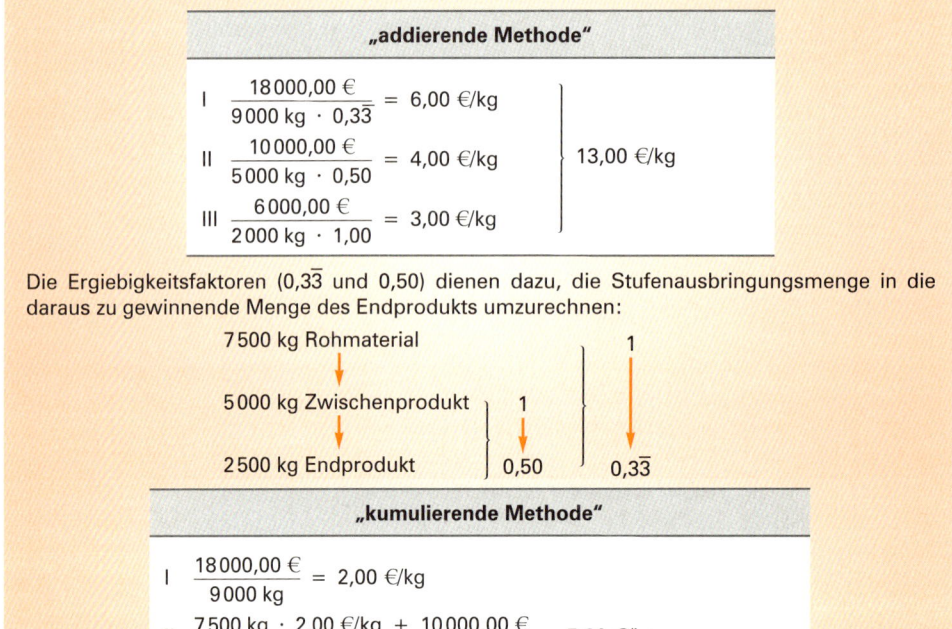

„addierende Methode"

I $\dfrac{18\,000,00\,€}{9\,000\,kg \cdot 0,3\overline{3}} = 6,00\,€/kg$

II $\dfrac{10\,000,00\,€}{5\,000\,kg \cdot 0,50} = 4,00\,€/kg$ $\Big\}$ 13,00 €/kg

III $\dfrac{6\,000,00\,€}{2\,000\,kg \cdot 1,00} = 3,00\,€/kg$

Die Ergiebigkeitsfaktoren (0,3$\overline{3}$ und 0,50) dienen dazu, die Stufenausbringungsmenge in die daraus zu gewinnende Menge des Endprodukts umzurechnen:

7 500 kg Rohmaterial

5 000 kg Zwischenprodukt $\quad$ 1

2 500 kg Endprodukt $\quad$ 0,50 $\quad$ 0,3$\overline{3}$

„kumulierende Methode"

I $\dfrac{18\,000,00\,€}{9\,000\,kg} = 2,00\,€/kg$

II $\dfrac{7\,500\,kg \cdot 2,00\,€/kg \;+\; 10\,000,00\,€}{5\,000\,kg} = 5,00\,€/kg$

III $\dfrac{4\,000\,kg \cdot 5,00\,€/kg \;+\; 6\,000,00\,€}{2\,000\,kg} = 13,00\,€/kg$

Die kumulierende Methode ist auch gut geeignet, um für Bestandsbewertungen die Herstellkosten von unfertigen Erzeugnissen zu ermitteln, z.B. 5,00 €/kg des Zwischenprodukts.

Die Divisionskalkulation ist natürlich nur anzuwenden, wenn ein Unternehmen Erzeugnisse einer einzigen Produktart in Massenfertigung herstellt und auch keine weiteren Produkte (als Handelswaren) vertreibt.

2.1.2 Ein- und mehrstufige Äquivalenzzahlenkalkulation

Wie gehen wir bei der Stückkostenermittlung vor, wenn unser Betrieb nicht 5400 Stück einer Produktart hergestellt und (wie wir vereinfachend annehmen) auch voll abgesetzt hat, sondern

> 1 400 Stück der Produktart A und
> 4 000 Stück der Produktart B?

Wenn **Sortenfertigung** vorliegt, die beiden Produktarten also eng verwandt sind, weil sie aus den gleichen Rohstoffen bestehen und auch im Hinblick auf die Fertigung sehr ähnlich sind, dann kann eine Aussage darüber gemacht werden, in welchem Verhältnis die beiden Produktarten an den Kosten in Höhe von insgesamt 267 260,00 € beteiligt sind. Wenn wir z. B. im Hinblick auf den Materialverbrauch davon ausgehen können, dass die Stückkosten der Sorte B um 20 % unter denen der Sorte A liegen, dann ist diese **einstufige Äquivalenzzahlenkalkulation** möglich:

Sorte	Menge (Stück)	Äquivalenzzahl	Recheneinheiten (Stück)	Stückkosten (€)
A	1 400	1	1 400	58,10
B	4 000	0,8	3 200	46,48
	267 260,00 € :		4 600	58,10

Der Schritt zur **mehrstufigen Äquivalenzzahlenkalkulation** ist klein, weil die Äquivalenzzahlenkalkulation nur eine leicht abgewandelte Divisionskalkulation darstellt.

BEISPIEL:

Ein Industriebetrieb erstellt die Sorten S, T und U in einer zweistufigen Produktion. Folgende Daten liegen für die Produktionsstufen I und II vor:

Sorte	ÄZ I	ÄZ II	Produktions- menge
S	0,5	0,5	4 000 Stück
T	1	1	5 000 Stück
U	3	2	6 000 Stück

Die Herstellkosten in der Abrechnungsperiode betragen insgesamt 1 000 000,00 € in der Produktionsstufe I und 608 000,00 € in der Produktionsstufe II.

	Sorte	Menge (Stück)	Äquivalenzzahl	Recheneinheiten (Stück)	Stückkosten (€)
Stufe I	S	4 000	0,5	2 000	20,00
	T	5 000	1	5 000	40,00
	U	6 000	3	18 000	120,00
		1 000 000,00 € :		25 000	40,00

	Sorte	Menge (Stück)	Äquivalenzzahl	Recheneinheiten (Stück)	Stückkosten (€)
Stufe II	S	4 000	0,5	2 000	16,00
	T	5 000	1	5 000	32,00
	U	6 000	2	12 000	64,00
		608 000,00 € :		19 000	32,00

Daraus ergeben sich diese Herstellkosten pro fertiges Stück:

S 36,00 €
T 72,00 €
U 184,00 €

2.1.3 Aufgaben und Lösungen zum Lernabschnitt 2.1

2.1.3.1 Aufgaben

Aufgabe 1 >

Über einen Betrieb mit mehrstufiger Divisionskalkulation liegen für die letzte Abrechnungsperiode folgende Informationen vor:

Fertigungsstufe A	Ausbringung	80 000 Stück
	davon weiterverarbeitet in B	70 000 Stück
	Verkauf	2 000 Stück
	Zwischenlager A	8 000 Stück
Fertigungsstufe B	Einsatz	70 000 Stück
	Verschnitt/Verlust	500 Stück
	Ausbringung	69 500 Stück
	davon weiterverarbeitet in C	60 000 Stück
	Verkauf	9 500 Stück
Fertigungsstufe C	Einsatz	60 000 Stück
	Verschnitt/Verlust	500 Stück
	Ausbringung	59 500 Stück
	Verkauf	54 500 Stück
	Fertigerzeugnislager	5 000 Stück

Herstellkosten

Fertigungsstufe A	160 000,00 €
Fertigungsstufe B	242 250,00 €
Fertigungsstufe C	74 600,00 €

a) Ermitteln Sie die Herstellkosten eines fertigen Stückes.

b) Zu welchem Listenverkaufspreis müssten 1000 Stück der fertigen Erzeugnisse angeboten werden, wenn der Betrieb mit

   30 % Verwaltungs- und Vertriebskosten
       (bezogen auf die Herstellkosten der abgesetzten Erzeugnisse)

   10 % Gewinn (bezogen auf die Selbstkosten)

   2 % Kundenskonto (bezogen auf den Zielverkaufspreis)

   5 % Kundenrabatt (bezogen auf den Listenverkaufspreis)

   rechnet?

Aufgabe 2 >

Zucker wird in mehreren Produktionsstufen hergestellt. Die Zwischenprodukte sind marktfähig. Deshalb sollen auch ihre Herstellkosten bekannt sein.

Eine Fabrik kauft 1 000 t Zuckerrohr für 80 000,00 € und verarbeitet ihn weiter:

Stufen	Stufenkosten	Einsatz- menge	Ausstoß	Lagerzugang/ Lagerabgang
1 Saftpresse	20 000,00 €	1 000 t	400 t	
2 Saftfilterung	2 400,00 €	400 t	320 t	60 t gefilterter Saft gehen auf Lager

Stufen	Stufenkosten	Einsatz-menge	Ausstoß	Lagerzugang/Lagerabgang
3 Eindicken zu Sirup	3 200,00 €	260 t	180 t	
4 Rohzucker-gewinnung	5 400,00 €	200 t	160 t	20 t Sirup mit Herstellkosten von 450,00 €/t kommen vom Lager
5 Zuckerraffinade	2 100,00 €	160 t	140 t	

Berechnen Sie die kumulativen Herstellkosten je Tonne jeder Stufe.

Aufgabe 3 >

Erläutern Sie die Voraussetzungen zur Anwendung der einstufigen Äquivalenzzahlenkalkulation und beschreiben Sie die Rechnung.

Aufgabe 4 >

Ein Betonwerk stellt 3 Produktsorten her. Von den Gesamtkosten der Abrechnungsperiode in Höhe von 939 400,00 € entfallen 736 000,00 € auf die Herstellung und der Rest auf Verwaltung und Vertrieb. Die Herstellkosten werden mit Hilfe von Äquivalenzzahlen auf die produzierten Erzeugnisse verteilt. Die Verwaltungs- und Vertriebskosten werden prozentual zu den Herstellkosten des Umsatzes (= Herstellkosten der Absatzmenge) auf die abgesetzten Erzeugnisse verrechnet.

Sorte	Produktionsmenge	Absatzmenge
A	44 000 Stück	40 000 Stück
B	32 000 Stück	30 000 Stück
C	8 000 Stück	7 500 Stück

Die Herstellkosten je Stück der Sorte A liegen (z.B. wegen unterschiedlicher Länge und Breite) 20 % über, die der Sorte C 10 % unter denen je Stück der Sorte B.

a) Errechnen Sie
   (1) die Herstellkosten und
   (2) die Selbstkosten (= Herstellkosten + Verwaltungs- und Vertriebskosten) je Stück jeder Sorte.

b) Zu welchem Netto-Listenverkaufspreis sind 1 000 Stück der Sorte A anzubieten, wenn

   ◆ 8 % Gewinn,
   ◆ 2 % Kundenskonto,
   ◆ 3 % Vertreterprovision,
   ◆ 10 % Kundenrabatt

   zu berücksichtigen sind?

Zur Erinnerung:

Selbstkosten
+ Gewinn
= Barverkaufspreis
+ Kundenskonto   } bezogen auf den
+ Vertreterprovision } Zielverkaufspreis
= Zielverkaufspreis
+ Kundenrabatt
= Listenverkaufspreis (netto, d.h. ohne USt)

Aufgabe 5 >

Ein Industriebetrieb produziert drei verschiedene Sorten in zwei Produktionsstufen. Die Sorten unterscheiden sich hinsichtlich der benötigten Materialmenge auf der ersten Produktionsstufe und der Fertigungszeit auf der zweiten Produktionsstufe.

Ermitteln Sie die Herstellkosten je Stück jeder Sorte, wenn Ihnen folgende Informationen vorliegen:

Sorten	Produktionsstufe I		Produktionsstufe II	
	Materialverbrauch (kg/Stück)	Produktionsmenge (Stück)	Fertigungszeit (Min./Stück)	Produktionsmenge (Stück)
A	6	2 000	10	1 800
B	4	3 000	8	3 200
C	8	2 200	16	2 200
Kosten:	41 600,00 €		19 700,00 €	

2.1.3.2 Lösungen

Aufgabe 1

a)

A	$\dfrac{160\,000,00\ €}{80\,000\ \text{Stück}} =$	2,00 €/Stück
B	$\dfrac{2,00\ €/\text{Stück} \cdot 70\,000\ \text{Stück} + 242\,250,00\ €}{69\,500\ \text{Stück}} =$	5,50 €/Stück
C	$\dfrac{5,50\ €/\text{Stück} \cdot 60\,000\ \text{Stück} + 74\,600,00\ €}{59\,500\ \text{Stück}} =$	6,80 €/Stück

b)

		€ für 1 000 Stück
Herstellkosten		6 800,00
Verwaltungs- und Vertriebskosten	30 %	2 040,00
Selbstkosten		8 840,00
Gewinn	10 %	884,00
Barverkaufspreis		9 724,00
Kundenskonto	2 %	198,45
Zielverkaufspreis		9 922,45
Kundenrabatt	5 %	522,23
(Netto-)Listenverkaufspreis		10 444,68

Aufgabe 2

1. Stufe: $\dfrac{80\,000,00\ € + 20\,000,00\ €}{400\ t} = 250,00\ €/t$

2. Stufe: $\dfrac{400\ t \cdot 250,00\ €/t + 2\,400,00\ €}{320\ t} = 320,00\ €/t$

3. Stufe: $\dfrac{260\ t \cdot 320,00\ €/t + 3\,200,00\ €}{180\ t} = 480,00\ €/t$

4. Stufe: $\dfrac{180\ t\ \cdot\ 480{,}00\ \text{€/t}\ +\ 20\ t\ \cdot\ 450{,}00\ \text{€/t}\ +\ 5\,400{,}00\ \text{€}}{160\ t}\ =\ 630{,}00\ \text{€/t}$

5. Stufe: $\dfrac{160\ t\ \cdot\ 630{,}00\ \text{€/t}\ +\ 2\,100{,}00\ \text{€}}{140\ t}\ =\ 735{,}00\ \text{€/t}$

Aufgabe 3

Die Äquivalenzzahlenkalkulation setzt die Sortenfertigung voraus, also die Herstellung von Erzeugnissen, die zum einen rohstoffverwandt sind und zum anderen den gleichen Produktionsprozess durchlaufen. Derartige Produktionsverhältnisse findet man z. B. in Walzwerken (zur Herstellung von Blechen mit unterschiedlichen Stärken) und Ziegeleien (zur Herstellung von Ziegeln mit unterschiedlichen Abmessungen). Bei der einstufigen Sortenfertigung stehen die Produkte in einem einzigen festen Kostenverhältnis zueinander, das durch die Äquivalenzzahlen ausgedrückt wird. (Bei der mehrstufigen Äquivalenzzahlenkalkulation gelten für jede Produktionsstufe unterschiedliche Äquivalenzzahlen.) Eine Sorte wird üblicherweise mit der Äquivalenzziffer 1 belegt, die anderen Sorten im Verhältnis dazu mit Zu- oder Abschlägen definiert. Äquivalenzzahlen werden einmalig ermittelt und dann in den folgenden Perioden wiederverwendet.

Die Multiplikation der Produktionsmengen aller Sorten mit den jeweiligen Äquivalenzzahlen ergibt die rechnerischen Ausbringungsmengen („Recheneinheiten"). Die Division der Gesamtkosten durch die Summe aller Recheneinheiten ergibt die Kosten pro Recheneinheit. Die Kosten pro Einheit (z. B. Stück) jeder Sorte erhält man durch Multiplikation der jeweiligen Äquivalenzzahl mit den Kosten pro Recheneinheit.

Aufgabe 4

a)

Sorte	Menge (Stück)	Äquivalenzzahl	Recheneinheiten (Stück)	Herstellkosten (€/Stück)
A	44 000	1,2	52 800	9,60
B	32 000	1	32 000	8,00
C	8 000	0,9	7 200	7,20
	736 000,00 € :		92 000	8,00

Herstellkosten des Umsatzes:

40 000 Stück von A · 9,60 €/Stück = 384 000,00 €
30 000 Stück von B · 8,00 €/Stück = 240 000,00 €   } 678 000,00 €
 7 500 Stück von C · 7,20 €/Stück = 54 000,00 €

Zuschlagssatz für die Verwaltungs- und Vertriebskosten $=\dfrac{203\,400\ \text{€}\ \cdot\ 100}{678\,000\ \text{€}}\ =\ 30\,\%$

Selbstkosten je Stück der Sorte: A = 12,48 €
  B = 10,40 €
  C = 9,36 €

b)

Selbstkosten		12 480,00	
+ Gewinn	8 %	998,40	
Barverkaufspreis		13 478,40	
+ Kundenskonto	2 %	283,76	= 13 478,40/95 · 2
+ Vertreterprovision	3 %	425,63	= 13 478,40/95 · 3
Zielverkaufspreis		14 187,79	
+ Kundenrabatt	10 %	1 576,42	= 14 187,79/90 · 10
Netto-Listenverkaufspreis		15 764,21	

3 Scharnweber – ISBN 978-3-8120-0125-0

Aufgabe 5

	Sorte	Menge (Stück)	Äquivalenzzahl	Recheneinheiten (Stück)	Stückkosten (€)
Stufe I	A	2 000	1,5	3 000	6,00
	B	3 000	1	3 000	4,00
	C	2 200	2	4 400	8,00
		41 600,00 € :		10 400	4,00

	Sorte	Menge (Stück)	Äquivalenzzahl	Recheneinheiten (Stück)	Stückkosten (€)
Stufe II	A	1 800	1,25	2 250	2,50
	B	3 200	1	3 200	2,00
	C	2 200	2	4 400	4,00
		19 700,00 € :		9 850	2,00

Daraus ergeben sich Herstellkosten von 8,50 €/Stück$_A$, 6,00 €/Stück$_B$ und 12,00 €/Stück$_C$.

2.2 Summarische und differenzierende Zuschlagskalkulation mit einfachem BAB

2.2.1 Summarische Zuschlagskalkulation

In dem von uns betrachteten Industriebetrieb liegt weder Massenfertigung eines gleichartigen Produkts noch Sortenfertigung vor, sodass wir weder die Divisionskalkulation noch ihre Modifikation, die Äquivalenzzahlenkalkulation, anwenden können. In Serienfertigung wurden

> 1 400 Stück der Produktart A und
> 4 000 Stück der Produktart B

gefertigt und – wie wir zunächst vereinfachend annehmen wollen – auch abgesetzt, wofür Gesamtkosten in Höhe von 267 260,00 € angefallen sind.

Ein Teil dieser Gesamtkosten lässt sich den einzelnen Produkten direkt zurechnen:

(Kostenträger-)Einzelkosten sind

◆ **Fertigungsmaterial** (Materialeinzelkosten) in Höhe von   10,00 €/St. der Produktart A
  15,00 €/St. der Produktart B

◆ **Fertigungslöhne** in Höhe von   5,00 €/St. der Produktart A
10,30 €/St. der Produktart B

◆ **Sondereinzelkosten der Fertigung** in Höhe von   1,00 €/St. der Produktart B

Bei den Materialeinzelkosten handelt es sich um die Rohstoffkosten, bei den Fertigungslöhnen um das Arbeitsentgelt, das sich entsprechend der Erzeugnismenge ändert. Bei den Sondereinzelkosten der Fertigung handelt es sich hier um eine Stücklizenzgebühr. Andere Sondereinzelkosten der Fertigung (wie Kosten für Spezialmodelle) sind nicht angefallen, ebenso keine **Sondereinzelkosten des Vertriebs,** wozu Vertreterprovisionen gehören.

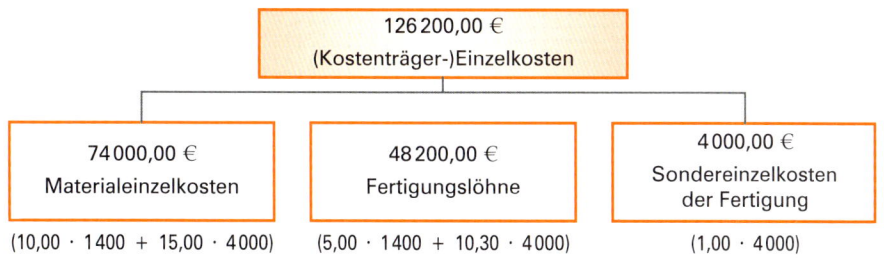

Bei den übrigen Kosten in Höhe von 141060,00 € handelt es sich um **(Kostenträger-)Gemeinkosten,** die wir den Einzelkosten pauschal mit Hilfe eines einzigen Prozentsatzes zuschlagen. Von großer Bedeutung ist dabei die Wahl der Zuschlagsgrundlage **(Bezugsgröße),** weil sie die Kalkulationsergebnisse beeinflusst:

Bezugsgröße	Zuschlagssatz	Stückkosten von A	Stückkosten von B
Material-einzelkosten	$\dfrac{141060\ €}{74000\ €} \cdot 100 = 190{,}6\ \%$	10,00 € MEK 19,06 € Gemeinkosten 5,00 € FL —————— 34,06 €	15,00 € MEK 28,59 € Gemeinkosten 10,30 € FL 1,00 € SEK der Fert. —————— 54,89 €
Fertigungslöhne	$\dfrac{141060\ €}{48200\ €} \cdot 100 = 292{,}7\ \%$	10,00 € MEK 5,00 € FL 14,64 € Gemeinkosten —————— 29,64 €	15,00 € MEK 10,30 € FL 30,15 € Gemeinkosten 1,00 € SEK der Fert. —————— 56,45 €
Summe der Einzelkosten	$\dfrac{141060\ €}{126200\ €} \cdot 100 = 111{,}8\ \%$	10,00 € MEK 5,00 € FL 16,77 € Gemeinkosten —————— 31,77 €	15,00 € MEK 10,30 € FL 1,00 € SEK der Fert. 29,40 € Gemeinkosten —————— 55,70 €

Mit allen drei Kalkulationsergebnissen haben wir die Frage, wie viel Kosten auf ein Stück entfallen, nach dem **Durchschnittsprinzip** beantwortet. Allerdings stellt nicht das Durchschnittsprinzip, sondern das **Verursachungsprinzip** die oberste Regel für die Kostenverrechnung dar. Wir müssen berücksichtigen, dass nur ein Teil der Gemeinkosten von der Höhe der Materialeinzelkosten abhängig ist (weil der Fertigungsmaterialwert z.B. die Lagerkosten beeinflusst) und dass ein anderer Teil der Gemeinkosten (z.B. der Energieverbrauch) sich entsprechend der Fertigungszeit und damit den Fertigungslöhnen verändert.

2.2.2 Differenzierende Zuschlagskalkulation mit einfachem BAB

Wir schlüsseln jetzt die Gemeinkosten auf und berücksichtigen außerdem, dass in unserem Fall Produktions- und Absatzmenge nicht übereinstimmen:

	Produktart A	Produktart B
Produktionsmenge	1400 Stück	4000 Stück
Absatzmenge	1400 Stück	3920 Stück

Ausgehend von der Tabelle 1 unseres durchgängigen Zahlenbeispiels rechnen wir mit folgenden Zahlen:

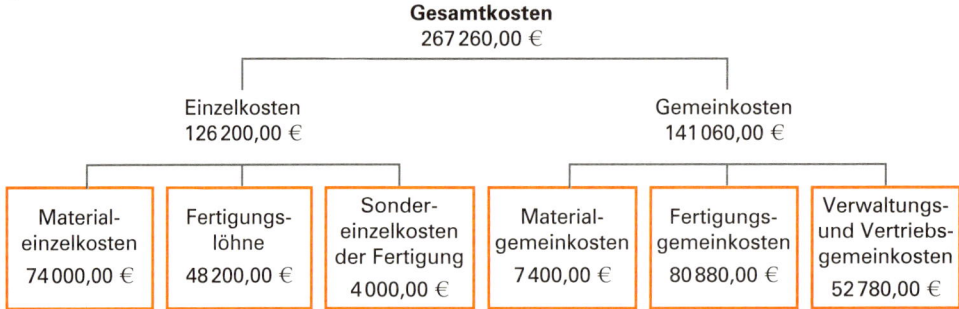

> Die Aufschlüsselung der Gemeinkosten auf die Kostenstellen und die Ermittlung von Zuschlagssätzen (Kalkulationssätzen) erfolgt im **Betriebsabrechnungsbogen (BAB)**. Von unechten Gemeinkosten spricht man, wenn Hilfsstoffkosten trotz ihres Einzelkostencharakters den Kostenstellen als Gemeinkosten zugerechnet werden.

Gemessen an den Anforderungen der Praxis mit hunderten von Kostenstellen, ist dieser BAB mit nur drei Kostenstellen(bereichen) sehr grob:

Kostenstellen / Gemeinkosten		Material-Kostenstelle	Fertigungs-Kostenstelle	Verwaltungs- und Vertriebs-Kostenstelle
Hilfs- und Betriebsstoffkosten	5200,00 €	243,00 €	4845,00 €	112,00 €
Hilfslöhne, Gehälter und Sozialkosten	84080,00 €	3967,00 €	50211,00 €	29902,00 €
Steuern	6400,00 €	607,00 €	1758,00 €	4035,00 €
kalkulatorische Kosten	24000,00 €	849,00 €	13062,00 €	10089,00 €
sonstige Kosten	21380,00 €	1734,00 €	11004,00 €	8642,00 €
Summen	141060,00 €	7400,00 €	80880,00 €	52780,00 €
Zuschlagsgrundlagen **(Bezugsgrößen)**		74000,00 € Material-einzelkosten	48200,00 € Fertigungs-löhne	210859,60 € Herstellkosten des Umsatzes
Zuschlagssätze **(Kalkulationssätze)**		10 %	167,80 %	25,03 %

Einige *Kostenträger*-Gemeinkosten lassen sich direkt auf die Kostenstellen verteilen. So können gewöhnlich die zu den Kostenträger-Gemeinkosten gehörenden Personalkosten den Kostenstellen direkt zugerechnet werden. Sie sind **Kostenstellen-Einzelkosten**. Andere Kostenträger-Gemeinkosten (wie gewöhnlich der Energieverbrauch) können den Kostenstellen nur mit Hilfe von Verteilungsschlüsseln zugerechnet werden. Solche Kostenträger-Gemeinkosten stellen also zugleich **Kostenstellen-Gemeinkosten** dar.

Die im BAB angegebenen Herstellkosten des Umsatzes ergeben sich durch Multiplikation der Herstellkosten pro Stück (24,39 €/Stück$_A$, 45,08 €/Stück$_B$) mit der Absatzmenge (1 400 Stück$_A$, 3 920 Stück$_B$). Die Herstellkosten je Stück und die Selbstkosten je abgesetztes Stück ergeben sich aus der nachstehenden Rechnung nach dem allgemeinen **Schema der Zuschlagskalkulation:**

Kalkulation der Produktarten		A	B
	Prozent	€/Stück	€/Stück
Materialeinzelkosten		10,00	15,00
Materialgemeinkosten	10,00	1,00	1,50
Fertigungslöhne		5,00	10,30
Fertigungsgemeinkosten	167,80	8,39	17,28
Sondereinzelkosten der Fertigung		0,00	1,00
Herstellkosten		24,39	45,08
Verwaltungs- und Vertriebsgemeinkosten	25,03	6,10	11,28
Sondereinzelkosten des Vertriebs		0,00	0,00
Selbstkosten		30,49	56,36

Die auf Lager produzierten 80 Stück der Produktart B werden zu Herstellkosten bewertet, also mit 80 Stück · 45,08 €/Stück = 3 606,40 €. Wenn der Wert der Bestandsveränderung an Erzeugnissen angegeben ist, dann lassen sich die Herstellkosten des Umsatzes so errechnen:

Materialeinzelkosten	74 000,00 €
Materialgemeinkosten	7 400,00 €
Fertigungslöhne	48 200,00 €
Fertigungsgemeinkosten	80 880,00 €
Sondereinzelkosten der Fertigung	4 000,00 €
Herstellkosten der Produktion	214 480,00 €
– Bestandserhöhung an Erzeugnissen	3 606,40 €
+ Bestandsminderung an Erzeugnissen	0,00 €
Herstellkosten des Umsatzes	210 873,60 €

(Die Differenz zu den oben im BAB genannten 210 859,60 € ist auf Rundungen bei den Zuschlagssätzen zurückzuführen.)

Durch den verstärkten Einsatz von Maschinen im Produktionsbereich sinkt der Anteil der Fertigungslöhne und erhöht sich der Anteil der Fertigungsgemeinkosten. So kann es vorkommen, dass die Fertigungsgemeinkosten mehr als Tausend Prozent der Fertigungslöhne ausmachen oder mangels Fertigungslöhne nicht mehr auf dieser Zuschlagsbasis verrechnet werden können. Die Lösung des Problems ist die **Maschinenstundensatzrechnung**:

Als Ersatz für die Fertigungslöhne werden die Maschinenlaufstunden als Zuschlagsbasis genommen. Darunter versteht man die Zeit, die das Betriebsmittel während der Abrechnungsperiode im Produktionsprozess beansprucht wird und die durch einen Betriebsstundenzähler an der Maschine gemessen werden kann.

$$\text{Maschinenstundensatz} = \frac{\text{Fertigungsgemeinkosten}}{\text{Maschinenstunden}}$$

Wenn wir annehmen, dass die Fertigungs-Kostenstelle 3 Maschinenminuten von jedem Stück der Produktart A und 6 Maschinenminuten von jedem Stück der Produktart B beansprucht wurde, dann betrug die gesamte Maschinenlaufzeit im letzten Monat $1400 \text{ Stück}_A \cdot 3 \text{ Minuten/Stück}_A + 4000 \text{ Stück}_B \cdot 6 \text{ Minuten/Stück}_B = 28200 \text{ Minuten} = 470 \text{ Stunden}$. Der BAB und die Kalkulation sehen dann so aus:

Kostenstellen / Gemeinkosten		Material-Kostenstelle	Fertigungs-Kostenstelle	Verwaltungs- und Vertriebs-Kostenstelle
Summen	141060,00 €	7400,00 €	80880,00 €	52780,00 €
Zuschlagsgrundlagen (Bezugsgrößen)		74000,00 € Materialeinzelkosten	470 Maschinenstunden	210879,20 € Herstellkosten des Umsatzes
Zuschlagssätze (Kalkulationssätze)		10 %	172,09 €/h	25,03 %

Kalkulation der Produktarten		A	B
		€/Stück	€/Stück
Materialeinzelkosten		10,00	15,00
Materialgemeinkosten	10,00 %	1,00	1,50
Fertigungslöhne		5,00	10,30
Fertigungsgemeinkosten*	172,09 €/h	8,60	17,21
Sondereinzelkosten der Fertigung		0,00	1,00
Herstellkosten		24,60	45,01
Verwaltungs- und Vertriebsgemeinkosten	25,03 %	6,16	11,27
Sondereinzelkosten des Vertriebs		0,00	0,00
Selbstkosten		30,76	56,28

* $\text{Fertigungsgemeinkosten} = \dfrac{172,09 \ [\text{€/h}]}{60 \ [\text{Min./h}]} \cdot 3 \text{ oder } 6 \ [\text{Min./Stück}]$

Bei teilautomatischer Produktion ist folgende Differenzierung sinnvoll:

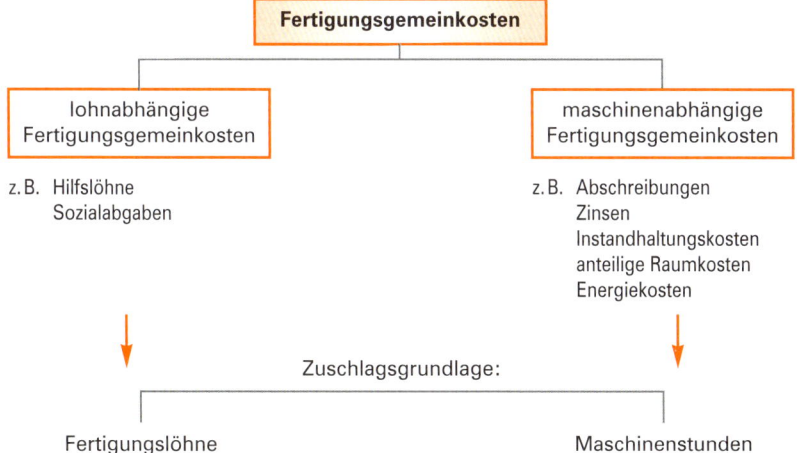

2.2.3 Aufgaben und Lösungen zum Lernabschnitt 2.2

2.2.3.1 Aufgaben

Aufgabe 1

a) Welche der folgenden Kosten eines Industriebetriebes sind Kostenträger-Einzelkosten? Kreuzen Sie die richtige(n) Antwort(en) an.

❑ Fertigungsmaterial (Rohstoffverbrauch)

❑ Stromkosten für die Raumbeleuchtung

❑ Gehälter für Buchhalter

❑ Vertreterprovision (ermittelt mit Hilfe eines Prozentsatzes vom Zielverkaufspreis)

❑ Abschreibungen auf Maschinen

b) Ein Industriebetrieb wählt die Fertigungslöhne als Zuschlagsgrundlage und ermittelte die folgenden Kosten:

Materialeinzelkosten	80 000,00 €
Fertigungslöhne	200 000,00 €
Gemeinkosten	76 000,00 €

Kalkulieren Sie einen Auftrag nach, für den 4 000,00 € Rohstoffkosten und 12 000,00 € Fertigungslöhne angefallen sind. Der Netto-Rechnungsbetrag lautete über 21 588,00 €. Wie viel Prozent der Selbstkosten beträgt der Gewinn?

c) Welche der folgenden Aussagen zur Kostenverrechnung sind richtig? Kreuzen Sie die richtigen Antworten an.

❑ (Kostenträger-)Einzelkosten werden den Kostenträgern direkt, d.h. mit Belegen, zugerechnet.

❑ (Kostenträger-)Einzelkosten werden den Kostenträgern mit Hilfe von Schlüsselgrößen zugerechnet.

❑ Kostenstelleneinzelkosten werden den Erzeugnissen direkt, d.h. mit Hilfe von Belegen, zugerechnet.

❑ Kostenstellengemeinkosten werden weder den Kostenträgern noch den Kostenstellen direkt zugerechnet.

Aufgabe 2

Ein Industriebetrieb ermittelte für den letzten Monat folgende Beträge:

Materialeinzelkosten	148 000,00 €
Fertigungslöhne	232 000,00 €
Materialgemeinkosten	14 800,00 €
Fertigungsgemeinkosten	464 000,00 €
Verwaltungs- und Vertriebsgemeinkosten	184 375,00 €
Erhöhung des Bestands an fertigen Erzeugnissen (die wie üblich zu Herstellkosten bewertet wurden)	121 300,00 €

Wie hoch sind die Selbstkosten eines Stücks einer bestimmten Produktart, die 20,00 €/Stück Materialeinzelkosten und 10,00 €/Stück Fertigungslöhne verursacht hat?

Aufgabe 3

Für einen Auftrag sind 53 100,00 € Materialeinzelkosten, 29 130,00 € Fertigungslöhne und 1 181,00 € Sondereinzelkosten der Fertigung angefallen. Der Betrieb kalkuliert mit

12 % Materialgemeinkosten,
90 % Fertigungsgemeinkosten,
15 % Verwaltungs- und Vertriebsgemeinkosten.

Ermitteln Sie für diesen Auftrag den Listenverkaufspreis, wenn 8 % Gewinn auf die Selbstkosten aufgeschlagen, 2 % Kundenskonto und 10 % Kundenrabatt einkalkuliert werden.

Aufgabe 4

Ein Industriebetrieb ermittelte für den letzten Monat folgende Zahlen:

	Produktart 1	Produktart 2
Produktionsmenge	2 000 Stück	1 600 Stück
Absatzmenge	1 800 Stück	1 500 Stück
Netto-Verkaufspreis	160,00 €/Stück	255,00 €/Stück
Fertigungsmaterial	20,00 €/Stück	30,00 €/Stück
Fertigungslöhne	30,00 €/Stück	50,00 €/Stück

Neben den aufgeführten Einzelkosten von insgesamt 228 000,00 € fielen folgende Gemeinkosten an:

Hilfs- und Betriebsstoffkosten	60 000,00 €
Gehälter und Hilfslöhne	170 000,00 €
Kalkulatorische Abschreibungen	30 000,00 €
Kalkulatorische Zinsen	8 000,00 €
Sonstige Gemeinkosten	110 810,00 €

Die Gemeinkosten von insgesamt 378810,00 € wurden im BAB wie folgt verteilt:

Materialbereich	Fertigungsbereich	Verwaltungs- und Vertriebsbereich
4400,00 €	280000,00 €	94410,00 €

Berechnen Sie die Zuschlagssätze und die Selbstkosten je Stück der beiden Produktarten.

Aufgabe 5

Ein Industriebetrieb bietet ein Haushaltsgerät, das bisher unter Einsatz hochwertiger Bleche hergestellt wurde, zu einem Verkaufspreis von 445,00 € + Umsatzsteuer an. Aufgrund von niedrigeren Konkurrenzangeboten erwägt die Geschäftsleitung den teilweisen Einsatz einfacher Bleche. Berechnen Sie die maximalen Materialeinzelkosten bei einem angestrebten Verkaufspreis von 398,00 € + USt und folgenden Kalkulationsgrundlagen:

Materialgemeinkosten	5 %
Fertigungslöhne	50,00 €
Fertigungsgemeinkosten	300 %
Verwaltungs- und Vertriebsgemeinkosten	20 %
Gewinnzuschlag	10 %

Hierbei handelt es sich um Target Costing, weil wir nicht von der Frage ausgehen, was ein Produkt *kosten wird*, sondern was es *kosten darf.*

Aufgabe 6

Ein Industriebetrieb, der nur zwei Produktarten herstellt und absetzt, ermittelte für den letzten Monat folgende Zahlen:

	Produktart A		Produktart B
Materialeinzelkosten	84000,00 €		150000,00 €
Fertigungslöhne	12600,00 €		30000,00 €
Materialgemeinkosten		35100,00 €	
Fertigungsgemeinkosten		106500,00 €	
Verwaltungsgemeinkosten		82530,00 €	
Vertriebsgemeinkosten		41265,00 €	
Bestandserhöhung an Erzeugnissen			5550,00 €
Nettoverkaufspreis je Stück	47,91 €		77,92 €
Absatzmenge	4200 Stück		4900 Stück

Berechnen Sie

a) das Betriebsergebnis im letzten Monat,

b) die Gemeinkostenzuschlagssätze,

c) die Herstellkosten je Stück der beiden Produktarten,

d) die Selbstkosten je abgesetztes Stück der beiden Produktarten,

e) die Materialeinzelkosten je Stück der Produktart B.

Aufgabe 7 >

In einem Unternehmen sind im vergangenen Monat diese maschinenabhängigen Fertigungsgemeinkosten angefallen:

Kalkulatorische Abschreibungen	4000,00 €
Kalkulatorische Zinsen	1050,00 €
Reparatur- und Wartungskosten	2000,00 €
Energiekosten	1200,00 €
Betriebsstoffkosten	800,00 €
Werkzeugkosten	600,00 €
Sonstige Gemeinkosten	150,00 €

An lohnabhängigen Fertigungsgemeinkosten fielen folgende Kosten an:

Hilfslöhne	2600,00 €
Sonstige Gemeinkosten	3600,00 €

Die Fertigungslöhne betrugen im Abrechnungszeitraum 12400,00 €.

Berechnen Sie

a) den Maschinenstundensatz bei einer Maschinenlaufzeit von 140 Stunden im Monat,

b) den Restfertigungsgemeinkostenzuschlagssatz.

Aufgabe 8 >

Bei der Zuschlagskalkulation eines Industriebetriebes fallen folgende Daten an:

Fertigungsmaterial	20000,00 €
Fertigungslöhne	60000,00 €
Fertigungsgemeinkosten	54000,00 €
davon maschinenabhängig:	45000,00 €
Herstellkosten der Produktion	136000,00 €
Minderbestand an unfertigen Erzeugnissen	8000,00 €
Mehrbestand an fertigen Erzeugnissen	9000,00 €
Verwaltungs- und Vertriebsgemeinkosten	20%

Berechnen Sie

a) den Geldbetrag der Verwaltungs- und Vertriebsgemeinkosten,

b) den Materialgemeinkostenzuschlagssatz.

Aufgabe 9 >

Über eine Anlage existieren folgende Daten:

Anschaffungskosten	120000,00 €
Wiederbeschaffungswert	150000,00 €
Nutzungsdauer	8 Jahre
kalkulatorische Zinsen	6% vom durchschnittlich gebundenen Kapital, Ausgangswert sind die Anschaffungskosten
Instandhaltungskosten	1800,00 € pro Jahr
Raumbedarf	15 m², Verrechnungssatz 3,00 €/ m² im Monat
mittlere Antriebsleistung der Maschine	14 kWh
Stromkosten	0,15 €/kWh + 360,00 € Jahresgrundgebühr
Soll-Laufzeit im Jahr	1500 Stunden

Errechnen Sie den Maschinenstundensatz.

Aufgabe 10

In einem kleinen Industriebetrieb sind im letzten Monat folgende Kosten entstanden:

Materialeinzelkosten	78 000,00 €
Fertigungslöhne[1]	52 000,00 €
Sondereinzelkosten der Fertigung	800,00 €
Gemeinkosten insgesamt	187 200,00 €

a) Berechnen Sie jeweils den summarischen Gemeinkostenzuschlagssatz, wenn als Zuschlagsbasis

1. die Materialeinzelkosten,
2. die Fertigungslöhne

herangezogen werden.

b) Für einen Kundenauftrag sind folgende Einzelkosten angefallen:

Materialeinzelkosten	900,00 €
Fertigungslöhne	760,00 €
Sondereinzelkosten der Fertigung	40,00 €

Kalkulieren Sie den Auftrag unter jeweiliger Verwendung der beiden unter a) ermittelten alternativen Zuschlagssätze.

c) Unter welcher Voraussetzung würden beide Kalkulationsvarianten zum gleichen Ergebnis führen?

Aufgabe 11

In einem Industriebetrieb sind im letzten Monat folgende Kosten angefallen:

Materialeinzelkosten	800 000,00 €
Fertigungslöhne	500 000,00 €
Sondereinzelkosten der Fertigung	30 000,00 €
Sondereinzelkosten des Vertriebs	5 000,00 €
Materialgemeinkosten	120 000,00 €
Fertigungsgemeinkosten	1 250 000,00 €
Verwaltungs- und Vertriebsgemeinkosten	324 000,00 €

Bestandsveränderungen an fertigen und unfertigen Erzeugnissen liegen nicht vor.

Ermitteln Sie die Gemeinkostenzuschlagssätze.

---

1 Wenn man die Einzelkosten in Bezug auf den Kostenträger wie folgt gliedert und nicht Fertigungslöhne und Sondereinzelkosten der Fertigung unter dem Begriff „Fertigungseinzelkosten" zusammenfasst, dann kann man statt von Fertigungslöhnen auch von Fertigungseinzelkosten sprechen:

Einzelkosten			
Materialeinzelkosten (Fertigungsmaterial)	Fertigungseinzelkosten (Fertigungslöhne)	Sondereinzelkosten	
		Sondereinzelkosten der Fertigung	Sondereinzelkosten des Vertriebs

2.2.3.2 Lösungen

Aufgabe 1

a) Angekreuzt sind die Kostenträger-Einzelkosten:

- [X] Fertigungsmaterial (Rohstoffverbrauch)
- [ ] Stromkosten für die Raumbeleuchtung
- [ ] Gehälter für Buchhalter
- [X] Vertreterprovision (ermittelt mit Hilfe eines Prozentsatzes vom Zielverkaufspreis)
- [ ] Abschreibungen auf Maschinen

b) Gewinn = 5 % der Selbstkosten:

Materialeinzelkosten	4 000,00 €
Fertigungslöhne	12 000,00 €
Gemeinkosten (38 % der FL)	4 560,00 €
Selbstkosten	20 560,00 €
Gewinn = 5 %	1 028,00 €
Netto-Rechnungsbetrag	21 588,00 €

c)
- [X] (Kostenträger-)Einzelkosten werden den Kostenträgern direkt, d. h. mit Belegen, zugerechnet.
- [ ] (Kostenträger-)Einzelkosten werden den Kostenträgern mit Hilfe von Schlüsselgrößen zugerechnet.
- [ ] Kostenstelleneinzelkosten werden den Erzeugnissen direkt, d. h. mit Hilfe von Belegen, zugerechnet.
- [X] Kostenstellengemeinkosten werden weder den Kostenträgern noch den Kostenstellen direkt zugerechnet.

Aufgabe 2

Gesamtbetriebskalkulation			Kalkulation für ein Erzeugnis	
Materialeinzelkosten	148 000,00 €		Materialeinzelkosten	20,00 €
Materialgemeinkosten	14 800,00 € = 10 %	→	Materialgemeinkosten	2,00 €
Fertigungslöhne	232 000,00 €		Fertigungslöhne	10,00 €
Fertigungsgemeinkosten	464 000,00 € = 200 %	→	Fertigungsgemeinkosten	20,00 €
Herstellkosten der Produktion	858 800,00 €		Herstellkosten	52,00 €
Bestandserhöhung an Erzeugnissen	− 121 300,00 €			
Herstellkosten des Umsatzes	737 500,00 €			
Verwaltungs- und Vertriebsgemeinkosten	184 375,00 € = 25 %	→	Verwaltungs- und Vertriebsgemeinkosten	13,00 €
Selbstkosten des Umsatzes	921 875,00 €		Selbstkosten	65,00 €

Aufgabe 3

Materialeinzelkosten		53 100,00 €
Materialgemeinkosten	12 %	6 372,00 €
Fertigungslöhne		29 130,00 €
Fertigungsgemeinkosten	90 %	26 217,00 €
Sondereinzelkosten der Fertigung		1 181,00 €
Herstellkosten		116 000,00 €
Verwaltungs- und Vertriebsgemeinkosten	15 %	17 400,00 €
Selbstkosten		133 400,00 €
Gewinn	8 %	10 672,00 €
Barverkaufspreis		144 072,00 €
Kundenskonto	2 %	2 940,24 €
Zielverkaufspreis		147 012,24 €
Kundenrabatt	10 %	16 334,69 €
(Netto-)Listenverkaufspreis		163 346,93 €

Aufgabe 4

Kostenstellenrechnung   **Kostenträgerstückrechnung**

	Produktart 1	Produktart 2
Materialeinzelkosten	20,00 €	30,00 €
Materialgemeinkosten	1,00 €	1,50 €
Fertigungslöhne	30,00 €	50,00 €
Fertigungsgemeinkosten	60,00 €	100,00 €
Herstellkosten	111,00 €	181,50 €
Verwaltungs- und Vertriebsgemeinkosten	22,20 €	36,30 €
Selbstkosten	133,20 €	217,80 €

Material	Fertigung	Verwaltung und Vertrieb
4 400,00 €	280 000,00 €	94 410,00 €

Zuschlagssätze:

5 % der Material-einzelkosten (88 000,00 €)	200 % der Fertigungs-löhne (140 000,00 €)	20 % der Herstellkos-ten des Umsatzes (472 050,00 €)

Aufgabe 5

Höchstmögliche Rohstoffkosten = 96,69 €.

	A	B	C	retrograder Rechenweg (mit Excel)
1	Materialeinzelkosten		96,69 €	=C5–C4–C3–C2
2	Materialgemeinkosten	5 %	4,83 €	=(C5–C4–C3)/(1+B2)*B2
3	Fertigungslöhne		50,00 €	
4	Fertigungsgemeinkosten	300 %	150,00 €	=C3*B4
5	Herstellkosten		301,52 €	=C7–C6
6	Verwalt.- u. Vertriebsgemeinkosten	20 %	60,30 €	=RUNDEN(C7/(1+B6)*B6;2)
7	Selbstkosten		361,82 €	=C9–C8
8	Gewinn	10 %	36,18 €	=RUNDEN(C9/(1+B8)*B8;2)
9	Netto-Verkaufspreis		398,00 €	

Aufgabe 6

a)

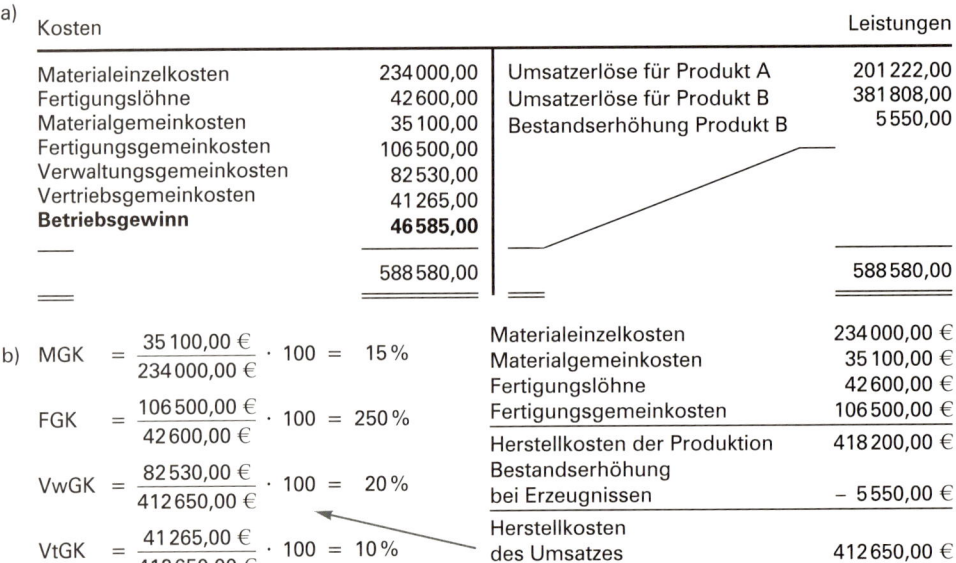

Kosten | | Leistungen

Materialeinzelkosten	234 000,00	Umsatzerlöse für Produkt A	201 222,00
Fertigungslöhne	42 600,00	Umsatzerlöse für Produkt B	381 808,00
Materialgemeinkosten	35 100,00	Bestandserhöhung Produkt B	5 550,00
Fertigungsgemeinkosten	106 500,00		
Verwaltungsgemeinkosten	82 530,00		
Vertriebsgemeinkosten	41 265,00		
Betriebsgewinn	**46 585,00**		
	588 580,00		588 580,00

b)

$$\text{MGK} = \frac{35\,100,00\ €}{234\,000,00\ €} \cdot 100 = 15\,\%$$

$$\text{FGK} = \frac{106\,500,00\ €}{42\,600,00\ €} \cdot 100 = 250\,\%$$

$$\text{VwGK} = \frac{82\,530,00\ €}{412\,650,00\ €} \cdot 100 = 20\,\%$$

$$\text{VtGK} = \frac{41\,265,00\ €}{412\,650,00\ €} \cdot 100 = 10\,\%$$

Materialeinzelkosten	234 000,00 €
Materialgemeinkosten	35 100,00 €
Fertigungslöhne	42 600,00 €
Fertigungsgemeinkosten	106 500,00 €
Herstellkosten der Produktion	418 200,00 €
Bestandserhöhung bei Erzeugnissen	– 5 550,00 €
Herstellkosten des Umsatzes	412 650,00 €

c) Es sind 412 650,00 € Herstellkosten des Umsatzes angefallen, davon für die Produktart A:

Materialeinzelkosten	84 000,00 €
15 % Materialgemeinkosten	12 600,00 €
Fertigungslöhne	12 600,00 €
250 % Fertigungsgemeinkosten	31 500,00 €
	140 700,00 €

Also entfallen auf 4 900 Stück der Produktart B 271 950,00 €.

Herstellkosten der Produktart A = 140 700,00 € : 4 200 Stück = 33,50 €/Stück
Herstellkosten der Produktart B = 271 950,00 € : 4 900 Stück = 55,50 €/Stück

d)   Kalkulation in €/Stück der Produktarten

		A	B
Materialeinzelkosten		20,00	
Materialgemeinkosten	15 %	3,00	
Fertigungslöhne		3,00	
Fertigungsgemeinkosten	250 %	7,50	
Herstellkosten		33,50	55,50
Verwaltungsgemeinkosten	20 %	6,70	11,10
Vertriebsgemeinkosten	10 %	3,35	5,55
Selbstkosten		43,55	72,15

e) $\dfrac{\text{Bestandserhöhung } 5\,550,00 \text{ €}}{\text{Herstellkosten } 55,50 \text{ €/Stück}}$ = 100 Stück ⇒ Produktionsmenge: 5 000 Stück

$\dfrac{150\,000,00 \text{ € Materialeinzelkosten}}{5\,000 \text{ Stück}}$ = 30,00 €/Stück Materialeinzelkosten

Aufgabe 7

a) Maschinenstundensatz = $\dfrac{9\,800,00 \text{ €}}{140 \text{ Stunden}}$ = 70,00 €/Stunde

b) Restfertigungsgemeinkostenzuschlagssatz = $\dfrac{6\,200,00 \text{ € } \cdot \text{ } 100}{12\,400,00 \text{ €}}$ = 50 %

Aufgabe 8

a) 20 % der Herstellkosten des Umsatzes = 27 000,00 €

Herstellkosten der Produktion	136 000,00 €
+ Minderbestand an unfertigen Erzeugnissen	8 000,00 €
− Mehrbestand an fertigen Erzeugnissen	9 000,00 €
= Herstellkosten des Umsatzes	135 000,00 €

b)

Herstellkosten der Produktion	136 000,00 €
− Einzelkosten (Fertigungsmaterial und -löhne)	80 000,00 €
− Fertigungsgemeinkosten	54 000,00 €
= Materialgemeinkosten	2 000,00 €

$\dfrac{\text{Materialgemeinkosten} \cdot 100}{\text{Fertigungsmaterial}}$ = $\dfrac{2\,000,00 \text{ € } \cdot \text{ } 100}{20\,000,00 \text{ €}}$ = 10 %

Aufgabe 9

Kostenart	Rechenweg	Betrag pro Jahr
Kalkulatorische Abschreibungen	150 000 € : 8 Jahre	18 750,00 €
Kalkulatorische Zinsen	6 % von (120 000 € : 2)	3 600,00 €
Instandhaltungskosten		1 800,00 €
Raumkosten	15 m² · 3,00 €/m² · 12	540,00 €
Energiekosten	0,15 €/kWh · 14 kWh · 1500 + 360 €	3 510,00 €
Summe		28 200,00 €
Maschinenstundensatz	28 200 € : 1500 h	18,80 €/h

Aufgabe 10

a) 1. $\dfrac{187\,200{,}00\;\text{€} \cdot 100}{78\,000{,}00\;\text{€}} = 240\,\%$

2. $\dfrac{187\,200{,}00\;\text{€} \cdot 100}{52\,000{,}00\;\text{€}} = 360\,\%$

b) 1.

Materialeinzelkosten	900,00 €
Fertigungslöhne	760,00 €
Sondereinzelkosten der Fertigung	40,00 €
Gemeinkosten	2 160,00 €
Selbstkosten	3 860,00 €

2.

Materialeinzelkosten	900,00 €
Fertigungslöhne	760,00 €
Sondereinzelkosten der Fertigung	40,00 €
Gemeinkosten	2 736,00 €
Selbstkosten	4 436,00 €

c) Wenn z. B. die Materialeinzelkosten für den Kundenauftrag auch das 1,5-fache der Fertigungslöhne sind (bei Fertigungslöhnen von 760,00 € also 1 140,00 €), dann ergeben sich nach beiden Kalkulationsvarianten Selbstkosten in Höhe von 4 676,00 €.

Aufgabe 11

Gesamtbetriebskalkulation zur Ermittlung der Zuschlagssätze:

Materialeinzelkosten		800 000,00 €
Materialgemeinkosten	15,00 %	120 000,00 €
Fertigungslöhne		500 000,00 €
Fertigungsgemeinkosten	250,00 %	1 250 000,00 €
Sondereinzelkosten der Fertigung		30 000,00 €
Herstellkosten der Produktion		2 700 000,00 €
Bestandsveränderungen an Erzeugnissen		0,00 €
Herstellkosten des Umsatzes		2 700 000,00 €
Verwaltungs- und Vertriebsgemeinkosten	12,00 %	324 000,00 €
Sondereinzelkosten des Vertriebs		5 000,00 €
Selbstkosten		3 029 000,00 €

Materialeinzelkosten (Fertigungsmaterial) und Materialgemeinkosten ergeben zusammen die Materialkosten. Fertigungslöhne, Fertigungsgemeinkosten und Sondereinzelkosten der Fertigung lassen sich als „Fertigungskosten" zusammenfassen. Entsprechend § 255 Abs. 2 HGB würde man die Herstellkosten in Materialkosten, Fertigungskosten, Sonderkosten der Fertigung, Materialgemeinkosten und Fertigungsgemeinkosten gliedern.

2.3 Differenzierende Zuschlagskalkulation mit erweitertem und mehrstufigem BAB

2.3.1 Differenzierende Zuschlagskalkulation mit erweitertem BAB

Aus diesen Angaben für eine Fertigungskostenstelle:

Gemeinkosten	600 000,00 €
Fertigungslöhne	300 000,00 €

errechnen wir einen Fertigungsgemeinkostenzuschlagssatz von 200 %.

Bei näherer Betrachtung stellen wir fest, dass die Fertigungskostenstelle zwei Arbeitsgruppen (I und II) umfasst, die unterschiedliche Produkte (A beziehungsweise B) fertigen. Die oben genannten Geldbeträge setzen sich so zusammen:

Arbeitsgruppe	I	II
Gemeinkosten	60 000,00 €	540 000,00 €
Fertigungslöhne	120 000,00 €	180 000,00 €

Wenn wir mit dem Kalkulationssatz von 200 % rechnen, werden der Produktart A, die nur die Arbeitsgruppe I beansprucht, zu viel Fertigungsgemeinkosten zugerechnet und der Produktart B, die nur die Arbeitsgruppe II beansprucht, zu wenig. Wir lösen das Problem durch Bildung von zwei Fertigungskostenstellen und schaffen damit einen erweiterten Betriebsabrechnungsbogen:

Kostenstellen	Material	Fertigung I	Fertigung II	Verwaltung und Vertrieb
Gemeinkosten	40 000,00 €	60 000,00 €	540 000,00 €	390 000,00 €
Bezugsgrößen	400 000,00 € Material-einzelkosten	120 000,00 € Fertigungs-löhne	180 000,00 € Fertigungs-löhne	1 300 000,00 € Herstellkosten des Umsatzes
Zuschlagssätze	10 %	50 %	300 %	30 %

Materialeinzelkosten	400 000,00 €
Materialgemeinkosten	40 000,00 €
Fertigungslöhne I	120 000,00 €
Fertigungsgemeinkosten I	60 000,00 €
Fertigungslöhne II	180 000,00 €
Fertigungsgemeinkosten II	540 000,00 €
Herstellkosten der Produktion	1 340 000,00 €
Bestandserhöhung an unfertigen Erzeugnissen	− 41 000,00 €
Bestandsminderung an fertigen Erzeugnissen	1 000,00 €
Herstellkosten des Umsatzes	1 300 000,00 €

4 Scharnweber – ISBN 978-3-8120-0125-0

Ein Auftrag zur Lieferung von 1000 Stück der Produktart B, bei dessen Ausführung 5000,00 € Materialeinzelkosten, 2000,00 € Fertigungslöhne in der Fertigungskostenstelle II und 600,00 € Sondereinzelkosten des Vertriebs angefallen sind, bekommt nach Einführung des erweiterten BAB diese Selbstkosten zugerechnet:

Materialeinzelkosten	5000,00 €
Materialgemeinkosten	500,00 €
Fertigungslöhne II	2000,00 €
Fertigungsgemeinkosten II	6000,00 €
Herstellkosten	13500,00 €
Verwaltungs- und Vertriebsgemeinkosten	4050,00 €
Sondereinzelkosten des Vertriebs	600,00 €
Selbstkosten	18150,00 €

Ohne Bildung einer weiteren Fertigungskostenstelle (also mit einem Fertigungsgemeinkostenzuschlagssatz von 200%) wären Herstellkosten von nur 11500,00 € und Selbstkosten von nur 15550,00 € auf diesen Auftrag verrechnet worden.

Je tiefer der Fertigungsbereich gegliedert wird, desto genauere Ergebnisse liefert die Kostenrechnung. Wenn man dabei bis auf den einzelnen Arbeitsplatz oder die einzelne Maschine zurückgeht, spricht man von der **Platzkostenrechnung**.

2.3.2 Differenzierende Zuschlagskalkulation mit mehrstufigem BAB

Bevor wir zu unserem durchgängigen Zahlenbeispiel zurückkehren ist ein weiteres Problem zu lösen:

Viele Unternehmen haben einen eigenen Fuhrpark, der für alle Kostenstellen tätig ist, weil er z.B. Materialien anfährt, den innerbetrieblichen Transport durchführt und Erzeugnisse ausliefert. Es ist praktisch unmöglich, alle Fuhrparkkosten gleich nach ihrer Entstehung auf die einzelnen Kostenstellen zu verteilen, müsste man dann doch z.B. jeden Benzinrechnungsbetrag aufteilen.

Wir lösen das Problem dadurch, dass wir nicht mehr alle Gemeinkosten unmittelbar auf jene Kostenstellen verteilen, für die wir Zuschlagssätze bilden. Wir richten zusätzliche Kostenstellen ein (in diesem Fall eine Kostenstelle „Fuhrpark"), deren Kosten nicht direkt auf die Kostenträger, sondern zum Ende der Rechnungsperiode auf andere Kostenstellen umgelegt werden. Diese Kostenstellen bezeichnen wir als **Hilfskostenstellen** (und verwenden den Ausdruck „Vorkostenstellen" gleichbedeutend). Die anderen Kostenstellen, deren Kosten, einschließlich der *sekundären Kosten* aus der Umlage, mit Hilfe von Zuschlagssätzen auf die Kostenträger verrechnet werden, sind die **Hauptkostenstellen** (Endkostenstellen).

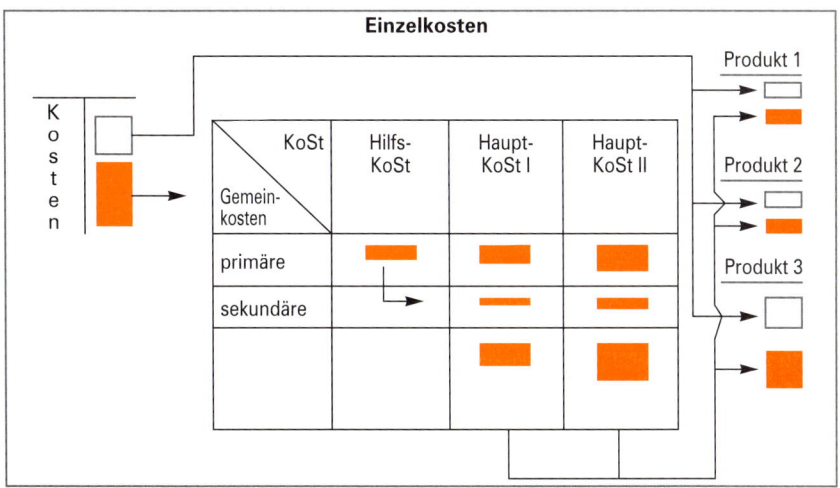

Bei den Hilfskostenstellen unterscheiden wir

◆ Allgemeine Kostenstellen, z.B. Fuhrpark, Haus- und Grundstücksverwaltung

◆ Fertigungshilfsstellen, z.B. Arbeitsvorbereitung und Konstruktionsbüro, die ihre Leistungen nur an Fertigungshauptstellen abgeben.

Ein Zahlenbeispiel soll den Aufbau eines mehrstufigen BAB verdeutlichen:

Kosten-stellen →	Allgemeiner Bereich	Material-Kostenstelle	Fertigungs-hilfsstelle	Fertigungs-hauptstelle I	Fertigungs-hauptstelle II	Verwaltungs- und Vertriebsstelle
Gemeinkosten	15 000,00 €	30 000,00 €	10 000,00 €	70 125,00 €	80 000,00 €	60 000,00 €

Die Umlage der Gemeinkosten des allgemeinen Bereichs soll im Verhältnis 1 : 2 : 3 : 3 : 6 erfolgen. Von den Gemeinkosten der Fertigungshilfsstelle sollen 40 % auf die Fertigungshauptstelle I und 60 % auf die Fertigungshauptstelle II umgelegt werden.

Kosten-stellen →	Allgemeiner Bereich	Material-Kostenstelle	Fertigungs-hilfsstelle	Fertigungs-hauptstelle I	Fertigungs-hauptstelle II	Verwaltungs- und Vertriebsstelle
Gemeinkosten	15 000,00 €	30 000,00 €	10 000,00 €	70 125,00 €	80 000,00 €	60 000,00 €
		1 000,00 €	2 000,00 €	3 000,00 €	3 000,00 €	6 000,00 €
				4 800,00 €	7 200,00 €	
Gemeinkosten		31 000,00 €		77 925,00 €	90 200,00 €	66 000,00 €

Selbstverständlich ist die Gemeinkostensumme nach der Umlage (265 125,00 €) gleich der Gemeinkostensumme vor der Umlage.

⇒ Wir greifen jetzt auf die Zahlen unseres durchgängigen Zahlenbeispiels zurück:

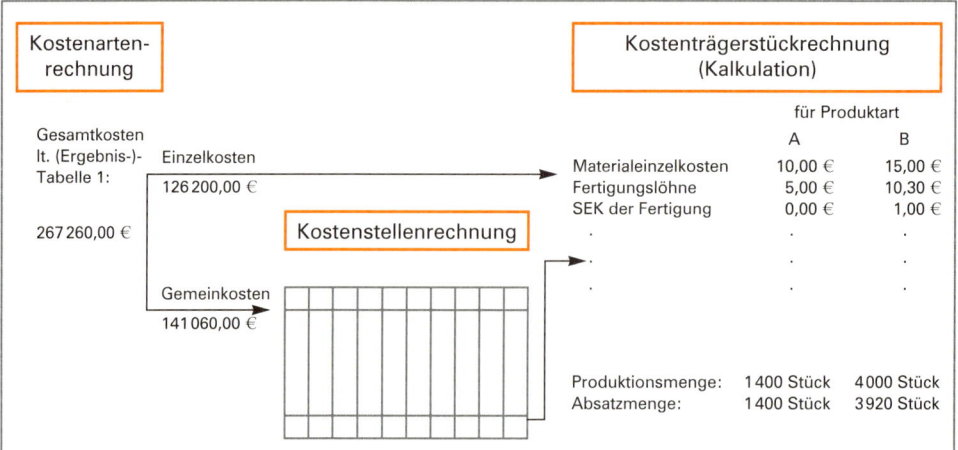

Die Fertigungsgemeinkosten verteilen wir jetzt auf vier Fertigungskostenstellen. Eine davon ist eine Fertigungshilfs(kosten)stelle. Daneben richten wir als Hilfskostenstellen die Kostenstellen „Fuhrpark" und „Grundstücke und Gebäude" ein.

Weil wir die Fertigungsgemeinkosten nicht mehr prozentual zu den Fertigungslöhnen, sondern entsprechend der in Anspruch genommenen Maschinenlaufzeit verteilen, sind folgende Zusatzinformationen zu berücksichtigen:

Inanspruchnahme der Fertigungsstellen durch die		
	Produktart A	Produktart B
Fertigungsstelle I	0 Minuten/Stück	3 Minuten/Stück
Fertigungsstelle II	2 Minuten/Stück	2 Minuten/Stück
Fertigungsstelle III	4 Minuten/Stück	1 Minute /Stück

Die nachstehende Tabelle 2 ist der Betriebsabrechnungsbogen zu diesem Zahlenbeispiel. Er ist (anders als der einfache BAB auf Seite 36) erweitert und mehrstufig. Auf die Angabe von Einzelheiten zur Kostenumlage wurde dabei verzichtet. Zur Vereinfachung wurde nicht zwischen maschinen- und lohnabhängigen Fertigungsgemeinkosten unterschieden.

Die angegebenen Maschinenstunden ergeben sich aus der Multiplikation der Zahlen zur Inanspruchnahme der Fertigungsstellen durch die Produkte und den Produktionsmengen, z.B.

$$160 \text{ Maschinenstunden in der Fertigungsstelle III}$$
$$= 4 \text{ Min./Stück}_A \cdot 1\,400 \text{ Stück}_A + 1 \text{ Min./Stück}_B \cdot 4\,000 \text{ Stück}_B$$

Die Herstellkosten des Umsatzes von 211 120,00 € ergeben sich durch Multiplikation der Herstellkosten pro Stück mit den Absatzmengen:

$$33,20 \text{ €/Stück}_A \cdot 1\,400 \text{ Stück}_A + 42,00 \text{ €/Stück}_B \cdot 3\,920 \text{ Stück}_B$$

Die Herstellkosten pro Stück sind in der Tabelle 3 (auf Seite 54) ermittelt worden.

Man erkennt jetzt auch, warum in der Tabelle 1 (auf Seite 13) die Erhöhung des Bestands an fertigen Erzeugnissen mit 3360,00 € (= 80 Stück$_B$ · 42,00 €/Stück$_B$) ausgewiesen ist. Die Herstellkosten der auf Lager produzierten Erzeugnisse stimmen hier mit den Herstellungskosten überein, weil Korrekturbeträge sich ausgeglichen haben.

Betriebsabrechnungsbogen

Kostenarten	€/Monat	Hilfskostenstellen			Hauptkostenstellen				
		Allgemeine Kostenstellen		Fertigungs-hilfs-kostenstelle	Fertigungshauptkostenstellen			Material-kostenstelle	Verwaltungs- und Vertriebs-kostenstelle
		Grundstücke u. Gebäude	Fuhrpark		I	II	III		
Hilfs- und Betriebsstoffkosten	5200,00	600,00	900,00	100,00	800,00	1400,00	1100,00	200,00	100,00
Hilfslöhne, Gehälter u. Sozialkosten	84080,00	7600,00	5000,00	5400,00	9600,00	13600,00	12080,00	3600,00	27200,00
Steuern	6400,00	500,00	600,00	1200,00	0,00	0,00	0,00	500,00	3600,00
kalkulatorische Kosten	24000,00	3200,00	1200,00	400,00	2600,00	3800,00	3100,00	700,00	9000,00
sonstige Kosten	21380,00	1900,00	300,00	2300,00	2500,00	2500,00	3600,00	1100,00	7180,00
Summe vor der Umlage	141060,00	13800,00	8000,00	9400,00	15500,00	21300,00	19880,00	6100,00	47080,00
			200,00	300,00	4000,00	2780,00	4020,00	400,00	2100,00
				200,00	1400,00	1000,00	1100,00	900,00	3600,00
					3100,00	3000,00	3800,00		
Summe nach der Umlage	141060,00				24000,00	28080,00	28800,00	7400,00	52780,00
Zuschlagsgrundlagen (= Bezugsgrößen)					200 Masch.-Std.	180 Masch.-Std.	160 Masch.-Std.	74000,00 MEK	211120,00 HK d. Umsatzes
Kalkulationssätze (= Zuschlagssätze)					120,00 €/Masch.-Std.	156,00 €/Masch.-Std.	180,00 €/Masch.-Std.	10,00 Prozent	25,00 Prozent

Tabelle 2

Kalkulation auf Vollkostenbasis

	Kalkulationssätze	Produkt A €/Stück	Produkt B €/Stück
Materialeinzelkosten		10,00	15,00
Materialgemeinkosten	10 %	1,00	1,50
Fertigungslöhne		5,00	10,30
Fertigungsgemeinkosten			
◆ Fertigungsstelle I	2,00 €/Masch.-Min.	0,00	6,00
◆ Fertigungsstelle II	2,60 €/Masch.-Min.	5,20	5,20
◆ Fertigungsstelle III	3,00 €/Masch.-Min.	12,00	3,00
Sondereinzelkosten der Fertigung		0,00	1,00
Herstellkosten		**33,20**	**42,00**
Verwaltungs- und Vertriebsgemeinkosten	25 %	8,30	10,50
Sondereinzelkosten des Vertriebs		0,00	0,00
Selbstkosten		**41,50**	**52,50**

Tabelle 3

Wir fassen noch einmal den Aufbau der Kostenstellenrechnung zusammen:

Kostenarten / Kostenstellen		Hilfskostenstellen	Hauptkostenstellen
Primäre (Stellen-)Kosten	Stellen-einzelkosten	Verteilung der primären Gemeinkosten auf die Kostenstellen	
	Stellen-gemeinkosten		
Sekundäre (Stellen-)Kosten		Durchführung der innerbetrieblichen Leistungsverrechnung	
			Ermittlung von Zuschlagssätzen

und betrachten verschiedene **Verfahren der innerbetrieblichen Leistungsverrechnung**.

Wir haben das **Stufenleiterverfahren** gewählt. Beim Stufenleiterverfahren (Treppenverfahren) werden die Kosten einer leistenden Hilfskostenstelle nur in eine Richtung verrechnet, nämlich auf nachgelagerte Kostenstellen, soweit diese Leistungen empfangen. Das setzt voraus, dass die Hilfskostenstelle, die als erste abgerechnet wird, keine Leistungen der anderen Kostenstellen empfangen hat, da sich sonst der Kostenverrechnungssatz für die erste Stelle nicht ermitteln ließe.

Beim **Anbauverfahren** wird der innerbetriebliche Leistungsaustausch zwischen den Hilfskostenstellen unberücksichtigt gelassen. Sämtliche primär für Hilfskostenstellen erfassten Kosten werden unmittelbar auf die Hauptkostenstellen verrechnet, sodass für keine Hilfskostenstelle sekundäre Kosten anfallen.

Anbau- und Stufenleiterverfahren sind nicht exakt, weil sie den innerbetrieblichen Leistungsaustausch nur unvollständig berücksichtigen. Exakte Ergebnisse liefern diese Verfahren:

(simultanes) Gleichungsverfahren und Iterationsverfahren

Zur Beschreibung dieser beiden Verfahren betrachten wir einen Betriebsabrechnungsbogen mit jeweils zwei Hilfs- und Hauptkostenstellen, der vor der Umlage diese (primären) Gemeinkosten ausweist:

	Hilfskostenstellen		Hauptkostenstellen	
	Kraftwerk	Wasserwerk	I	II
Gemeinkosten	3 600,00 €	5 000,00 €	120 000,00 €	230 000,00 €

Die folgende Skizze veranschaulicht die Leistungsabgabe der beiden Hilfskostenstellen, wobei der gegenseitige Leistungsaustausch zwischen dem Kraftwerk und dem Wasserwerk besonders zu beachten ist:

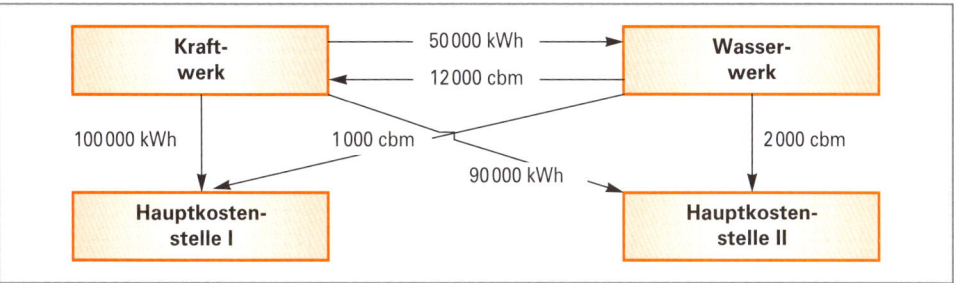

Nach der exakten Umlage weist der BAB folgende Beträge aus:

	Hilfskostenstellen		Hauptkostenstellen	
	Kraftwerk	Wasserwerk	I	II
Gemeinkosten	3 600,00 €	5 000,00 €	120 000,00 €	230 000,00 €
Umlage	+ 5 520,00 € − 9 120,00 €	− 6 900,00 € + 1 900,00 €	+ 460,00 € + 3 800,00 €	+ 920,00 € + 3 420,00 €
Gemeinkosten	0,00 €	0,00 €	124 260,00 €	234 340,00 €

Zur Berechnung dieser Beträge benutzen wir entweder das (simultane) **Gleichungsverfahren** oder das **Iterationsverfahren** (durch schrittweise Annäherung an das Ergebnis).

Gleichungsverfahren:

gesamte Stellenkosten	= primäre Kosten + sekundäre Kosten
Kosten des Kraftwerks (K_K)	= 3 600 + 12 000/15 000 · K_W
Kosten des Wasserwerks (K_W)	= 5 000 + 50 000/240 000 · K_K
Kosten des Wasserwerks (K_W)	= 5 000 + 50/240 (3 600 + 12/15 K_W)
5/6 Kw = 5 750 → Kw	= 6 900
Kosten des Kraftwerks (K_K)	= 3 600 + 12/15 · 6 900 = 9 120

Iterationsverfahren:

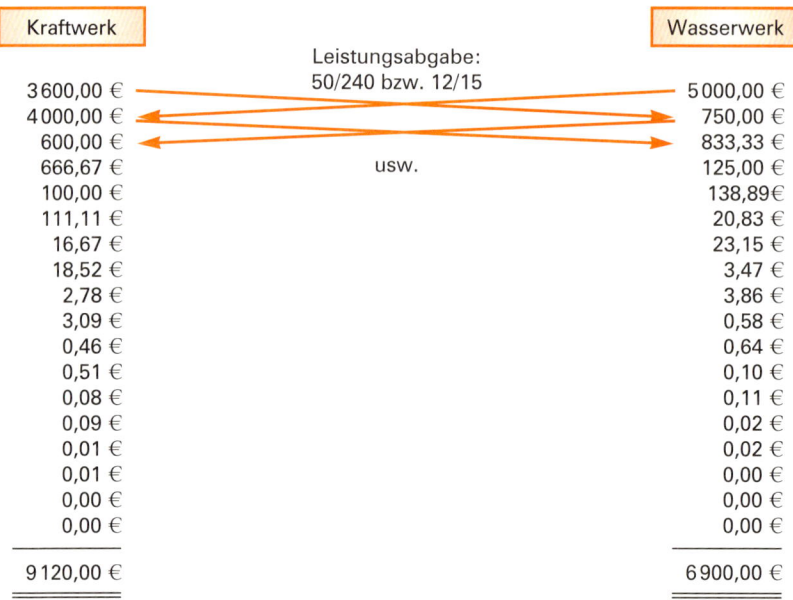

Kraftwerk		Wasserwerk
	Leistungsabgabe:	
	50/240 bzw. 12/15	
3 600,00 €		5 000,00 €
4 000,00 €		750,00 €
600,00 €		833,33 €
666,67 €	usw.	125,00 €
100,00 €		138,89 €
111,11 €		20,83 €
16,67 €		23,15 €
18,52 €		3,47 €
2,78 €		3,86 €
3,09 €		0,58 €
0,46 €		0,64 €
0,51 €		0,10 €
0,08 €		0,11 €
0,09 €		0,02 €
0,01 €		0,02 €
0,01 €		0,00 €
0,00 €		0,00 €
0,00 €		0,00 €
9 120,00 €		**6 900,00 €**

2.3.3 Aufgaben und Lösungen zum Lernabschnitt 2.3

2.3.3.1 Aufgaben

Aufgabe 1 >

Dem Kostenrechner eines Industriebetriebes liegen folgende Zahlen zur Auswertung vor:

	Material-bereich	Fertigungsbereich		
		I	II	III
Gemeinkosten				
Hilfslöhne	3 000,00 €	8 300,00 €	4 600,00 €	8 400,00 €
Gehälter	4 500,00 €	7 500,00 €	7 100,00 €	5 200,00 €
soziale Abgaben	1 800,00 €	3 800,00 €	2 700,00 €	3 120,00 €
kalk. Abschreibungen	3 600,00 €	14 160,00 €	13 950,00 €	10 560,00 €
kalk. Zinsen	1 200,00 €	4 800,00 €	5 020,00 €	4 050,00 €
Raumkosten	150,00 €	5 400,00 €	4 500,00 €	750,00 €
Instandhaltung	75,00 €	750,00 €	1 140,00 €	735,00 €
Energiekosten	255,00 €	2 250,00 €	990,00 €	705,00 €
Summe	14 580,00 €	46 960,00 €	40 000,00 €	33 520,00 €
Einzelkosten				
Fertigungsmaterial	182 250,00 €			
Fertigungslöhne		14 000,00 €	16 000,00 €	15 200,00 €
Maschinenlaufzeiten		480 Stunden	320 Stunden	240 Stunden

a) Ermitteln Sie

1. für die maschinenabhängigen Fertigungsgemeinkosten die Maschinenstundensätze,

2. den Materialgemeinkostenzuschlagssatz und die Restfertigungsgemeinkostenzuschlagssätze der drei Fertigungskostenstellen.

b) Begründen Sie, warum die Kalkulation mit Maschinenstundensätzen genauer ist als die Kalkulation mit einem auf die Fertigungslöhne bezogenen einheitlichen Zuschlagssatz für die Fertigungsgemeinkosten, der auch die Maschinenkosten enthält.

Aufgabe 2 >

a) Vervollständigen Sie den nachstehenden BAB unter Berücksichtigung folgender Verteilungsschlüssel:

Stromkosten: Material- und Fertigungshilfsstelle jeweils 2000 kWh, Schweißerei 30000 kWh, Lackiererei 20000 kWh, Verwaltungs- und Vertriebsstelle 6000 kWh.

Raumkosten: Materialstelle 180 m^2, Fertigungshilfsstelle 60 m^2, Schweißerei und Lackiererei jeweils 300 m^2, Verwaltungs- und Vertriebsstelle 160 m^2.

Von den Kosten der Fertigungshilfsstelle entfallen 5 Teile auf die Schweißerei und 2 Teile auf die Lackiererei.

b) Ermitteln Sie den Gesamtbetrag der Bestandsmehrung oder -minderung an fertigen und unfertigen Erzeugnissen.

(Die Bewertung der auf Lager produzierten Erzeugnisse erfolgt zu Herstellkosten. Sondereinzelkosten der Fertigung sind nicht angefallen.)

Kostenstellen / Gemeinkosten		Material-stelle	Fertigungsstellen			Verwaltungs- und Vertriebsstelle
			Fertigungs-hilfsstelle	Schweißerei	Lackiererei	
Hilfsstoffkosten	200 000,00 €	1 000,00 €	500,00 €	121 000,00 €	70 000,00 €	7 500,00 €
Stromkosten	3 000,00 €					
Gehälter und soziale Abgaben	158 000,00 €	6 900,00 €	11 400,00 €	35 000,00 €	18 000,00 €	86 700,00 €
Raumkosten	5 000,00 €					
kalkulatorische Abschreibungen	29 500,00 €	2 600,00 €	1 200,00 €	9 000,00 €	12 500,00 €	4 200,00 €
kalkulatorische Zinsen	7 500,00 €	500,00 €	500,00 €	2 000,00 €	3 000,00 €	1 500,00 €
	403 000,00 €					
Kostenumlage						
	403 000,00 €					
Bezugsgrößen (Zuschlags-grundlagen)		600 000,00 € Material-einzelkosten		120 000,00 € Fertigungs-löhne	100 000,00 € Fertigungs-löhne	1 262 500,00 € Herstellkosten des Umsatzes
Zuschlagssätze						

Aufgabe 3 >

Ein Industriebetrieb erstellte für den letzten Monat folgenden BAB (Zahlen in €):

Gemein-kosten ↓	Hilfskostenstellen			Hauptkostenstellen		
	Gebäude	Kantine	Rep.-Werkstatt	Material	Fertigung	Verwaltung u. Vertrieb
7 219 300,00 Kosten-umlage:	90 000,00	587 600,00	330 560,00	1 011 840,00	2 200 000,00	2 999 300,00
7 219 300,00						
Bezugs-größen				5 169 500,00 Material-einzelkosten	1 979 600,00 Fertigungs-löhne	10 720 000,00 Herstellkosten des Umsatzes
Zuschlags-sätze						

a) Für die innerbetriebliche Leistungsverrechnung stehen das Anbauverfahren, das Stufenleiter-verfahren und das Gleichungsverfahren zur Verfügung. Nennen Sie die wesentlichen Unter-schiede.

b) Vervollständigen Sie den BAB nach dem Stufenleiterverfahren unter Berücksichtigung folgender Angaben:

Kantine	Rep.-Werkstatt	Material-KoSt	Fertigungs-KoSt	Vw- u. Vt-KoSt
400 qm	200 qm	1 000 qm	5 000 qm	2 400 qm
–	1 600 Essen	3 400 Essen	116 000 Essen	53 000 Essen
–	–	20 Rep.-Std.	13 000 Rep.-Std.	500 Rep.-Std.

Aufgabe 4 >

Ihnen liegt dieser BAB vor, der unter Berücksichtigung der nachstehenden Angaben nach dem An-bauverfahren zu ergänzen ist:

Kosten-stellen →	Hilfskostenstellen		Hauptkostenstellen		
	Strom-versorgung	Reparatur-abteilung	Material	Fertigung	Verwaltung u. Vertrieb
Summe der primären Gemeinkosten	4 000,00 €	19 000,00 €	26 000,00 €	82 400,00 €	26 600,00 €
Kostenumlage					
Summe der primären und sekundären Gemeinkosten					

Leistungsinanspruchnahme durch die Kostenstellen	Leistungsabgabe der Hilfskostenstellen	
	Stromversorgung	Reparaturabteilung
Stromversorgung	–	100 Stunden
Reparaturabteilung	5 000 kWh	–
Materialstelle	10 000 kWh	300 Stunden
Fertigungsstelle	26 000 kWh	1 500 Stunden
Verwaltung und Vertrieb	4 000 kWh	100 Stunden
Summe	45 000 kWh	2 000 Stunden

Aufgabe 5

Ein Betrieb ermittelte im BAB folgende Primärkosten:

	Fertigungshilfskostenstellen		Fertigungshauptkostenstellen	
	I	II	H_1	H_2
Stelleneinzelkosten	16 000,00 €	30 000,00 €	25 000,00 €	22 000,00 €
Stellengemeinkosten	3 000,00 €	9 000,00 €	1 000,00 €	9 125,00 €

Die Kostenstellen haben diese Anzahl von Leistungseinheiten abgegeben bzw. empfangen:

Empfangende Kostenstellen \ Abgebende Kostenstellen	I	II	H_1	H_2
I	–	4	0	0
II	10	–	0	0
H_1	25	25	0	10
H_2	60	15	50	0

a) Verteilen Sie mit Hilfe des Stufenleiterverfahrens die Kosten der Fertigungshilfskostenstellen auf die Fertigungshauptkostenstellen. (Die Reihenfolge der Kostenstellen ist nicht zu verändern.)

b) In der Rechnungsperiode hat die Fertigungshauptkostenstelle H_1 insgesamt 600 Leistungseinheiten erbracht, die Hauptkostenstelle H_2 insgesamt 100 Leistungseinheiten. Ermitteln Sie mit Hilfe des Gleichungsverfahrens die Kosten pro Leistungseinheit von H_1 und H_2 unter Berücksichtigung des gegenseitigen Leistungsaustausches zwischen den beiden Fertigungshauptstellen.

Aufgabe 6

Ein Unternehmen verteilt die primären Gemeinkosten auf seine Kostenstellen, die hier in alphabetischer Reihenfolge mit Angabe der innerbetrieblichen Leistungen aufgeführt sind, und wählt für die innerbetriebliche Leistungsverrechnung das Stufenleiterverfahren.

Kostenstellen	Primärkosten (€)	Leistungen der Hilfskostenstellen (Std.)		
		Arbeits-vorberei-tung	EDV	Reparatu-ren
Arbeitsvorbereitung (Fertigungshilfskostenstelle)	27 700,00		40	10
EDV (Allgemeine Kostenstelle)	120 000,00			40
Material (Hauptkostenstelle)	240 000,00		170	60
Montage (Hauptkostenstelle)	280 000,00	160	150	280
Reparaturen (Allgemeine Kostenstelle)	85 900,00		90	
Teilefertigung (Hauptkostenstelle)	400 000,00	110	160	260
Verwaltung und Vertrieb (Hauptkostenstelle)	300 000,00		190	100
Summen	1 453 600,00	270	800	750

a) Beschreiben Sie die Reihenfolge der Hilfskostenstellen im Betriebsabrechnungsbogen und begründen Sie, warum das Stufenleiterverfahren nicht zu einer exakten verursachungsgerechten Umlage der Gemeinkosten führt.

b) Ermitteln Sie im BAB die Gemeinkosten der Hauptkostenstellen nach der Umlage.

Aufgabe 7

In der 160 Stunden umfassenden Rechnungsperiode eines Unternehmens waren seine EDV-Stelle 16 Stunden für die Reparaturstelle und die Reparaturstelle 8 Stunden für die EDV-Stelle tätig. Die primären Kosten der Rechnungsperiode beliefen sich in der EDV-Stelle auf 11 760,00 € und in der Reparaturstelle auf 9 968,00 €.

Bestimmen Sie die Verrechnungspreise (€ pro Stunde) für die Leistungen der beiden allgemeinen Kostenstellen mithilfe des Gleichungsverfahrens.

2.3.3.2 Lösungen

Aufgabe 1

a) (1) Maschinenstundensätze

$$\text{der Fertigungsstelle I} = \frac{27\,360,00\ \text{€}}{480\ \text{Maschinenstunden}} = 57,00\ \text{€/Maschinenstunde}$$

$$\text{der Fertigungsstelle II} = \frac{25\,600,00\ \text{€}}{320\ \text{Maschinenstunden}} = 80,00\ \text{€/Maschinenstunde}$$

$$\text{der Fertigungsstelle III} = \frac{16\,800,00\ \text{€}}{240\ \text{Maschinenstunden}} = 70,00\ \text{€/Maschinenstunde}$$

(2) $\text{Materialgemeinkostenzuschlagssatz} = \dfrac{14\,580,00\ \text{€}}{182\,250,00\ \text{€}} \cdot 100 = 8\,\%$

Restfertigungsgemeinkostenzuschlagssätze

$$\text{der Fertigungsstelle I} = \frac{19\,600,00\ \text{€}}{14\,000,00\ \text{€}} \cdot 100 = 140\,\%$$

$$\text{der Fertigungsstelle II} = \frac{14\,400,00\ \text{€}}{16\,000,00\ \text{€}} \cdot 100 = 90\,\%$$

$$\text{der Fertigungsstelle III} = \frac{16\,720,00\ \text{€}}{15\,200,00\ \text{€}} \cdot 100 = 110\,\%$$

b) Ein einheitlicher Zuschlagssatz für die Fertigungsgemeinkosten, bezogen auf die Fertigungslöhne, berücksichtigt nicht den unterschiedlichen Maschineneinsatz bei der Produkterstellung. Die Kalkulation mit Maschinenstundensätzen ist genauer, weil sie dem Verursachungsprinzip entspricht.

Aufgabe 2

a)

Gemeinkosten \ Kostenstellen	Material-stelle	Fertigungs-hilfsstelle	Schweißerei	Lackiererei	Verwaltungs- und Vertriebsstelle
Hilfsstoffkosten	200 000,00 €	1 000,00 €	500,00 €	121 000,00 €	70 000,00 €	7 500,00 €
Stromkosten	3 000,00 €	100,00 €	100,00 €	1 500,00 €	1 000,00 €	300,00 €
Gehälter und soziale Abgaben	158 000,00 €	6 900,00 €	11 400,00 €	35 000,00 €	18 000,00 €	86 700,00 €
Raumkosten	5 000,00 €	900,00 €	300,00 €	1 500,00 €	1 500,00 €	800,00 €
kalkulatorische Abschreibungen	29 500,00 €	2 600,00 €	1 200,00 €	9 000,00 €	12 500,00 €	4 200,00 €
kalkulatorische Zinsen	7 500,00 €	500,00 €	500,00 €	2 000,00 €	3 000,00 €	1 500,00 €
	403 000,00 €	12 000,00 €	14 000,00 €	170 000,00 €	106 000,00 €	101 000,00 €
Kostenumlage			– 14 000,00 €	10 000,00 €	4 000,00 €	
	403 000,00 €	12 000,00 €	0,00 €	180 000,00 €	110 000,00 €	101 000,00 €
Bezugsgrößen (Zuschlags-grundlagen)		600 000,00 € Material-einzelkosten		120 000,00 € Fertigungs-löhne	100 000,00 € Fertigungs-löhne	1 262 500,00 € Herstellkosten des Umsatzes
Zuschlagssätze		2 %		150 %	110 %	8 %

b) Herstellkosten der Produktion = Material- und Fertigungskosten lt. BAB = 1122 000,00 €. Die Differenz zu den Herstellkosten des Umsatzes ist die Bestandsminderung an Erzeugnissen von 140 500,00 €.

Aufgabe 3

a) Die Leistungen, die von Hilfskostenstellen für Hilfskostenstellen erbracht wurden, werden

◆ beim Anbauverfahren ignoriert,

◆ beim Stufenleiterverfahren einseitig (durch Weiterwälzung nur in eine Richtung) berücksichtigt,

◆ beim Gleichungsverfahren exakt berücksichtigt.

b)

Gemein-kosten ↓	Hilfskostenstellen			Hauptkostenstellen		
	Gebäude	Kantine	Rep.-Werkstatt	Material	Fertigung	Verwaltung u. Vertrieb
7 219 300,00 Kosten-umlage:	90 000,00 − 90 000,00	587 600,00 4 000,00 − 591 600,00	330 560,00 2 000,00 5 440,00 − 338 000,00	1 011 840,00 10 000,00 11 560,00 500,00	2 200 000,00 50 000,00 394 400,00 325 000,00	2 999 300,00 24 000,00 180 200,00 12 500,00
7 219 300,00	0,00	0,00	0,00	1 033 900,00	2 969 400,00	3 216 000,00
Bezugs-größen				5 169 500,00 Material-einzelkosten	1 979 600,00 Fertigungs-löhne	10 720 000,00 Herstellkosten des Umsatzes
Zuschlags-sätze	–	–	–	20 %	150 %	30 %

Aufgabe 4

$$\text{Stromkostenverrechnungssatz} = \frac{4 000,00 \text{ €}}{40 000 \text{ kWh}} = \underline{\underline{0,10 \text{ €/kWh}}}$$

$$\text{Reparaturkostenverrechnungssatz} = \frac{19 000,00 \text{ €}}{1 900 \text{ Stunden}} = \underline{\underline{10,00 \text{ €/Stunde}}}$$

Kosten-stellen →	Hilfskostenstellen		Hauptkostenstellen		
	Strom-versorgung	Reparatur-abteilung	Material	Fertigung	Verwaltung u. Vertrieb
Summe der primären Gemeinkosten	4 000,00 €	19 000,00 €	26 000,00 €	82 400,00 €	26 600,00 €
Kosten-umlage	− 4 000,00 €	− 19 000,00 €	1 000,00 € 3 000,00 €	2 600,00 € 15 000,00 €	400,00 € 1 000,00 €
Summe der primären und sekundären Gemeinkosten	0,00 €	0,00 €	30 000,00 €	100 000,00 €	28 000,00 €

Aufgabe 5

a)

	Fertigungshilfskostenstellen		Fertigungshauptkostenstellen	
	I	II	H_1	H_2
Stelleneinzelkosten	16 000,00 €	30 000,00 €	25 000,00 €	22 000,00 €
Stellengemeinkosten	3 000,00 €	9 000,00 €	1 000,00 €	9 125,00 €
primäre Kosten	19 000,00 €	39 000,00 €	26 000,00 €	31 125,00 €
Kosten-	– 19 000,00 €	2 000,00 €	5 000,00 €	12 000,00 €
umlage		– 41 000,00 €	25 625,00 €	15 375,00 €
primäre und sekundäre Kosten	0,00 €	0,00 €	56 625,00 €	58 500,00 €

b) Kosten für 600 Leistungseinheiten von H_1: $\quad 600\, H_1 = 56\,625\,€ + 10\, H_2$
Kosten für 100 Leistungseinheiten von H_2: $\quad 100\, H_2 = 58\,500\,€ + 50\, H_1$

Lösung des Gleichungssystems nach dem Einsetzungsverfahren:

$$H_2 = 585\,€ + 0,5\, H_1$$
$$600\, H_1 = 56\,625\,€ + 10 \cdot (585\,€ + 0,5\, H_1)$$
$$595\, H_1 = 62\,475\,€$$

Kosten pro Leistungseinheit H_1: $\qquad H_1 = 105,00\,€$
Kosten pro Leistungseinheit H_2: $\qquad H_2 = 585\,€ + 0,5 \cdot 105,00\,€ = 637,50\,€$

Aufgabe 6

a) Beim Stufenleiterverfahren werden die Hilfskostenstellen im Betriebsabrechnungsbogen in eine Reihenfolge gebracht, die mit der Kostenstelle beginnt, die hauptsächlich innerbetriebliche Leistungen an nachgelagerte Hilfs- und Hauptkostenstellen abgibt, und mit der Kostenstelle endet, die überwiegend innerbetriebliche Leistungen von vorgelagerten Hilfskostenstellen empfängt.

Das Stufenleiterverfahren erfasst [wie unter b) dargestellt] nur den einseitigen Leistungsaustausch zwischen den Hilfskostenstellen, vernachlässigt also die wechselseitigen Leistungsbeziehungen (in unserem Fall 40 Stunden Reparaturleistungen, die von der EDV-Stelle in Anspruch genommen wurden). Deshalb führt dieses Verfahren nicht zu einer exakten verursachungsgerechten Umlage der Gemeinkosten.

b)

	Hilfskostenstellen			Hauptkostenstellen				Summe
	EDV	Rep.	AV	Mat.	Teilefert.	Mont.	Vw + Vt	
prim. Gemeinkosten	120 000,00	85 900,00	27 700,00	240 000,00	400 000,00	280 000,00	300 000,00	1 453 600,00
$\dfrac{120\,000,00\,€}{800\,\text{Std.}} \cdot$ Stundenzahl		↳ 13 500,00	6 000,00	25 500,00	24 000,00	22 500,00	28 500,00	
		99 400,00						
$\dfrac{99\,400,00\,€}{710\,\text{Std.}} \cdot$ Stundenzahl			↳ 1 400,00	8 400,00	36 400,00	39 200,00	14 000,00	
			35 100,00					
$\dfrac{35\,100,00\,€}{270\,\text{Std.}} \cdot$ Stundenzahl			↳		14 300,00	20 800,00		
Gemeinkosten nach Umlage	0	0	0	273 900,00	474 700,00	362 500,00	342 500,00	1 453 600,00

Aufgabe 7

x = Kosten pro Stunde der EDV-Stelle
y = Kosten pro Stunde der Reparaturstelle

Wir lösen das Gleichungssystem

I.   160 x   = 11 760,00 € +   8 y
II. 160 y   =   9 968,00 € + 16 x

nach dem Additionsverfahren:

Dazu multiplizieren wir die Gleichung I mit (2):
I.   320 x   = 23 520,00 € + 16 y

und teilen die Gleichung II durch 10:
II.   16 y   =   996,80 € + 1,6 x

Wir addieren beide Gleichungen:

I.   320 x = 23 520,00 € + 16 y
II. – 1,6 x =   996,80 € – 16 y

und erhalten:
  318,4 x = 24 516,80 €
       x =   77,00 €

Wir setzen den Wert von x in die Gleichung II ein:

       y =   70,00 €

2.4 Exkurse

2.4.1 Kalkulation von Kuppelprodukten

Kuppelprodukte (verbundene Produkte) sind solche Erzeugnisse, die in einem Fertigungsgang **zwangsläufig** gemeinsam anfallen. So gewinnt man zum Beispiel bei der Koksherstellung aus Kohle gleichzeitig Gas, Teer, Ammoniak und Benzol. Das kostenrechnerische Problem liegt in der Verteilung der gemeinsam verursachten Kosten (verbundenen Kosten) auf die einzelnen Kuppelprodukte. Dazu sind zwei Kalkulationsmethoden entwickelt worden:

◆ **Restwertmethode** (Subtraktionsmethode). Eines der Kuppelprodukte wird als Haupterzeugnis angesehen. Die Verkaufserlöse der Nebenprodukte abzüglich der direkt den Nebenprodukten zurechenbaren Weiterverarbeitungskosten stellen Kostenminderungen des Hauptprodukts dar. Entsorgungskosten für ein Nebenprodukt erhöhen die Kosten des Hauptprodukts.

◆ **Verteilungsmethode**. Eine Aufteilung in Haupt- und Nebenprodukte ist unmöglich oder unnötig.

Die Verteilung der verbundenen Kosten erfolgt im Allgemeinen nach den Marktpreisen. Man spricht dann von der **Marktpreisäquivalenzzahlenmethode**. Anstelle der Marktpreise werden manchmal auch technisch-physikalische Messgrößen (wie der Heizwert) zur Kostenverteilung herangezogen. Das hat nur den Vorteil, dass die Kostenrelationen nicht mehr durch Preisschwankungen am Markt bestimmt werden.

In einem Kuppelproduktionsprozess werden ein Hauptprodukt und drei Nebenprodukte erzeugt, die bis auf eines auch verkauft werden. Die von den Kuppelprodukten gemeinsam verursachten Herstellkosten bis zur Gabelung des Produktionsprozesses (split-off-point) betragen 89 350,00 €. Vom Hauptprodukt werden 5 500 kg hergestellt und für 25,00 €/kg verkauft. Für die Nebenprodukte gelten folgende Daten:

Nebenprodukte	Menge (kg)	Aufbereitungs-/ Entsorgungs-kosten (€/kg)	Marktpreis (€/kg)
N_1	1 000	1,40	5,10
N_2	1 200	0,20	3,20
N_3	900	0,50	0,00

Nach der **Restwertmethode** werden die Herstellkosten des Hauptprodukts wie folgt ermittelt:

verbundene Kosten:		89 350,00 €
abzüglich Erlösüberschüsse der Nebenprodukte		
N_1	3 700,00 €	
N_2	3 600,00 €	– 7 300,00 €
zuzüglich Entsorgungskosten von N_3		450,00 €
		82 500,00 € : 5 500 kg
		= 15,00 €/kg

Nach der **Marktpreisäquivalenzzahlenmethode** werden die gemeinsam verursachten Kosten wie folgt aufgeteilt:

Produkt	Menge (kg)	Marktpreis (€/kg)	Umsatz (€)	Verbundene Kosten (€/kg)	
Hauptprodukt	5 500	25,00	137 500,00	15,25 ◄	25,00 · 0,61
N_1	1 000	5,10	5 100,00	3,11 ◄	5,10 · 0,61
N_2	1 200	3,20	3 840,00	1,95 ◄	3,20 · 0,61
N_3	900	0,00	0,00	0,00 ◄	0,00 · 0,61
	89 350,00 € :		146 440,00	= 0,61 ◄	

Die verbundenen Kosten werden hier formal wie bei der Äquivalenzzahlenkalkulation auf die Kuppelprodukte verteilt. Im Unterschied zur Äquivalenzzahlenkalkulation bei der Sortenfertigung sind die Umsatzanteile aber kein Maßstab für die Kostenverursachung, sondern ein Maßstab der Kostentragfähigkeit. Auch bei der Restwertmethode wird das Kostenverursachungsprinzip nicht eingehalten, da die Kosten des Hauptprodukts von den Erlösen der Nebenprodukte abhängen. Bei beiden Methoden erfolgt die Zurechnung der verbundenen Kosten also nach dem **Tragfähigkeitsprinzip**. Eine Verteilung der Gesamtkosten des Kuppelproduktionsprozesses nach dem Kostenverursachungsprinzip ist nicht möglich.

5 Scharnweber – ISBN 978-3-8120-0125-0

Daher kann eine Erdölgesellschaft auch die Verkaufspreise der einzelnen Produkte nicht – wie oft von Verbrauchern verlangt – auf der Grundlage der Selbstkosten ausrechnen. Sie kennt zwar alle Kostenfaktoren. Sie weiß, wie viel das Rohöl kostet. Sie kennt die Durchschnittskosten für den Transport des Rohöls per Tanker und Pipelines bis zur Raffinerie. Sie kann die Kosten für den Betrieb der Raffinerie errechnen. Sie kann aber nur ausrechnen, wie viel die Tonne raffinierter Produkte *durchschnittlich* kostet. Zur Rechtfertigung steigender Benzinpreise heißt es in einer Anzeige der BP (Schweiz) AG im TAGES-ANZEIGER vom 18. August 1975:

„Was aus den Raffinerien herauskommt, stimmt aber mengenmässig nie mit dem überein, was die Kunden wünschen. Deshalb muss auch bei den Erdölprodukten das Gesetz von Angebot und Nachfrage schlussendlich den Preis bestimmen. Der Raffineur muss die in relativ geringen Mengen vorhandenen leichten Fraktionen (Gase, Benzine) zu höheren Preisen verkaufen, weil die zwangsläufig in grossen Mengen anfallenden Heizöle nicht oder kaum zu kostendeckenden Preisen abgesetzt werden können. Paradoxerweise verursacht zum Beispiel der Verkauf von Heizöl schwer – das öfters Abnehmer nur zu Preisen findet, die unter den Rohölkosten liegen – beträchtliche zusätzliche Kosten, weil es in besonders isolierten, aufheizbaren Tanks und Kesselwagen gelagert und transportiert werden muss.

Bestimmend für die Erdölgesellschaft ist deshalb nicht der Preis eines einzelnen Produktes, sondern der Erlös aus der ganzen Tonne Erdöl. Erst wenn sie den Erlös aus sämtlichen anfallenden Produkten mit den Kosten für das Rohöl, die Transporte, die Raffination, die Lagerung und den Vertrieb vergleicht, kann sie errechnen, ob sie mit Gewinn oder Verlust gearbeitet hat.

Wir sprechen da nur von wenigen Produkten. In Wirklichkeit geht es um Hunderte von Produkten und Basisstoffen, die quantitativ in einem festen Verhältnis zum Fass Erdöl stehen und deren Nachfragen durch vielerlei Einflüsse nicht nur schwanken, sondern sogar entgegengesetzt verlaufen. Jedes Produkt hat seine eigene Nachfragekurve: Bitumen, Flugpetrol, Industrie-Heizöl, Benzin, Motorenöl, Schmierfette, Lösungsmittel, Chemikalien usw. Selbstverständlich werden die Schwankungen durch Lagerhaltung gemildert. Aber kein Lager ist gross genug, um grössere Ausschläge in der einen oder andern Richtung aufzufangen.

Zu allen Zeiten gibt es Überschuss und Knappheit. Und sie werden noch verstärkt durch das Verhalten der Käufer (dazu gehört auch der Hausbesitzer, der ja frei bestimmen kann, wann er seinen Heizöltank auffüllen will). Entsteht aus irgendwelchen Gründen das Gefühl, in Heizöl könnten starke Überschusspositionen entstehen, also sinkende Preise, so verstärkt sich die Zurückhaltung, worauf die Preise erst recht sinken. Überwiegt der Eindruck, vielleicht aufgrund von politischen Nachrichten, dass eine Knappheit (also steigende Preise) entsteht, so zieht die Nachfrage an, was die Preise erst recht in die Höhe treibt, und das manchmal innerhalb von Stunden.“

Die Anzeige der BP (Schweiz) AG im „Tages-Anzeiger" vom August 1975 enthält auch eine vergnüglichere Darstellung der Kuppelproduktion, wozu ein Zeitungsleser das Stichwort lieferte, der auf einen Bericht dieser Erdölgesellschaft vom Mai 1975 mit den Worten reagierte: „Muh! Muh! Anstatt für teures Geld solch selbstherrliche Platituden zu verbreiten, würden Sie besser den Benzinpreis senken …“

„Das Rind, solange es noch muh! macht, kostet rund 5 Franken das Kilo. Nach dem Schlachten erhält der Metzger aus den 500 Kilo Lebendgewicht rund 175 Kilo (35%) verkaufsfertiges Fleisch. Der Rest besteht aus Fell, Kopf, Füssen, Knochen, Fett, Eingeweiden usw. Die Durchschnittskosten des verkaufbaren Fleisches betragen dann rund 19 Franken das Kilo. Aber zu diesem Preis wird der Metzger kein Filet verkaufen. Denn in den 500 Kilo Rind gibt es nur 4 Kilo Filet, aber 12 Kilo Nierstück (Entrecôte), 70 Kilo Huft und Stotzen (Blätzli, Steak, Braten) und 90 Kilo Siedfleisch, Gulasch und Hackfleisch.

Im Markt nun stimmen die Neigungen und Wünsche der Kunden zumindest quantitativ nie mit dem überein, was so ein Rindvieh zu bieten hat. Die Lust nach Hirn tritt viel weniger häufig auf als die Lust nach Fleisch (Honni soit qui mal y pense!). Und doch müssen auf 4 Kilo Filet ein Pfund Hirn verkauft werden und 4 Füsse, ein Kopf, 80 Kilo Knochen und Fett usw. So kommt es, dass der Preis von Hirn, für das es sehr, sehr wenig Abnehmer gibt, auf 8 Franken das Kilo sinkt, der Preis von Filet auf 50 Franken steigt und der Preis für Siedfleisch, Gulasch und Hackfleisch mit 12 bis 18 Franken unter den durchschnittlichen Selbstkosten liegt.

Paradoxerweise verursacht beispielsweise das Putzen der Kutteln – für die der Metzger nur 6 bis 8 Franken löst – viel mehr Arbeit (und erst noch unangenehme) als das Herausschneiden des Filets.

Es gibt also Produkte, die **unter** den Kosten verkauft werden und solche, die **darüber** verkauft werden.

Bestimmend für den Metzger ist deshalb nicht der Preis eines einzelnen Produktes, sondern der Erlös aus dem ganzen Rind. Erst wenn er den Erlös aus dem ganzen Rind mit den Kosten aus dem ganzen Rind vergleicht (Kosten für Ankauf, Verarbeitung und Verkauf), weiss er, ob er mit Gewinn oder Verlust gearbeitet hat.

Es ist auch leicht einzusehen, dass jeder Metzger, seiner Kundschaft entsprechend, eine andere Absatz- und Preisstruktur aufweist. Der eine (mit ‚vornehmer' Kundschaft) hat selbst zum relativ hohen Preis von 50 Franken laufend zu wenig Filet, der andere bringt sein Filet kaum zu 40 Franken ab.

Deshalb steht hinter dem Metzger ein Grosshandel, der die Überschussmengen beim einen Metzger aufkauft und sie dem andern Metzger, der an der betreffenden Ware knapp ist, weiterverkauft. So wird das Angebot einigermassen der Nachfrage angepasst, die Preisunterschiede von Metzger zu Metzger einigermassen ausgeglichen, nie aber gänzlich ausgeschaltet.

Genau so ist es mit Erdöl. Nur viel komplizierter."

2.4.2 Handelskalkulation

Der Rahmenplan für geprüfte Bilanzbuchhalter verlangt die Durchführung der Handelskalkulation und nennt als Bestandteile der Qualifikationsinhalte das Schema zur Handelskalkulation, die Vorwärts- und Rückwärtskalkulation sowie Kalkulationszuschlag, -faktor und Handelsspanne.

Hier zunächst ein Überblick über die Handelskalkulation:

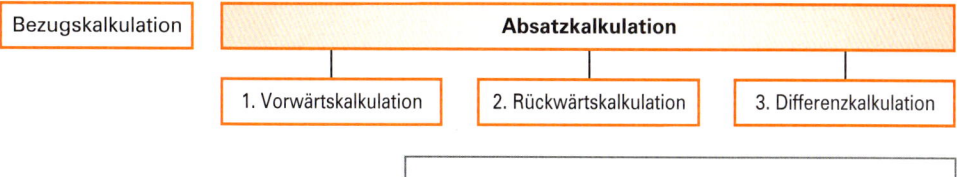

Bezugskalkulation	Absatzkalkulation		
	1. Vorwärtskalkulation	2. Rückwärtskalkulation	3. Differenzkalkulation

Der Textileinzelhändler verkaufte einen Mantel für 397,00 € abzüglich 3 % Skonto.

Der angegebene Preis ist das Ergebnis der nachstehenden Rechnung:

	Prozent	€/Stück	
Listeneinkaufspreis		190,00	
− Liefererrabatt	10,00	19,00	
Zieleinkaufspreis		171,00	Bezugs-
− Liefererskonto	2,00	3,42	kalkulation
Bareinkaufspreis		167,58	
+ Bezugskosten		2,00	
Bezugspreis (Einstandspreis)		**169,58**	
+ Handlungskosten	80,00	135,66	
Selbstkosten(preis)		305,24	
+ Gewinn	6,00	18,31	
Barverkaufspreis		323,55	Absatz-
+ Kundenskonto	3,00	10,01	kalkulation:
Zielverkaufspreis (netto)		333,56	
+ Umsatzsteuer	19,00	63,38	
Auszeichnungspreis (gerundet)		**397,00**	

① ② ③

① **Vorwärtskalkulation:** Zu welchem Verkaufspreis kann der Einzelhändler diese Ware anbieten?

② **Rückwärtskalkulation:** Zu welchem Preis kann der Einzelhändler diese Ware höchstens einkaufen?

③ **Differenzkalkulation:** Welcher Gewinn verbleibt dem Einzelhändler bei gegebenem Einstands- und Verkaufspreis?

Wenn der Handlungskostenzuschlagssatz, der Gewinnzuschlagssatz, eventuelle Verkaufszuschlagssätze (wie Kundenskonto) und der Umsatzsteuersatz für das gesamte Warensortiment oder für einzelne Warengruppen gleich sind, dann lassen sich diese Prozentsätze zusammenfassen:

Einstands-preis (Bezugspreis)	+ Handlungs-kosten	+ Gewinn	+ Verkaufs-zuschläge	+ Umsatz-steuer	= Brutto-verkaufs-preis
	+ Kalkulationszuschlag(ssatz)				

Mit dem **Kalkulationszuschlag**

$$= \frac{(\text{Bruttoverkaufspreis} - \text{Bezugspreis}) \cdot 100}{\text{Bezugspreis}} = \frac{397,00 - 169,58}{169,58} \cdot 100 \approx 134\,\%$$

lässt sich der Bruttoverkaufspreis, der für den Einzelhandel als Auszeichnungspreis (Ladenpreis) entscheidend ist, in **einem** Rechengang ermitteln:

169,58 € + 134 % davon ≈ 397,00 €

Mit Hilfe der **Handelsspanne**

$$= \frac{(\text{Nettoverkaufspreis} - \text{Bezugspreis}) \cdot 100}{\text{Nettoverkaufspreis}} = \frac{333,56 - 169,58}{333,56} \cdot 100 \approx 49\,\%$$

lässt sich leicht der dazugehörige Bezugspreis ausrechnen: 333,56 € − 49 % davon ≈ 170,00 €.

Abschließend noch die Antwort auf die Frage, wie der Handlungskostenzuschlag(ssatz) ermittelt wird, der in unserem Zahlenbeispiel 80 % beträgt:

$$\text{Handlungskostenzuschlag} = \frac{\text{Handlungskosten} \cdot 100}{\text{Wareneinsatz}} = \frac{800\,000,00 \,€ \cdot 100}{1\,000\,000,00 \,€} = 80\,\%$$

Handlungskosten und Wareneinsatz (= Einstandswert der abgesetzten Waren) wurden dieser Ergebnistabelle entnommen:

Konto	Aufwendungen	Erträge	Unternehmensbezogene Abgrenzungen und kosten-rechnerische Korrekturen		Kosten- und Leistungsarten	
			Aufwendungen	Erträge	Kosten	Leistungen
Umsatzerlöse für Waren		1 908 000,00				1 908 000,00
Zinserträge		1 500,00		1 500,00		
Außerordentliche Erträge		7 000,00		7 000,00		
Aufwendungen für Waren	1 000 000,00				1 000 000,00	
Aufw. für Mat. u. bez. Leist.	35 200,00				35 200,00	
Personalaufwendungen	290 000,00		290 000,00	374 000,00	374 000,00	
Abschreibungen	105 000,00		105 000,00	94 000,00	94 000,00	
Aufw. für Rechte u. Dienste	18 000,00		18 000,00	56 000,00	56 000,00	
Aufw. für Kommunikation	64 000,00				64 000,00	
Betriebliche Steuern	90 000,00				90 000,00	
Zinsaufwendungen	7 000,00		7 000,00	86 800,00	86 800,00	
Summen	1 609 200,00	1 916 500,00	420 000,00	619 300,00	1 800 000,00	1 908 000,00
Salden	307 300,00	Jahres-überschuss	199 300,00	neutraler Gewinn	108 000,00	Betriebs-gewinn

(Die Personalkosten in Höhe von 374 000,00 € enthalten auch den kalkulatorischen Unternehmerlohn.)

Im Großhandel und in der Industrie gilt:

$$\text{Kalkulationszuschlag} = \frac{(\textbf{Netto}\text{verkaufspreis} - \text{Bezugspreis}) \cdot 100}{\text{Bezugspreis}}$$

In der Praxis rechnet man vielfach lieber mit dem Kalkulationsfaktor, der die Ermittlung des Verkaufspreises durch eine einzige Multiplikation ermöglicht:

Verkaufspreis = Bezugspreis · Kalkulationsfaktor

Wenn der Kalkulationszuschlag 50 % = 0,5 beträgt, ist der Kalkulationsfaktor 1,5.

Kalkulationsfaktor = Kalkulationszuschlag + 1

Im Großhandel und in der Industrie (wo der Kalkulationszuschlag nicht die Umsatzsteuer enthält) besteht zwischen der Handelsspanne, dem Kalkulationszuschlag und dem Kalkulationsfaktor dieser Zusammenhang:

$$\text{Handelsspanne} = \frac{\text{Kalkulationszuschlag}}{\text{Kalkulationsfaktor}}$$

Ein Handelsbetrieb, der nicht mit einem einheitlichen Handlungskostensatz für sämtliche Waren des Sortiments rechnen will, könnte eine Kostenstellenrechnung für mehrere Warengruppen aufmachen, wobei dieser mehrstufige BAB eines Großhändlers dem in der Industrie gleicht, wenn man einmal von den speziellen Hauptkostenstellen absieht:

Kostenart	Betrag (€)	Schlüssel	Hilfskostenstellen			Hauptkostenstellen	
			Fuhrpark	Lager	Verwaltung	Warengruppe I	Warengruppe II
Einzelkosten:							
Einstandswert der Warengruppe I	1 500 000					1 500 000	
Einstandswert der Warengruppe II	2 000 000						2 000 000
Summe der Einzelkosten	3 500 000					1 500 000	2 000 000
Gemeinkosten:							
Kosten für Material und bezogene Leistungen	140 525		14 000	8 500	10 025	58 400	49 600
Personalkosten	953 975		6 000	18 000	120 000	392 025	417 950
Kosten für die Inanspruchnahme von Rechten und Diensten	156 000		14 000	3 000	8 000	70 000	61 000
Kosten für Kommunikation und Beiträge	150 000		2 000	500	7 500	90 000	50 000
Kalkulatorische Kosten	264 500		3 000	500	4 000	120 350	136 650
Summe der Gemeinkosten	1 665 000		39 000	30 500	149 525	730 775	715 200
Umlage der Fuhrparkkosten		gefahrene km	– 39 000	2 500	12 500	11 500	12 500
Umlage der Lagerkosten		1 : 4 : 6		– 33 000	3 000	12 000	18 000
Umlage der Verwaltungskosten		Wareneinsatz			– 165 025	70 725	94 300
Summe der Handlungskosten	1 665 000		0	0	0	825 000	840 000
Handlungskostensatz						55 %	42 %

Aus den oben genannten Zahlen und Umsatzerlösen in Höhe von	2 400 000	3 000 000
errechnen wir einen Kalkulationszuschlag (Umsatzerlöse – Wareneinsatz) : Wareneinsatz von	60 %	50 %
und eine Handelsspanne von	37,50 %	33,33 %

2.4.3 Prozesskostenrechnung

In durchschnittlich organisierten Industriebetrieben existiert eine Kostenrechnung mit Vollkosten-Zuschlagssätzen nach folgendem Schema, in das hier fiktive Zahlen eingesetzt wurden:

Materialeinzelkosten (Fertigungsmaterial)
+ 10 % Materialgemeinkosten
Fertigungslöhne
+ 400 % Fertigungsgemeinkosten
Herstellkosten
+ 20 % Verwaltungs- und Vertriebsgemeinkosten
Selbstkosten

Die Problematik der summarischen Verrechnung von Fertigungsgemeinkosten im prozentualen Verhältnis zu den Fertigungslöhnen wurde bereits erörtert. Jetzt kritisieren wir die Verrechnung der Gemeinkosten im Material- sowie Verwaltungs- und Vertriebsbereich, wenn sie mit Hilfe von prozentualen Zuschlagssätzen erfolgt:

Das Standardprodukt mit hochwertigem Blech wird mit höheren Materialgemeinkosten belastet als die Produktvariante mit minderwertigem Blech:

	Standardprodukt mit hochwertigem Blech	Produktvariante mit minderwertigem Blech
Materialeinzelkosten	3 000,00 €	800,00 €
Materialgemeinkosten 10 %	300,00 €	80,00 €
	3 300,00 €	880,00 €

Dabei werden die Materialgemeinkosten weniger vom Wert der eingesetzten Stoffe verursacht als von der Anzahl verschiedener Aktivitäten, wie Materialbestellungen und -prüfungen.

In den Verwaltungs- und Vertriebsgemeinkosten sind auch die Kosten zur Erstellung unserer Angebote enthalten. Wenn ein bestimmtes Angebot z. B. einen Zeitaufwand von einer halben Stunde und ein anderes einen ganzen Tag beansprucht, dann erscheint ein prozentualer Zuschlag auf die Herstellkosten problematisch.

In den vergangenen Jahrzehnten ist der Anteil der Gemeinkosten an den Gesamtkosten zunehmend gewachsen. Die Ursache liegt darin, dass die planenden, vorbereitenden, steuernden und überwachenden Tätigkeiten in Forschung und Entwicklung, Beschaffung, Produktion, Qualitätssicherung, Auftragsabwicklung und Service erheblich zugenommen haben. Die zunehmende Bedeutung der Gemeinkosten gab insbesondere in den USA (wo selbst ein Unternehmen wie Hewlett Packard bis Mitte der achtziger Jahre die Gemeinkosten summarisch in prozentualem Verhältnis zum Fertigungslohn verrechnete)[1] Anlass zum Überdenken der Kostenrechnungsverfahren. Das Ergebnis war die Entwicklung der Prozesskostenrechnung, eines weiteren Verfahrens der Vollkostenrechnung,[2] für das auch Bezeichnungen wie „activity-based costing" oder einfach „ABC" üblich sind.

Um eine verursachungsgerechtere Zurechnung der Gemeinkosten zu ermöglichen, kümmert man sich auch für Zwecke der Kalkulation um die Frage, welche *Prozesse* (gleichbedeutend: Tätigkeiten, Aktivitäten, Vorgänge) in den Gemeinkostenbereichen ausgeführt werden. Aus einer Tätigkeitsanalyse der Kostenstelle („Was machen Sie hier eigentlich?") werden **Teilprozesse** bestimmt, z. B. „Material bestellen". Das Hauptinteresse gilt den

---

1 Vgl. Klaus-Peter Franz, Die Prozeßkostenrechnung (Entstehungsgründe, Aufbau und Abgrenzung von anderen Kostenrechnungssystemen), in: Wirtschaftswissenschaftliches Studium, 12/1992, S. 605 – 610.

2 Die Prozesskostenrechnung ist eine Vollkostenrechnung, weil sie die Gemeinkosten proportionalisiert. Sie könnte aber auch im Kapitel 3 als eine Art Teilkostenrechnung behandelt werden, weil sie (analog zu fix und variabel) zwischen leistungsmengenneutralen und leistungsmengeninduzierten Gemeinkosten unterscheidet.

Tätigkeiten, die sich mit kleinen Variationen ständig wiederholen und für die man Leistungsmengen (wie die Anzahl der Bestellungen) feststellen kann. Kosten, die von der Leistungsmenge abhängig sind (sich zu ihr proportional verhalten), sind **leistungsmengeninduziert** = lmi. Kosten, die von der Leistungsmenge unabhängig sind, sind **leistungsmengenneutral** = lmn. Eine mengenneutrale Tätigkeit, die leistungsmengenneutrale Kosten verursacht, ist z. B. die Leitung einer Kostenstelle.

Teilprozesse (z. B. Angebote vergleichen, Material bestellen, Material annehmen und prüfen) werden zu **Hauptprozessen** zusammengefasst (z. B. Materialbeschaffung). Möglich ist sogar die kostenstellenübergreifende Zusammenfassung, z. B. zum Hauptprozess Auftragsabwicklung.

Für jeden mengenabhängigen Vorgang ist eine Bezugsgröße festzulegen. Sie gibt an, wovon die Kosten eines Prozesses abhängen, welches also der **Kostentreiber** (Cost Driver) ist. Das kann z. B. die Anzahl der eingeholten Angebote oder die Anzahl der Bestellungen sein. Allen Prozessen sind die Kosten verursachungsgerecht zuzuordnen. Das kann direkt erfolgen, indem die Kosten für diesen Vorgang geplant werden (z. B. als Standardprozesszeiten), oder indirekt, indem Stellenkosten per Schlüssel auf die Vorgänge verteilt werden. Wird die Kostensumme eines mengenabhängigen Prozesses durch die Prozessmenge geteilt, ergibt sich der primäre Prozesskostensatz. Werden anschließend noch die Kosten der mengenunabhängigen Prozesse innerhalb der Kostenstelle per Umlage auf die primären Prozesskostensätze verteilt, erhält man die gesamten Prozesskostensätze. Dazu ein Zahlenbeispiel für die Kostenstelle Materialeinkauf:

Teilprozesse	Bezugsgrößen (Kostentreiber)	Anzahl der Prozesse	Prozesskosten	Primärer Prozesskostensatz	Umlagesatz (siehe unten)	Gesamte Prozesskostensätze
Angebote einholen	Anzahl der Angebote	1 000	60 000,00 €	60,00 €	12,00 €	72,00 €
Bestellungen aufgeben	Anzahl der Bestellungen	5 000	90 000,00 €	18,00 €	3,60 €	21,60 €
Abteilung leiten	keine	–	30 000,00 €	–	–	–

$$\text{Umlagesatz} = \frac{30\,000,00\ €}{150\,000,00\ €} \cdot \text{primärer Prozesskostensatz}$$

Wenn wir annehmen, dass die soeben beschriebene Kostenstelle die Hälfte der Materialgemeinkosten zugerechnet bekommt, dass der Materialgemeinkostenzuschlagssatz 10 % beträgt, dass eine Auftragsabwicklung jeweils zur Einholung von 3 Angeboten und Aufgabe einer Bestellung führt, dann ergeben sich für zwei Aufträge zur Lieferung verschiedener Mengen des gleichen Produkts diese Materialkosten:

Produktmengen	Zuschlagskalkulation			Prozesskostenkalkulation		
	Materialeinzelkosten	anteilige Materialgemeinkosten (5 %)	Materialkosten je Stück	Materialeinzelkosten	anteilige Materialgemeinkosten	Materialkosten je Stück
100 Stück	300,00 €	15,00 €	3,15 €	300,00 €	237,60 €	5,38 €
9 000 Stück	27 000,00 €	1 350,00 €	3,15 €	27 000,00 €	237,60 €	3,03 €

Die nachstehende Abbildung veranschaulicht den **Degressionseffekt** durch die prozess-orientierte Verrechnung der Gemeinkosten: Bei Prozessen, die von der Stückzahl unabhängig sind, verringern sich die Stückkosten mit steigender Stückzahl:

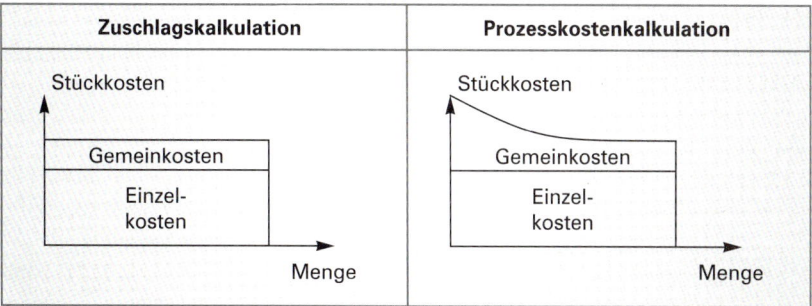

Neben dem Degressionseffekt werden der Allokations- und der Komplexitätseffekt als weitere Vorteile der Prozesskostenrechnung genannt.

◆ **Allokationseffekt:** Mit Hilfe der Prozesskostensätze erfolgt eine genauere Zuweisung (Allokation) der Gemeinkosten auf die einzelnen Produkte.

◆ **Komplexitätseffekt:** Spezialprodukten werden bei einer Prozesskostenrechnung wegen stärkerer Inanspruchnahme der Gemeinkostenbereiche (auch Overhead genannt) höhere Gemeinkosten zugerechnet, während Standardprodukte im Vergleich zur traditionellen Zuschlagskalkulation geringer belastet werden und dadurch auch billiger angeboten werden können.

Wenn Teilprozesse zu einem Hauptprozess zusammengefasst werden, z.B. die Teilprozesse in der Kostenstelle Materialeinkauf mit den Teilprozessen in den Kostenstellen Materialannahme und Materiallager zu einem Hauptprozess „Materialbeschaffung", dann muss der jeweilige Teilprozesskostensatz mit der durchschnittlichen Häufigkeit der Teilprozesse je Hauptprozess multipliziert werden, damit die Summe der sich aus dieser Multiplikation ergebenden Teilprozesskostensätze den Hauptprozesskostensatz ergibt. Unter Fortführung unseres Zahlenbeispiels und unter der Annahme, dass die Zahl der Materiallieferungen Kostentreiber des Hauptprozesses ist, ermitteln wir den Hauptprozesskostensatz für die Materialbeschaffung folgendermaßen:

Teilprozesse	Kosten-stelle	Anzahl der Teil-prozesse	Gesamte Prozess-kosten	Teil-prozess-kostensatz	Häufigkeit der Teilprozesse je Hauptprozess	Haupt-prozess-kostensatz
Angebote einholen	Material-einkauf	1 000	72 000,00 €	72,00 €	0,50	36,00 €
Bestellungen aufgeben		5 000	108 000,00 €	21,60 €	2,50	54,00 €
Material annehmen und prüfen	Material-annahme	2 000	90 000,00 €	45,00 €	1,00	45,00 €
Reklamationen bearbeiten		20	1 000,00 €	50,00 €	0,01	0,50 €
Material einlagern	Material-lager	2 000	90 000,00 €	45,00 €	1,00	45,00 €
			361 000,00 €	: 2000 =		180,50 €

2.4.4 Kostenmanagement und Zielkostenrechnung

Im Rahmen der traditionellen Kostenrechnung verfolgen wir in erster Linie das Ziel, die Ist-kosten zu ermitteln, um später eine Kostenkontrolle (siehe Lernabschnitt 4) durchzuführen. Im Mittelpunkt steht die möglichst verursachungsgerechte Zurechnung der Kosten auf die Produkte (Kalkulation), worauf sich auch die zuletzt dargestellte Prozesskostenrechnung konzentriert. Dabei gehen wir von festen betrieblichen Strukturen aus. Demgegenüber verfolgt das **Kostenmanagement** das Ziel, die Produkte und die betrieblichen Aktivitäten unter Kostengesichtspunkten zu verändern. Ausgangspunkt ist neben der Frage, wie viel ein Produkt kostet, die Frage, wie viel es aus der Sicht des Marktes kosten darf. Die Antwort auf die zweite Frage hängt von dem Nutzen des Produkts für die Käufer ab.

Zur Ermittlung der Kundenwünsche sollte auf Instrumente und Methoden des Marketings zurückgegriffen werden. Dabei könnten z.B. – wie Johannes N. Stelling in „Kostenmanagement und Controlling" beschreibt – potenzielle Autokäufer gefragt werden, was ihnen bestimmte Produkteigenschaften (wie der Komfort durch eine Klimaanlage oder ein Schiebedach) wert sind. Der vom Markt akzeptierte Preis (Zielpreis) für ein Auto ergibt sich dann als Summe der Nutzenbeiträge der einzelnen Produktkomponenten (Baugruppen).

Der Zielpreis (target price) ist Ausgangspunkt der **Zielkostenrechnung** (Target Costing). Allein dieses Verfahren („Market into Company") stellt eine konsequente Marktorientierung sicher. Wenn Kundenwünsche erst über Konkurrenzunternehmen an uns herangetragen werden und wir – wie in der Aufgabe 5 zur retrograden Zuschlagskalkulation im Lernabschnitt 2.2 – Zielkosten aus Konkurrenzpreisen abzuleiten versuchen („Out of Competitor"), laufen wir Gefahr, immer nur Zweitbester zu sein. Die Zielkosten für ein bestimmtes Produkt erhalten wir, indem wir von seinem Zielpreis die von der Unternehmensleitung geforderte Gewinnmarge abziehen. Wir wollen zur Veranschaulichung folgende Rechnung aufmachen:

Zielpreis für ein Auto eines bestimmten Typs, netto	15 000,00 €
– Umsatzrendite von 10 %	1 500,00 €
Gesamt-Zielkosten	13 500,00 €
– budgetierte Verwaltungs- und Vertriebskosten von 20 %	2 700,00 €
Gesamt-Zielkosten für die Herstellung	10 800,00 €

Dieser Betrag wird aufgeteilt in Kosten für

◆ **Produktfunktionen,** also Produkteigenschaften wie Komfort, Sicherheit, Geschwindigkeit, Kraftstoffverbrauch, Wartungsfreundlichkeit,

◆ **Produktkomponenten,** also Baugruppen zur Realisierung der Funktionen wie Elektronik/Elektrik, Fahrgestell, Karosserie, Getriebe, Motor.

Aus Kundensicht sind die Nutzenanteile der Produktfunktionen festzulegen:

Komfort	10 %
Sicherheit	30 %
Geschwindigkeit	15 %
Kraftstoffverbrauch	25 %
Wartungsfreundlichkeit	20 %
Gesamtnutzen	100 %

Den Produktfunktionen werden die Produktkomponenten so zugeordnet, wie sie an der Funktionserfüllung beteiligt sind, z. B. die Elektronik/Elektrik am Komfort zu 35 %:

Funktionen \ Komponenten	Komfort	Sicherheit	Geschwindigkeit	Kraftstoffverbrauch	Wartungsfreundlichkeit
Elektronik/Elektrik	35 %	20 %	25 %	20 %	15 %
Fahrgestell	10 %	20 %			25 %
Karosserie	55 %	60 %		20 %	10 %
Getriebe			25 %	10 %	30 %
Motor			50 %	50 %	20 %
Summe	100 %	100 %	100 %	100 %	100 %

Daraus lassen sich die Nutzenanteile der Produktkomponenten errechnen:

Funktionen \ Komponenten	Komfort	Sicherheit	Geschwindigkeit	Kraftstoffverbrauch	Wartungsfreundlichkeit	Nutzenanteil der Komponenten
Elektronik/Elektrik	3,50 %	6,00 %	3,75 %	5,00 %	3,00 %	21,25 %
Fahrgestell	1,00 %	6,00 %			5,00 %	12,00 %
Karosserie	5,50 %	18,00 %		5,00 %	2,00 %	30,50 %
Getriebe			3,75 %	2,50 %	6,00 %	12,25 %
Motor			7,50 %	12,50 %	4,00 %	24,00 %
Nutzenanteil der Funktionen	10,00 %	30,00 %	15,00 %	25,00 %	20,00 %	100,00 %

Im Idealfall soll jede Produktkomponente genau in dem Maß Kosten verursachen, wie sie zur Erfüllung der Produktfunktionen beiträgt. Das wären bei „erlaubten" Herstellkosten von 10 800,00 € Zielkosten für den Motor in Höhe von 2 592,00 €.

Die Division des prozentualen Nutzenanteils einer Produktkomponente (hier beim Motor 24 %) durch den prozentualen Anteil an den unter den gegebenen Bedingungen erwarteten Kosten (= Standardkosten, „drifting costs") ergibt den Zielkostenindex je Produktkomponente. Ist der Index größer als 1, ist zu überprüfen, ob die Produktkomponente aus der Sicht der Kunden „zu schlicht" und daher aufwendiger herzustellen ist. Ist der Zielkostenindex kleiner als 1, ist die Produktkomponente aus der Perspektive der Kunden „zu teuer". Hier stellt sich die Frage, ob eine Vereinfachung mit kostensenkender Wirkung möglich ist.

2.4.5 Aufgaben und Lösungen zum Lernabschnitt 2.4

2.4.5.1 Aufgaben

Aufgabe 1 >

In einem Kuppelproduktionsprozess entstehen drei Produkte, die auf dem Markt abgesetzt werden:

Produkte	Produktions- und Absatzmengen (kg)	Marktpreise (€/kg)
A	12 000	4,00
B	6 000	10,00
C	20 000	18,00

a) Kalkulieren Sie die Herstellkosten je kg, wenn die (verbundenen) Herstellkosten insgesamt 234 000,00 € betragen.

b) Welche Konsequenzen würde eine Anwendung der Restwertmethode haben, wenn man die Produkte A und B als Nebenprodukte bezeichnete?

Aufgabe 2 >

In einem Fertigungsbereich einer Raffinerie werden neben dem Hauptprodukt Benzin zwangsläufig auch die Nebenprodukte Benzol und Ammoniak hergestellt. Alle Produkte werden aus dem gleichen Ausgangsrohstoff gewonnen. Das Verhältnis der Ausbringungsmengen ergibt sich durch den fest bestimmten Produktionsprozess, der nicht verändert werden kann.

Es liegen folgende Angaben vor:

Produkt	Kosten des Kuppelprozesses	Direkt zurechenbare Kosten der Weiterverarbeitung	Produktions-mengen in t	Marktpreis je t
Benzin		52 000,00 €	600	1 260,00 €
Benzol		16 000,00 €	80	480,00 €
Ammoniak		24 000,00 €	320	360,00 €
Summe	159 938,00 €	92 000,00 €		

a) Berechnen Sie die Herstellkosten von Benzin je Tonne nach der Restwertmethode (Subtraktionsmethode).

b) Berechnen Sie die Herstellkosten der drei Kuppelprodukte je Tonne nach der Verteilungsmethode (Marktpreisäquivalenzzahlenmethode).

c) Entscheiden und begründen Sie aufgrund des obigen Sachverhaltes, welche Methode die Raffinerie anwenden sollte.

d) Vergleichen Sie die Marktpreisäquivalenzzahlenmethode mit der Äquivalenzzahlenkalkulation bei der Sortenfertigung.

Aufgabe 3 >

Ein Großhändler sieht sich vor die Situation gestellt, dass sich für einen Artikel die Preise sowohl auf dem Beschaffungs- als auch auf dem Absatzmarkt verändert haben. Sein Lieferant musste aufgrund gestiegener Rohstoffpreise den (Netto-)Listenverkaufspreis auf 490,00 €/Stück erhöhen. Da sich im Einzugsgebiet des Großhändlers ein Mitbewerber niedergelassen hat, musste der Listenverkaufspreis des Großhändlers auf 690,00 € netto je Stück zurückgenommen werden. Der Großhändler kalkuliert mit den folgenden Größen:

Lieferantenrabatt	20 %
Lieferantenskonto	3 %
Eingangsfracht, netto	18,56 €/Stück
Handlungskostenzuschlag	40 %
Kundenrabatt	10 %
Kundenskonto	2 %

a) Stellen Sie fest, wie hoch in der neuen Situation der Gewinn und der Gewinnzuschlag sind.

b) Ermitteln Sie
(1) den Kalkulationszuschlag,
(2) die Handelsspanne
des Großhändlers.

Aufgabe 4 >

Ein Einzelhändler rechnet mit einem Kalkulationszuschlagssatz (der die Umsatzsteuer von 19 % einschließt) von 130 % und einer geringfügig abgerundeten Handelsspanne von 48 %.

a) Wie hoch ist der Auszeichnungspreis für einen Artikel mit einem Bezugspreis von 15,00 €/Stück?

b) Ein Konkurrent bietet einen Artikel zu einem Preis von 174,00 €/Stück einschließlich 19 % Umsatzsteuer an. Zu welchem Bezugspreis kann der Einzelhändler diesen Artikel höchstens einkaufen, wenn er ihn ebenfalls für 174,00 € brutto je Stück verkaufen will?

Aufgabe 5 >

Über die Einkaufsabteilung liegen Ihnen folgende Informationen vor:

Aktivität	Kostentreiber	Prozessmenge	Prozesskosten
Angebote einholen	Anzahl der Angebote	8 000	64 000,00 €
Bestellung aufgeben	Anzahl der Bestellungen	10 500	105 000,00 €
Stammdaten pflegen	Anzahl der Artikel	5 000	17 500,00 €
Abteilung leiten	–	–	65 275,00 €

a) Vervollständigen Sie die nachstehende Tabelle, wobei die lmn-Kosten prozentual zu den lmi-Kosten umgelegt werden sollen.

Aktivität	Prozesskostensätze (€/Stück)		
	lmi	lmn	gesamt
Angebote einholen			
Bestellung aufgeben			
Stammdaten pflegen			
Abteilung leiten			

b) Nennen Sie einen Vorteil der Prozesskostenrechnung gegenüber der (herkömmlichen) Zuschlagskalkulation.

c) Erläutern Sie den Begriff „cost driver" (Kostentreiber).

Aufgabe 6

Über die Kostenstelle „Verwaltung und Vertrieb" liegen folgende Informationen vor:

Kostenart	EUR		lmi	lmn
Gehälter u. soziale Abgaben	72 000,00		64 800,00	7 200,00
Heizung, Strom, Gas, Wasser	4 000,00		2 000,00	2 000,00
Versicherungen	2 500,00		0,00	2 500,00
Porto, Telefon, Büromaterial	3 000,00		2 700,00	300,00
Abschr. auf Büroeinrichtung	11 000,00	davon	5 500,00	5 500,00
Werbung u. Rechtsberatung	2 000,00		0,00	2 000,00
Gebäudeabschreibung	3 500,00		0,00	3 500,00
kalkulatorischer Unternehmerlohn	30 000,00		0,00	30 000,00
kalkulatorische Zinsen	7 000,00		0,00	7 000,00
Summe	135 000,00		75 000,00	60 000,00 → 80 % von lmi

			Prozesse			
			Angebote erstellen u. versenden	Rechnungen erstellen, vers. u. buchen	Anfragen beantworten	EDV-Daten verwalten
Gehälter u. soziale Abgaben	64 800,00		43 180,00	12 470,00	3 500,00	5 650,00
Heizung, Strom, Gas, Wasser	2 000,00		1 360,00	380,00	100,00	160,00
Versicherungen	0,00					
Porto, Telefon, Büromaterial	2 700,00		1 760,00	490,00	200,00	250,00
Abschr. auf Büroeinrichtung	5 500,00	davon	3 700,00	1 060,00	200,00	540,00
Werbung u. Rechtsberatung	0,00					
Gebäudeabschreibung	0,00					
kalkulatorischer Unternehmerlohn	0,00					
kalkulatorische Zinsen	0,00					
Summe	75 000,00		50 000,00	14 400,00	4 000,00	6 600,00
Kostentreiber (KT):			Angebotsseiten	Rechnungsblätter	Kundengespräche	Änder./Neuaufn.
Zahl der KT:			1 000	600	500	400

a) Ermitteln Sie die Prozesskostensätze.

b) Errechnen Sie die Verwaltungs- und Vertriebsgemeinkosten für zwei verschiedene Aufträge mit Herstellkosten von jeweils 10 000,00 € bei traditioneller Zuschlagskalkulation mit einem Zuschlagssatz von (hier) 20 % und bei einer Prozesskostenrechnung, wenn

für den Auftrag A	für den Auftrag B
10 Angebotsseiten	15 Angebotsseiten
6 Rechnungsblätter	9 Rechnungsblätter
5 Kundengespräche	10 Kundengespräche
20 EDV-Änderungen/-Neuaufnahmen	30 EDV-Änderungen/-Neuaufnahmen

anfallen.

Aufgabe 7

Der Kundennutzen eines bestimmten Elektrogerätes wird zu 60 % im Leistungsvermögen und zu 40 % im Bedienungskomfort gesehen, zu dem die vier Bauteile des Gerätes mit diesen Prozentsätzen beitragen:

	Leistungsvermögen	Bedienungskomfort
Bauteil 1	20 %	10 %
Bauteil 2	40 %	25 %
Bauteil 3	30 %	35 %
Bauteil 4	10 %	30 %
	100 %	100 %

Der Hersteller will dieses Gerät für 440,00 € + Umsatzsteuer anbieten und einen Gewinn in Höhe von 10 % der Selbstkosten erwirtschaften.

Ermitteln Sie die Zielkosten für jedes Bauteil.

Aufgabe 8

Ein Unternehmen entwickelt ein neues Produkt mit vier Funktionen, deren Beitrag zur Erfüllung des Kundennutzens wie folgt gewichtet wird:

Funktionen	Gewichtung
F1	50 %
F2	25 %
F3	15 %
F4	10 %
Summe	100 %

Die Funktionen werden durch drei Produktkomponenten erfüllt, und zwar zu den nachstehend angegebenen Prozentsätzen:

Produktkomponenten \ Funktionen	F1	F2	F3	F4
K1	25 %	20 %	30 %	50 %
K2	35 %	50 %	30 %	35 %
K3	40 %	30 %	40 %	15 %
Summe	100 %	100 %	100 %	100 %

Die Kostenschätzung der Produktkomponenten liefert folgendes Ergebnis:

Produktkomponenten	Kostenanteil
K1	16 %
K2	38 %
K3	46 %
Summe	100 %

Ermitteln Sie die Zielkostenindizes und leiten Sie daraus Änderungsvorschläge ab.

Aufgabe 9

a) Vervollständigen Sie diesen BAB eines Großhändlers:

			Warengruppe I	Warengruppe II	Warengruppe III
Wareneinsatz	1 325 000,00 €		300 000,00 €	625 000,00 €	400 000,00 €
Gemeinkosten:		Schlüssel:			
Personalkosten	455 000,00 €	2 : 2 : 3			
Kalkulatorische Kosten	180 000,00 €	2 : 4 : 3			
Sonstige Kosten	160 000,00 €	1 : 1 : 2			
Summe:	795 000,00 €				
Handlungskostensatz					

b) Erläutern Sie, was unter dem Wareneinsatz zu verstehen ist.

c) Kalkulieren Sie den (Netto-)Listenverkaufspreis für einen Artikel der Warengruppe I, der vom Großhändler zum Listeneinkaufspreis von 80,00 €/Stück abzüglich 10 % Liefererrabatt, 2 % Liefererskonto + Bezugskosten von 0,14 €/Stück erworben wird, wenn der Großhändler mit 25 % Gewinn, 3 % Kundenskonto und 10 % Kundenrabatt rechnet.

d) Ermitteln Sie (ohne Dezimalstellen) für Artikel der Warengruppe I
   (1) den Kalkulationszuschlag,
   (2) die Handelsspanne.

2.4.5.2 Lösungen

Aufgabe 1

a)

Produkte	Menge (kg)	Marktpreis (€/kg)	Umsatz (€)	Verbundene Kosten (€/kg)
A	12 000	4,00	48 000,00	2,00
B	6 000	10,00	60 000,00	5,00
C	20 000	18,00	360 000,00	9,00
	234 000,00 € :		468 000,00	= 0,50

b) Bei der Restwertmethode

◆ stimmen die Erlöse der Nebenprodukte A und B mit deren Kosten überein,

◆ ergeben sich die Herstellkosten des Hauptprodukts C aus folgender Rechnung:

verbundene Kosten	234 000,00 €
abzüglich Erlöse der Nebenprodukte	
A	– 48 000,00 €
B	– 60 000,00 €
	126 000,00 € : 20 000 kg = 6,30 €/kg

Aufgabe 2

a)

Kosten des Kuppelproduktionsprozesses	159 938,00 €
– Erlösüberschüsse für Benzol	22 400,00 € (80 t · 480,00 €/t – 16 000,00 €)
– Erlösüberschüsse für Ammoniak	91 200,00 € (320 t · 360,00 €/t – 24 000,00 €)
Benzinkosten aus der Kuppelproduktion	46 338,00 €
+ Weiterverarbeitungskosten	52 000,00 €
	98 338,00 € : 600 t = 163,90 €/t

b)

Produkt	Marktpreis	Menge	Umsatz	Kosten des Kuppelprozesses	
Benzin	1 260,00 €/t	600 t	756 000,00 €	132 930,00 €	$= \dfrac{159\,938,00\ €}{909\,600,00\ €} \cdot 756\,000,00\ €$
Benzol	480,00 €/t	80 t	38 400,00 €	6 752,00 €	
Ammoniak	360,00 €/t	320 t	115 200,00 €	20 256,00 €	
			909 600,00 €	159 938,00 €	

Produkt	Kosten des Kuppelprozesses	Kosten der Weiterverarbeitung	Gesamtkosten	Kosten je t
Benzin	132 930,00 €	52 000,00 €	184 930,00 €	308,22 €
Benzol	6 752,00 €	16 000,00 €	22 752,00 €	284,40 €
Ammoniak	20 256,00 €	24 000,00 €	44 256,00 €	138,30 €

c) Es kann sowohl die Restwertmethode als auch die Verteilungsmethode angewendet werden. In dem dargestellten Fall kann man die Restwertmethode vorziehen, wenn Benzin das Hauptprodukt ist.

d) Die Verteilungsmethode bei der Kuppelproduktion ähnelt formal der Äquivalenzzahlenkalkulation bei der Sortenfertigung, verteilt aber die Kosten nicht nach dem Verursachungs-, sondern nach dem Tragfähigkeitsprinzip.

Aufgabe 3

a)

	Prozent	€/Stück
Listeneinkaufspreis		490,00
– Liefererrabatt	20	98,00
Zieleinkaufspreis		392,00
– Liefererskonto	3	11,76
Bareinkaufspreis		380,24
+ Bezugskosten		18,56
Bezugspreis (Einstandspreis)		398,80
+ Handlungskosten	40	159,52
Selbstkosten(preis)		558,32
+ Gewinn	**9**	**50,26** (= Ergebnis der Differenzkalkulation)
Barverkaufspreis		608,58
+ Kundenskonto	2	12,42
Zielverkaufspreis (netto)		621,00
+ Kundenrabatt	10	69,00
Listenverkaufspreis (netto)		690,00

6 Scharnweber – ISBN 978-3-8120-0125-0

b) (1) **Kalkulationszuschlag**

$$= \frac{\text{Nettoverkaufspreis} - \text{Bezugspreis}}{\text{Bezugspreis}} \cdot 100 = (690 - 398,80) \cdot 100/398,80 \approx 73\%$$

(2) **Handelsspanne**

$$= \frac{\text{Nettoverkaufspreis} - \text{Bezugspreis}}{\text{Nettoverkaufspreis}} \cdot 100 = (690 - 398,80) \cdot 100/690 \approx 42,2\%$$

anderer Rechenweg: $\dfrac{\text{Kalkulationszuschlag}}{\text{Kalkulationsfaktor}} = 73\%/1,73 \approx 42,2\%$

Aufgabe 4

a) 15,00 € + 130 % = 34,50 €

Wegen der Abrundung der Handelsspanne (von 48,26 auf 48 %) führt diese Rechnung nicht zum gleichen Ergebnis:

$\dfrac{(x - 15,00)100}{x} = 48 \Rightarrow$ Nettoverkaufspreis x = 28,85 $\Rightarrow$ Bruttoverkaufspreis = 34,33 €

b) 174,00 € abzüglich der darin enthaltenen 19 % USt = 146,22 €
146,22 € – 48 % = 76,03 €

Aufgabe 5

a)

Aktivität	Prozesskostensätze (€/Stück)		
	Imi	Imn = 35 % von Imi	gesamt
Angebote einholen	8,00	2,80	10,80
Bestellung aufgeben	10,00	3,50	13,50
Stammdaten pflegen	3,50	1,23	4,73
Abteilung leiten	–	–	–

b) Der Vorteil der Prozesskostenrechnung liegt vor allem in der Abbildung der Komplexität von Produkten, die ein wichtiger Kostenbestimmungsfaktor ist und dazu führen kann, dass Konstruktion und Variantenvielfalt von Produkten überprüft werden. Die Gemeinkostenverrechnung ist verursachungsgerechter als mit einem pauschalen wertabhängigen Zuschlagssatz.

c) „Kostentreiber" nennt man in der Prozesskostenrechnung die Kosteneinflussgrößen, die **Bezugsgrößen** für die Verteilung der leistungsmengeninduzierten Gemeinkosten eines Prozesses sind.

Aufgabe 6

a)

leistungsmengeninduzierter Prozesskostensatz:	50,00 € je Angebotsseite	24,00 € je Rechnungsblatt	8,00 € je Kundengespr.	16,50 € je Änd./Neuaufn.

unter Einbeziehung der leistungsmengenneutralen Prozesskosten von 80 %:

	90,00 € je Angebotsseite	43,20 € je Rechnungsblatt	14,40 € je Kundengespr.	29,70 € je Änd./Neuaufn.

b)

bei traditioneller Zuschlagskalkulation	bei einer Prozesskostenrechnung
Auftrag A (20 %): 2 000,00 €	Auftrag A: 1 825,20 €
Auftrag B (20 %): 2 000,00 €	Auftrag B: 2 773,80 €

Aufgabe 7

	Nutzenanteile			Zielkosten
	Leistungsvermögen	Bedienungskomfort	insgesamt	
Bauteil 1	0,6 · 20 % = 12 %	0,4 · 10 % = 4 %	16 %	64,00 €
Bauteil 2	0,6 · 40 % = 24 %	0,4 · 25 % = 10 %	34 %	136,00 €
Bauteil 3	0,6 · 30 % = 18 %	0,4 · 35 % = 14 %	32 %	128,00 €
Bauteil 4	0,6 · 10 % = 6 %	0,4 · 30 % = 12 %	18 %	72,00 €
	60 %	40 %	100 %	400,00 €

Aufgabe 8

Funktionen / Produktkomponenten	F1	F2	F3	F4	Nutzen-anteile
K1	12,5 %	5,0 %	4,5 %	5,0 %	27,0 %
K2	17,5 %	12,5 %	4,5 %	3,5 %	38,0 %
K3	20,0 %	7,5 %	6,0 %	1,5 %	35,0 %
Summe	50,0 %	25,0 %	15,0 %	10,0 %	100,0 %

Es ergeben sich diese Zielkostenindizes für

K1: $\dfrac{27,0\,\%}{16,0\,\%} = 1,69$ K2: $\dfrac{38,0\,\%}{38,0\,\%} = 1,00$ K3: $\dfrac{35,0\,\%}{46,0\,\%} = 0,76$

Die Produktkomponente K1 ist zu schlicht. Die Produktkomponente K3 ist aus Kundensicht zu teuer. Die Kosten für K3 müssten erheblich gesenkt werden. Die eingesparten Kosten sollten zur Verbesserung der Produktkomponente K1 eingesetzt werden.

Aufgabe 9

a)

			Warengruppe I	Warengruppe II	Warengruppe III
Wareneinsatz	1 325 000,00 €		300 000,00 €	625 000,00 €	400 000,00 €
Gemeinkosten:		Schlüssel:			
Personalkosten	455 000,00 €	2 : 2 : 3	130 000,00 €	130 000,00 €	195 000,00 €
Kalkulatorische Kosten	180 000,00 €	2 : 4 : 3	40 000,00 €	80 000,00 €	60 000,00 €
Sonstige Kosten	160 000,00 €	1 : 1 : 2	40 000,00 €	40 000,00 €	80 000,00 €
Summe:	795 000,00 €		210 000,00 €	250 000,00 €	335 000,00 €
Handlungskostensatz			70,00 %	40 %	83,75 %

b) Der Wareneinsatz ist der Wert der abgesetzten Waren zu Einstandspreisen, also zu Anschaffungskosten im Sinne von § 255 Abs. 1 HGB.

c)

	€/Stück
Listeneinkaufspreis	80,00
– Liefererrabatt 10 %	8,00
= Zieleinkaufspreis	72,00
– Liefererskonto 2 %	1,44
= Bareinkaufspreis	70,56
+ Bezugskosten	0,14
= Einstandspreis (Bezugspreis)	70,70
+ Handlungskosten 70 %	49,49
= Selbstkosten	120,19
+ Gewinn 25 %	30,05
= Barverkaufspreis	150,24
+ Kundenskonto 3 %	4,65
= Zielverkaufspreis	154,89
+ Kundenrabatt 10 %	17,21
= Listenverkaufspreis	172,10

d) (1) $\text{Kalkulationszuschlag} = \dfrac{\text{Listenverkaufspreis} - \text{Einstandspreis}}{\text{Einstandspreis}} \cdot 100 \approx 143\,\%$

(2) $\text{Handelsspanne} = \dfrac{\text{Listenverkaufspreis} - \text{Einstandspreis}}{\text{Listenverkaufspreis}} \cdot 100 \approx 59\,\%$

3 Kostenstellen- und Kostenträgerrechnung auf Teilkostenbasis

3.1 Notwendigkeit und Aufbau der Grenzkostenrechnung

Wir nehmen an, dass in einem Industriebetrieb für die ersten beiden Monate dieses Jahres folgende Betriebsergebnisrechnungen vorliegen. Sie sind nach dem **Umsatzkostenverfahren** aufgestellt, d.h. den Umsatzerlösen werden die Selbstkosten der abgesetzten Erzeugnisse (Umsatzkosten) gegenübergestellt. Anders als beim **Gesamtkostenverfahren,** das zum gleichen Ergebnis führt, fehlt also hier der Ausweis der Erhöhung oder Verminderung des Bestands an fertigen und unfertigen Erzeugnissen:

1. Monat

Umsatzkosten	130 000,00 €	Umsatzerlöse	150 000,00 €
Betriebsgewinn	20 000,00 €		

2. Monat

Umsatzkosten	490 000,00 €	Umsatzerlöse	450 000,00 €
		Betriebsverlust	40 000,00 €

Die Verschlechterung des Betriebsergebnisses lässt vermuten, dass die Kosten gestiegen und/oder die Absatzpreise gefallen sind. Tatsächlich sind aber die Kosten und die Absatzpreise gleich geblieben. Verändert haben sich nur die Produktions- und Absatzmengen der einzigen Produktart dieses Betriebes: Im ersten Monat wurden 1000 Stück produziert und 300 Stück zum Preis von 500,00 €/Stück abgesetzt, im zweiten Monat wurden 200 Stück hergestellt und 900 Stück (davon 700 vom Lager) zum unveränderten Preis verkauft.

Zur Erklärung der rätselhaften Ergebnisentwicklung müssen wir jetzt die **Unterscheidung von fixen und variablen Kosten** vornehmen: Fixe Kosten sind unabhängig von der Ausbringungsmenge, variable Kosten verändern sich mit ihr. Zu den fixen Kosten des Betriebes gehören die Gehälter, zu den variablen Kosten die Rohstoffkosten.

Die Gesamtkosten (K) setzen sich im Hinblick auf die Ausbringungsmenge (x) aus den Fixkosten (K_f) und den variablen Kosten (K_v) zusammen:

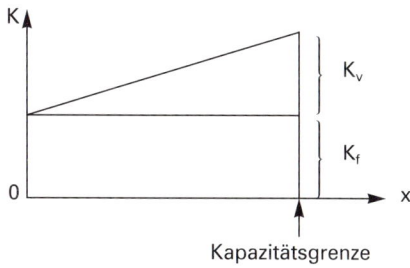

Die Abbildung zeigt einen linearen (= geradlinigen) **Kostenverlauf,** der sich dann ergibt, wenn sich die variablen Kosten proportional zur Ausbringungsmenge verhalten:

Menge (Stück)	Kosten (€)
0	300,00
10	500,00
20	700,00
30	900,00
40	1 100,00
50	1 300,00

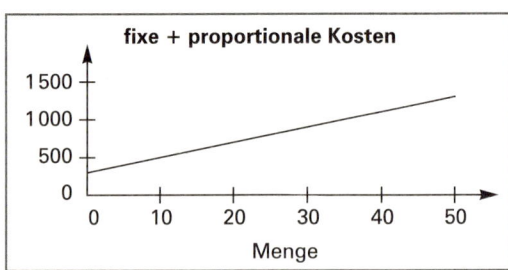

fixe + proportionale Kosten

Die variablen Stückkosten (k_v) sind konstant:

$$\frac{500 - 300}{10} = \frac{1\,300 - 300}{50} = 20 \ (\text{€/Stück})$$

Bei linearem Kostenverlauf stimmen die variablen Stückkosten mit den **Grenzkosten** überein. Die Grenzkosten (K′) sind der Gesamtkostenzuwachs, der durch das letzte Stück verursacht wird. Mathematisch gesehen stellen sie das Steigungsmaß der Gesamtkosten-kurve dar und werden mit Hilfe der Differentialrechnung als erste Ableitung der Kosten-funktion K = f(x) errechnet:

$$K' = \frac{dK}{dx}$$

Denkbar sind auch gekrümmte Kostenverläufe:

Menge (Stück)	Kosten (€)
0	300,00
10	500,00
20	680,00
30	830,00
40	940,00
50	1 000,00

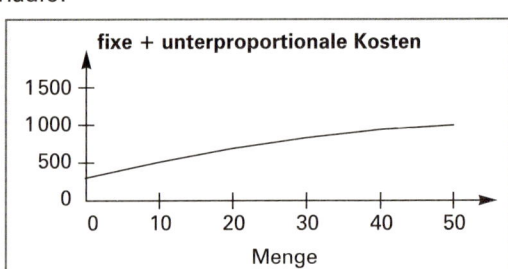

fixe + unterproportionale Kosten

Die variablen Stückkosten (k_v) sind degressiv:

$$\frac{500 - 300}{10} > \frac{680 - 300}{20} > \frac{830 - 300}{30} \ \text{usw.}$$

Menge (Stück)	Kosten (€)
0	300,00
10	500,00
20	720,00
30	990,00
40	1 340,00
50	1 800,00

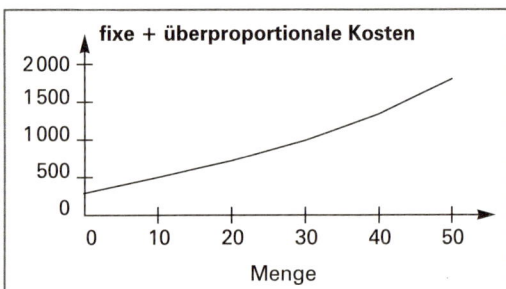

fixe + überproportionale Kosten

Die variablen Stückkosten (k_v) sind progressiv:

$$\frac{500 - 300}{10} < \frac{720 - 300}{20} < \frac{990 - 300}{30} \ \text{usw.}$$

Die fixen Stückkosten (k_f) sind selbstverständlich immer degressiv: $\frac{300}{10} > \frac{300}{20} > \frac{300}{30}$ usw.

Fixkostendegression: Mit steigender Auslastung sinken die Fixkosten je Stück, aber immer geringer.

Als besonders gekrümmter Kostenverlauf soll noch der s-förmige Kostenverlauf dargestellt werden, um die Beziehungen zwischen Gesamtkosten, Stückkosten, variablen Stückkosten und Grenzkosten auch für diesen Fall zeigen zu können. Dazu gehen wir von folgender Tabelle aus, die auf der nächsten Seite grafisch veranschaulicht wird:

Menge (Stück) x	Gesamtkosten (€) $K = 500 + 80x - 2x^2 + 0,03x^3$	Stückkosten (€) $k = 500/x + 80 - 2x + 0,03x^2$	Variable Stück- kosten (€) $k_v = 80 - 2x + 0,03x^2$	Grenzkosten (€) $K' = 80 - 4x + 0,09x^2$
0	500,00	–	80,00	80,00
10	1 130,00	113,00	63,00	49,00
20	1 540,00	77,00	52,00	36,00
30	1 910,00	63,67	47,00	41,00
40	2 420,00	60,50	48,00	64,00
50	3 250,00	65,00	55,00	105,00
60	4 580,00	76,33	68,00	164,00

Wenn wir den Kostenträgern nur die variablen Kosten zurechnen, sprechen wir von einer **Grenzkostenrechnung** (in den USA vom direct costing). Weil der Überschuss der Umsatzerlöse über die variablen Kosten den Deckungsbeitrag für fixe Kosten und Gewinn darstellt, ist hierfür auch die Bezeichnung **Deckungsbeitragsrechnung** geläufig.

☞ Zurück zu unseren rätselhaften Betriebsergebnisrechnungen. Der Kostenverlauf

$$\boxed{K = K_f + K_v = K_f + k_v \cdot x}$$

ist linear:

In jedem Monat betrugen die Herstellkosten 150 000,00 € + 200,00 € je produziertes Stück und die Verwaltungs- und Vertriebskosten 10 000,00 € + 50,00 € je abgesetztes Stück.

Die Bewertung der im ersten Monat auf Lager produzierten 700 Stück erfolgte zu vollen Herstellkosten, also zu

$$\frac{150 000,00 \text{ €} + 200,00 \text{ €/Stück} \cdot 1 000 \text{ Stück}}{1 000 \text{ Stück}} = 350,00 \text{ €/Stück.}$$

Im zweiten Monat wurden die fixen Herstellkosten auf nur 200 Stück verteilt, sodass deren volle Herstellkosten mit 950,00 € erheblich höher ausfielen. So ergaben sich diese Zahlen auf Seite 89:

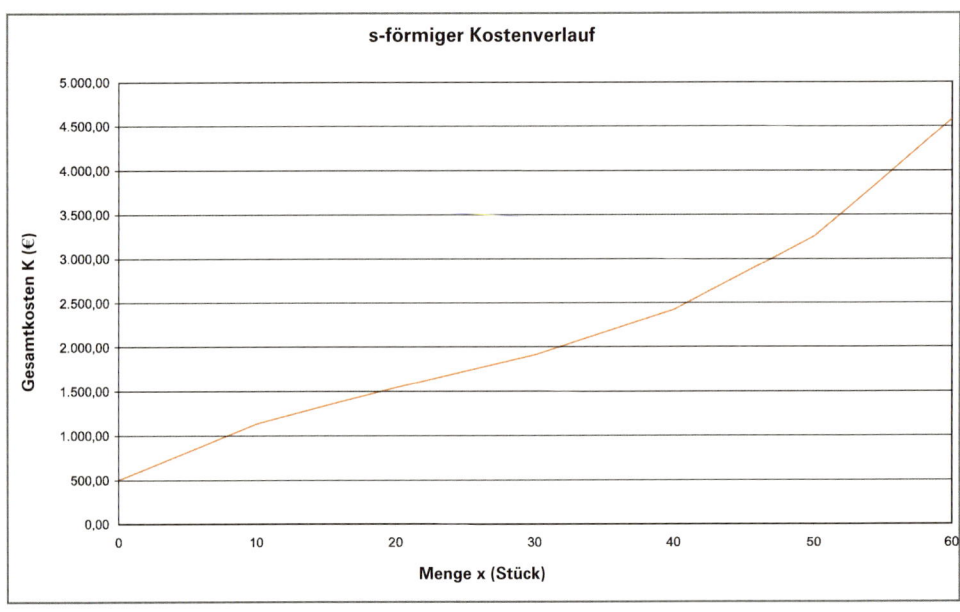

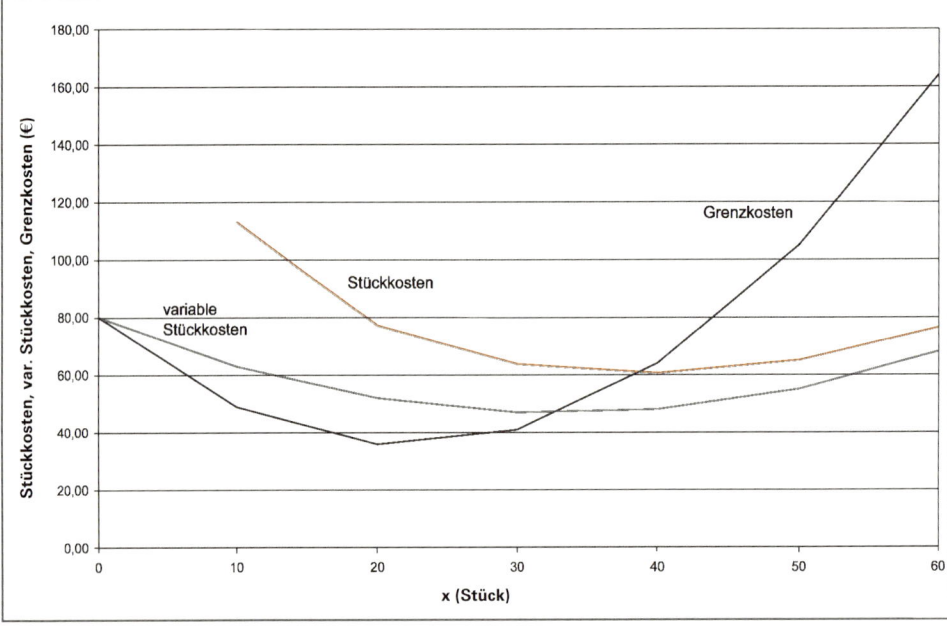

Das Minimum der Stückkosten (der gesamten Durchschnittskosten) liegt dort, wo die Kurve der Stückkosten die der Grenzkosten schneidet. Dieser Punkt wird häufig als **Betriebsoptimum** bezeichnet.

	1. Monat		2. Monat	
	Stück	**€**	**Stück**	**€**
Herstellkosten der Produktion	1000	350000,00	200	190000,00
Anfangsbestand	0		700	245000,00
Endbestand	700	245000,00	0	0,00
Herstellkosten des Umsatzes	300	105000,00	900	435000,00
Verwaltungs- und Vertriebskosten	300	25000,00	900	55000,00
Selbstkosten des Umsatzes	300	130000,00	900	490000,00
Umsatzerlöse	300	150000,00	900	450000,00
Betriebsergebnis		20000,00		– 40000,00

Wenn wir den Periodenerfolg nicht von der Produktionsmenge, sondern von der Absatzmenge abhängig machen wollen, dann muss die Bewertung der auf Lager produzierten Erzeugnisse zu variablen Herstellkosten (200,00 €/Stück) erfolgen:

	1. Monat		2. Monat	
	Stück	**€**	**Stück**	**€**
variable Herstellkosten der Produktion	1000	200000,00	200	40000,00
Anfangsbestand	0		700	140000,00
Endbestand	700	140000,00	0	0,00
variable Herstellkosten des Umsatzes	300	60000,00	900	180000,00
variable Verwaltungs- u. Vertriebskosten	300	15000,00	900	45000,00
variable Selbstkosten des Umsatzes	300	75000,00	900	225000,00
Umsatzerlöse	300	150000,00	900	450000,00
Deckungsbeitrag		75000,00		225000,00
– Fixkosten		160000,00		160000,00
Betriebsergebnis		– 85000,00		65000,00

Die vorstehenden Betriebsergebnisrechnungen auf Grenzkostenbasis sehen nach dem Gesamtkostenverfahren so aus:

1. Monat

variable Herstellkosten	200000,00 €	Umsatzerlöse	150000,00 €
var. Verw.- und Vertriebskosten	15000,00 €	Bestandserhöhung	140000,00 €
Fixkosten	160000,00 €	Betriebsverlust	85000,00 €

2. Monat

variable Herstellkosten	40000,00 €	Umsatzerlöse	450000,00 €
var. Verw.- und Vertriebskosten	45000,00 €		
Bestandsminderung	140000,00 €		
Fixkosten	160000,00 €		
Betriebsgewinn	65000,00 €		

Hier sei nur angemerkt, dass die Bewertung der auf Lager produzierten Erzeugnisse in einer handelsrechtlichen Gewinn- und Verlustrechnung zu Herstell**ungs**kosten erfolgt. Aktivierungspflichtige Herstellungskosten sind gemäß § 255 Abs. 2 HGB nach der Änderung durch das BilMoG die (aufwandgleichen und angemessenen) Material- und Fertigungskosten einschließlich ihrer fixen Bestandteile. Die handelsrechtliche Herstellungskostenuntergrenze stimmt mit der steuerrechtlichen gemäß EStR R 6.3 (zu § 6 EStG) überein.

Nach Darstellung der kostentheoretischen Grundlagen betrachten wir unser durchgängiges Zahlenbeispiel:

Wir ermittelten mit Hilfe der Tabellen 2 und 3 (Seite 53 f.) die Selbstkosten der abgesetzten Erzeugnisse in Höhe von 41,50 €/Stück der Produktart A, **52,50 €/Stück** der Produktart B.

Verkauft wurden im letzten Monat 1400 Stück der Produktart A zum (Netto-)Preis von 48,00 € je Stück und 3920 Stück der Produktart B zum Preis von **51,00 € je Stück**. Die Produktart B erscheint als Verlustartikel!

Ist es nicht angebracht, die Herstellung und den Vertrieb der Produktart B einzustellen,

◆ wenn der Verkaufspreis nicht erhöht werden kann,

◆ wenn die Kosten nicht gesenkt werden können,

◆ wenn keine Nachfrageverbundenheit zwischen den Produktarten besteht, also die Nachfrage nach der Produktart A nicht zurückgeht, wenn wir die Produktart B aus unserem Sortiment herausnehmen?

Ein Blick auf die Tabelle 5 (Seite 92) in Verbindung mit der Tabelle 4 (Seite 91) zeigt jedoch, dass man bei Herausnahme der Produktart B aus dem Produktionsprogramm nur die variablen Kosten von 33,60 €/Stück einspart. Die Fixkosten bleiben in bisheriger Höhe bestehen, solange man die **Kapazität** (das betriebliche Leistungsvermögen, in erster Linie bestimmt durch die Betriebsmittel und Arbeitskräfte) nicht abbaut.

> Immer dann, wenn der Preis über den variablen Stückkosten liegt, ist (solange keine Kapazitätsänderung beabsichtigt ist) eine Weiterproduktion empfehlenswert, da das Erzeugnis einen Beitrag zur Deckung des Fixkostenblocks und ab Gewinnschwelle zur Gewinnerzielung leistet. Es ist ein Mangel der Vollkostenrechnung, dass sie den Blick für diesen Zusammenhang versperrt.

Die Tabelle 6 auf Seite 93 zeigt die Betriebsergebnisrechnung für unser durchgängiges Zahlenbeispiel nicht nur auf Vollkostenbasis, sondern auch auf Grenzkostenbasis, und zwar jeweils in Kontoform nach dem Gesamtkostenverfahren und nach dem Umsatzkostenverfahren.

Der Betriebsgewinn fällt in der Betriebsergebnisrechnung auf Grenzkostenbasis mit nur 2420,00 € um 800,00 € niedriger aus als in einer Betriebsergebnisrechnung auf Vollkostenbasis. Es handelt sich dabei um eine Bewertungsdifferenz:

Die auf Lager produzierten 80 Stück der Produktart B wurden in der Vollkostenrechnung zu vollen Herstellkosten von 42,00 €/Stück und in einer Grenzkostenrechnung zu variablen Herstellkosten von 32,00 €/Stück bewertet.

Kostenstellenrechnung auf Grenzkostenbasis

Spaltengruppen: **Hilfskostenstellen** (Allgemeine Kostenstellen: Grundstücke u. Gebäude, Fuhrpark; Fertigungshilfsstelle) — **Hauptkostenstellen** (Fertigungshauptstellen I, II, III; Materialstelle; Verwalt.- u. Vertriebsstelle)

Kostenarten	Grundstücke u. Gebäude fix	Grundstücke u. Gebäude variabel	Fuhrpark fix	Fuhrpark variabel	Fertigungshilfsstelle fix	Fertigungshilfsstelle variabel	I fix	I variabel	II fix	II variabel	III fix	III variabel	Materialstelle fix	Materialstelle variabel	Verwalt.- u. Vertriebsstelle fix	Verwalt.- u. Vertriebsstelle variabel
Hilfs- und Betriebsstoffkosten	600,00	0,00	30,00	870,00	10,00	90,00	50,00	750,00	90,00	1310,00	60,00	1040,00	20,00	180,00	100,00	0,00
Hilfslöhne, Gehälter u. Sozialkosten	7600,00	0,00	1000,00	4000,00	5180,00	220,00	3900,00	5700,00	5500,00	8100,00	7440,00	4640,00	1690,00	1910,00	27200,00	0,00
Steuern	500,00	0,00	600,00	0,00	1200,00	0,00							500,00	0,00	2200,00	1400,00
kalkulatorische Kosten	3200,00	0,00	1000,00	200,00	390,00	10,00	1700,00	900,00	2400,00	1400,00	2000,00	1100,00	680,00	20,00	7472,00	1528,00
sonstige Kosten	1900,00	0,00	300,00	0,00	1500,00	800,00	2500,00	0,00	2500,00	0,00	3600,00	0,00	600,00	500,00	3080,00	4100,00
Summe vor der Umlage	13800,00	0,00	2930,00	5070,00	8280,00	1120,00	8150,00	7350,00	10490,00	10810,00	13100,00	6780,00	3490,00	2610,00	40052,00	7028,00
Umlage				↱	50,00	150,00 ↱	80,00	710,00 / 340,00	90,00	610,00 / 460,00	60,00	430,00 / 470,00	150,00	350,00	1690,00	700,00
Summe nach der Umlage	13800,00	0,00	2930,00	0,00	8330,00	0,00	8230,00	8400,00	10580,00	11880,00	13160,00	7680,00	3640,00	2960,00	41742,00	7728,00
Zuschlagsgrundlagen (Bezugsgrößen)								200 Maschinenstunden		180 Maschinenstunden		160 Maschinenstunden		74000,00 Material-einzelkosten		154560,00 variable HK d. Umsatzes*
Kalkulationssätze (Zuschlagssätze)								42,00 €/Masch.-Std.		66,00 €/Masch.-Std.		48,00 €/Masch.-Std.		4,00 Prozent		5,00 Prozent

* Ermittlung der variablen Herstellkosten des Umsatzes:

Einzelkosten von insgesamt	126 200,00
+ variable Gemeinkosten im Material- und Fertigungsbereich	30 920,00
variable Herstellkosten der Produktion	157 120,00
– Bestandsmehrung	2 560,00 (80 Stück der Produktart B, bewertet zu variablen Herstellkosten)
variable Herstellkosten des Umsatzes	154 560,00

oder

1 400 Stück$_A$ · 20,80 €/Stück$_A$ =	29 120,00
3 920 Stück$_B$ · 32,00 €/Stück$_B$ =	125 440,00
variable Herstellkosten des Umsatzes	154 560,00

Tabelle 4

Kalkulation auf Grenzkostenbasis

Produktart A

	Kalkulationssätze	Zeitbeanspruchung	€/Stück	Kontrollsummen Stückzahl	€/Monat
Materialeinzelkosten			10,00	1400	14 000,00
variable Materialgemeinkosten	4,00 %		0,40	1400	560,00
Fertigungslöhne			5,00	1400	7 000,00
variable Fertigungsgemeinkosten					
Fertigungsstelle I	42,00 €/Masch.-Std.	0 Masch.-Min.	0,00	1400	0,00
Fertigungsstelle II	66,00 €/Masch.-Std.	2 Masch.-Min.	2,20	1400	3 080,00
Fertigungsstelle III	48,00 €/Masch.-Std.	4 Masch.-Min.	3,20	1400	4 480,00
Sondereinzelkosten der Fertigung			0,00	1400	0,00
variable Herstellkosten			20,80	1400	29 120,00
var. Verwalt.- und Vertriebsgemeinkosten	5,00 %		1,04	1400	1 456,00
Sondereinzelkosten des Vertriebs			0,00	1400	0,00
variable Selbstkosten			21,84		30 576,00

Produktart B

	Kalkulationssätze	Zeitbeanspruchung	€/Stück	Kontrollsummen Stückzahl	€/Monat
Materialeinzelkosten			15,00	4000	60 000,00
variable Materialgemeinkosten	4,00 %		0,60	4000	2 400,00
Fertigungslöhne			10,30	4000	41 200,00
variable Fertigungsgemeinkosten					
Fertigungsstelle I	42,00 €/Masch.-Std.	3 Masch.-Min.	2,10	4000	8 400,00
Fertigungsstelle II	66,00 €/Masch.-Std.	2 Masch.-Min.	2,20	4000	8 800,00
Fertigungsstelle III	48,00 €/Masch.-Std.	1 Masch.-Min.	0,80	4000	3 200,00
Sondereinzelkosten der Fertigung			1,00	4000	4 000,00
variable Herstellkosten			32,00	4000	128 000,00
var. Verwalt.- und Vertriebsgemeinkosten	5,00 %		1,60	3920	6 272,00
Sondereinzelkosten des Vertriebs			0,00	3920	0,00
variable Selbstkosten			33,60		134 272,00

Die fixen Kosten wurden den Kostenstellen zugerechnet, aber nicht in die Zuschlagssätze einbezogen.
Die Summe der fixen Kosten beträgt

variable Kosten	164 848,00
fixen Kosten	102 412,00
Gesamtkosten	267 260,00

Tabelle 5

Betriebsergebnisrechnung auf Voll- und Grenzkostenbasis

Vollkostenrechnung nach dem Gesamtkostenverfahren (in €)

Gesamtkosten (vgl. Tab. 1)	267 260,00		Umsatzerlöse	
Betriebsgewinn	3 220,00		Produktart A (1 400 · 48)	67 200,00
			Produktart B (3 920 · 51)	199 920,00
			Bestandserhöhung	
			Produkt B (80 · 42)	3 360,00
	270 480,00			270 480,00

Vollkostenrechnung nach dem Umsatzkostenverfahren (in €)

Umsatzkosten			Umsatzerlöse	
Produktart A (1 400 · 41,50)	58 100,00		Produktart A (1 400 · 48)	67 200,00
Produktart B (3 920 · 52,50)	205 800,00		Produktart B (3 920 · 51)	199 920,00
Betriebsgewinn	3 220,00			
	267 120,00			267 120,00

Grenzkostenrechnung nach dem Gesamtkostenverfahren (in €)

Gesamtkosten	267 260,00		Umsatzerlöse	
Betriebsgewinn	2 420,00		Produktart A (1 400 · 48)	67 200,00
			Produktart B (3 920 · 51)	199 920,00
			Bestandserhöhung	
			Produkt B (80 · 32)	2 560,00
	269 680,00			269 680,00

Grenzkostenrechnung nach dem Umsatzkostenverfahren (in €)

variable Umsatzkosten			Umsatzerlöse	
Produktart A (1 400 · 21,84)	30 576,00		Produktart A (1 400 · 48)	67 200,00
Produktart B (3 920 · 33,60)	131 712,00		Produktart B (3 920 · 51)	199 920,00
Fixkosten	102 412,00			
Betriebsgewinn	2 420,00			
	267 120,00			267 120,00

Tabelle 6

Bei Betrachtung der Tabelle 4 stellt sich die Frage nach der Auflösung von **Mischkosten** = semivariablen Kosten (z.B. der kalkulatorischen Abschreibungen, die sowohl zeit- als auch leistungsabhängig sind) in fixe und variable Bestandteile.

◆ Bei der **buchtechnischen oder planmäßigen Kostenauflösung** (-aufteilung, -zerlegung-, -spaltung) fragt man bei Betrachtung aller Kostenbelege, welcher (Fixkosten-)Betrag sich ergibt, wenn die Beschäftigung der Kostenstelle gegen null tendiert, aber ihre Betriebsbereitschaft unverändert aufrechterhalten wird. Das Ergebnis beruht z. B. auf technischen Verbrauchsdaten oder eingehenden Verbrauchsanalysen.

◆ Bei der **grafischen Methode** erfasst man die nach Kostenarten differenzierten Kosten einer Kostenstelle für eine größere Zahl von Abrechnungsperioden in einem Streupunkt-Diagramm, z. B. die Betriebsstoffkosten einer Maschine:

Durch das Feld der Streupunkte

100 Std. – 830,00 €
120 Std. – 900,00 €
170 Std. – 960,00 €
140 Std. – 860,00 €
130 Std. – 850,00 €
150 Std. – 950,00 €

wird nach Augenmaß eine Linie gezogen, zu der die senkrechten Abstände der Punkte möglichst klein sind. Der Schnittpunkt mit der Wertachse ergibt den Fixkostenbetrag von 750,00 €.

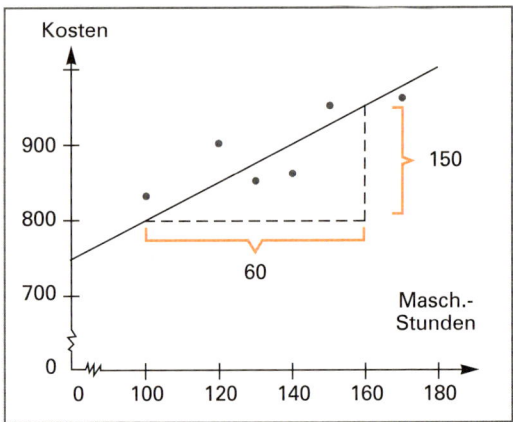

Die variablen Kosten betragen $\dfrac{150,00\ €}{60\ \text{Masch.-Std.}} = 2,50\ €/\text{Maschinenstunde}$

Die Kostenfunktion lautet: $K = 750 + 2,50x$

Ein genaueres Ergebnis liefert Excel, wenn man mit Hilfe des Diagramm-Assistenten

– ein Punktdiagramm erstellt, danach die Zeichnungsfläche anklickt und Folgendes wählt:

– im Menü „Diagramm" *Trendlinie hinzufügen*,
Typ: *Linear*
Optionen: *Rückwärts 100*
(verlängert die Trendlinie von 100 Maschinenstunden auf 0)
Gleichung im Diagramm darstellen

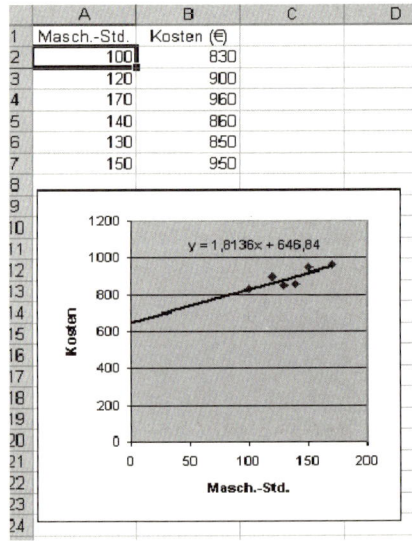

◆ Excel bedient sich der **Methode der kleinsten Quadrate:** Die Ausgleichsgerade (Trendlinie) wird durch Formeln für den Anstieg und den Schnittpunkt mit der y-Achse bestimmt.

Den Schnittpunkt mit der y-Achse (die Höhe der fixen Kosten) ergibt die Gleichung

$$K_f = \frac{\sum\limits_{i=1}^{n} x_i^2 \cdot \sum\limits_{i=1}^{n} K_i - \sum\limits_{i=1}^{n} x_i K_i \cdot \sum\limits_{i=1}^{n} x_i}{n \sum\limits_{i=1}^{n} x_i^2 - \left(\sum\limits_{i=1}^{n} x_i\right)^2} = \frac{112\,300 \cdot 5\,350 - 727\,600 \cdot 810}{6 \cdot 112\,300 - 810^2} = \frac{11\,449\,000}{17\,700} = 646{,}84$$

Den Anstieg der Kurve (den Betrag der variablen Stückkosten) bestimmt die Gleichung

$$k_v = \frac{n \sum\limits_{i=1}^{n} x_i \cdot K_i - \sum\limits_{i=1}^{n} x_i \cdot \sum\limits_{i=1}^{n} K_i}{n \sum\limits_{i=1}^{n} x_i^2 - \left(\sum\limits_{i=1}^{n} x_i\right)^2} = \frac{6 \cdot 727\,600 - 810 \cdot 5\,350}{6 \cdot 112\,300 - 810^2} = \frac{32\,100}{17\,700} = 1{,}8136$$

Die Zahlen ergeben sich aus dieser Tabelle:

Periode	Beschäftigung x (Stunden)	Kosten K (€)	x^2	$K \cdot x$
1	100	830	10 000	83 000
2	120	900	14 400	108 000
3	170	960	28 900	163 200
4	140	860	19 600	120 400
5	130	850	16 900	110 500
n = 6	150	950	22 500	142 500
	810	5 350	112 300	727 600
	$\sum\limits_{i=1}^{n} x_i$	$\sum\limits_{i=1}^{n} K_i$	$\sum\limits_{i=1}^{n} x_i^2$	$\sum\limits_{i=1}^{n} x_i K_i$

◆ Beim **Differenzen-Quotienten-Verfahren,** das auch als Zweipunkt-Methode oder mathematische Kostenauflösung bezeichnet wird, ermittelt man die Gesamtkosten K bei nur zwei verschiedenen Beschäftigungsgraden x, errechnet die variablen Stückkosten nach der Formel $k_v = \dfrac{K_2 - K_1}{x_2 - x_1}$

und anschließend die Fixkosten nach der Formel $K_f = K - k_v \cdot x$.

Wenn z.B. für 1 600 Stück Gesamtkosten in Höhe von 88 000,00 € anfielen und in der folgenden Periode für 1 200 Stück 72 000,00 €, dann betragen die variablen Stückkosten

$\dfrac{88\,000{,}00\ € - 72\,000{,}00\ €}{1\,600\ \text{Stück} - 1\,200\ \text{Stück}} = 40{,}00\ €/\text{Stück}$ und die Fixkosten 24 000,00 €.

Wenn bestimmte variable Kosten bei rückläufiger Beschäftigung nicht sofort abgebaut werden, weil z.B. die Arbeitsstunden von Reinigungspersonal nicht völlig proportional zu den Bezugsgrößen vermindert werden können, spricht man von **Kostenremanenz.** Das Gleiche gilt für **sprungfixe Kosten,** z.B. kalkulatorische Zinsen für Maschinen, die bei einer

Kapazitätserhöhung sprunghaft ansteigen, aber bei einem Kapazitätsabbau zunächst bestehen bleiben, weil die Maschinen nicht sofort verkauft werden können:

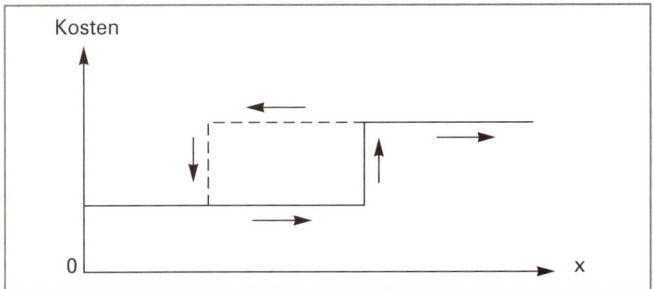

3.2 Aufgaben und Lösungen zum Lernabschnitt 3.1

3.2.1 Aufgaben

Aufgabe 1 >

Ein Industriebetrieb hat für die Abrechnungsperiode die nachstehende Betriebsergebnisrechnung aufgemacht:

Produkt-art	Produktions- und Absatzmenge (Stück)	Nettopreis (€/Stück)	Selbstkosten (€/Stück)	Betriebs-ergebnis (€)
A	4 000	9 000,00	7 100,00	7 600 000,00
B	1 000	8 000,00	8 460,00	– 460 000,00
C	2 000	10 000,00	8 100,00	3 800 000,00
				10 940 000,00

Jemand schlägt vor, den Verlustbringer ersatzlos aus dem Produktionsprogramm zu streichen. Eine genauere Betrachtung ergibt Folgendes:

Die Selbstkosten der Produktart B setzen sich wie folgt zusammen:

	Prozent	€/Stück
Materialeinzelkosten		3 000,00
Materialgemeinkosten	10	300,00
Fertigungslöhne		1 500,00
Fertigungsgemeinkosten	150	2 250,00
Herstellkosten		7 050,00
Verwalt.- u. Vertriebsgemeinkosten	20	1 410,00
Selbstkosten		8 460,00

Die Materialgemeinkosten enthalten 60 % fixe Kosten, die Fertigungsgemeinkosten enthalten 40 % fixe Kosten. Die Verwaltungs- und Vertriebsgemeinkosten sind in voller Höhe fix.

Um wie viel Euro verschlechtert sich das Betriebsergebnis, wenn der „Verlustbringer" B ersatzlos aus dem Produktionsprogramm gestrichen wird? (Die Produktions- und Absatzmengen und die Preise der beiden anderen Produktarten bleiben gleich.)

Aufgabe 2

Ein Industriebetrieb ermittelte für den letzten Monat Gesamtkosten in Höhe von 420 750,00 €. In dieser Periode wurden ausschließlich die Produktarten A und B in den Mengen

$$x_{pA} = 3600 \text{ Stück}, \qquad x_{pB} = 4000 \text{ Stück}$$

produziert und davon

$$x_{aA} = 3000 \text{ Stück}, \qquad x_{aB} = 3500 \text{ Stück}$$

abgesetzt. Ein Teil der Gesamtkosten ließ sich als Materialeinzelkosten erfassen. Sie betragen pro Stück der Produktarten A bzw. B

$$k_{eA} = 15,00 \text{ €}, \qquad k_{eB} = 5,00 \text{ €}.$$

Die restlichen Kosten waren den Produkten nicht direkt zurechenbar. Sie wurden im BAB auf vier Kostenstellen verteilt:

	Material-KoSt		Teilefertigung		Montage		Verw. u. Vertrieb	
	fix	variabel	fix	variabel	fix	variabel	fix	variabel
Gemeinkosten (€)	4 440,00	2 960,00	168 000,00	84 000,00	5 200,00	20 800,00	?	0,00
Bezugsgrößen	Material-einzelkosten		Fertigungszeit		Montagezeit		Herstellkosten des Umsatzes	

Die Produktart A beanspruchte   die Teilefertigung   10 Minuten/Stück,
                                 die Montage   15 Minuten/Stück.
Die Produktart B beanspruchte   die Teilefertigung   12 Minuten/Stück,
                                 die Montage   6 Minuten/Stück.

Berechnen Sie die vollen und die variablen Selbstkosten der abgesetzten Erzeugnisse in €/Stück.

Aufgabe 3

Ein Industriebetrieb ermittelte für den letzten Monat folgende Zahlen:

	Produktart A	**Produktart B**
hergestellte Menge	2 000 Stück	1 600 Stück
abgesetzte Menge	1 800 Stück	1 500 Stück
Netto-Verkaufspreis	250,00 €/Stück	150,00 €/Stück
Materialeinzelkosten	30,00 €/Stück	20,00 €/Stück
Fertigungslöhne	50,00 €/Stück	30,00 €/Stück

Die Gemeinkosten wurden im BAB wie folgt verteilt:

	Material-Kostenstelle		Fertigungs-Kostenstelle		Verwaltungs- u. Vertriebs-Kostenstelle	
Kostensummen	fixe Kosten 6 440,00 €	variable Kosten 2 760,00 €	fixe Kosten 192 400,00 €	variable Kosten 103 600,00 €	fixe Kosten 117 618,00 €	variable Kosten 31 602,00 €
Bezugsgrößen	Materialeinzelkosten		Fertigungslöhne		(volle bzw. variable) Herstellkosten des Umsatzes	

7 Scharnweber – ISBN 978-3-8120-0125-0

a) Errechnen Sie
(1) die vollen,
(2) die variablen
Selbstkosten je Stück der beiden Produktarten.

b) Ermitteln Sie das Betriebsergebnis nach dem Umsatzkostenverfahren
(1) auf Vollkostenbasis,
(2) auf Grenzkostenbasis.

c) Erläutern Sie die unter Aufgabe b festgestellte Ergebnisdifferenz anhand von Zahlen.

Aufgabe 4 >>

In einem Unternehmen, das nur eine Produktart herstellt und absetzt, liegen für die abgelaufene Periode folgende Daten vor:

Umsatzerlöse	1 500 000,00 €
Nettopreis	60,00 €/Stück
Herstellkosten der Produktion (davon fix: 40 %)	900 000,00 €
Verwaltungs- und Vertriebsgemeinkosten (in voller Höhe fix)	630 000,00 €
Produktionsmenge	30 000 Stück

a) Ermitteln Sie das Betriebsergebnis nach dem Umsatzkostenverfahren auf Vollkostenbasis.

b) Wie viel Euro beträgt der Unterschied zum Betriebsergebnis auf Teilkostenbasis?

Aufgabe 5 >

Ein Industriebetrieb richtet einen Maschinenplatz neu ein. Die Anschaffungskosten der Maschine belaufen sich auf 420 000,00 €, die Wiederbeschaffungskosten werden mit 540 000,00 € angesetzt. Der Betrieb geht von einer 15-jährigen Nutzungsdauer aus und kalkuliert mit einem Zinssatz von 8 % p. a., bezogen auf die Anschaffungskosten.

Instandhaltungs-/Reparaturkosten werden mit jährlich 25 200,00 € veranschlagt. Die Maschine beansprucht eine Grundfläche von 20 m², wobei die monatlichen Raumkosten mit 80,00 € pro m² verrechnet werden. Energiekosten fallen in Höhe der monatlichen Grundgebühr von 150,00 € und des Stromverbrauchs von 20 kWh zu 0,09 €/kWh an. Die Betriebsstoffkosten werden mit monatlich 480,00 € angesetzt.

Unter den aufgeführten Kosten gelten als fixe Kosten:

50 % der Abschreibungen, 40 % der Instandhaltungs-/Reparaturkosten, in voller Höhe die Grundgebühr für den Stromverbrauch, die kalkulatorischen Zinsen und die Raumkosten.

a) Errechnen Sie die monatlichen Gesamtkosten je Kostenart sowie die anteiligen fixen und variablen Kosten, wenn der Betrieb von einer monatlichen Normalbeschäftigung von 150 Stunden ausgeht.

b) Berechnen Sie den Maschinenstundensatz
(1) in einer Vollkostenrechnung,
(2) in einer Grenzkostenrechnung.

Aufgabe 6 >

Die Kostenanalyse unterscheidet fixe Kosten, variable Kosten und Mischkosten.

a) Nennen Sie jeweils zwei Beispiele für fixe Kosten, variable Kosten und Mischkosten, die bei der betrieblichen Nutzung eines Kraftfahrzeugs entstehen.

b) Die Auflösung von Mischkosten in fixe und variable Bestandteile kann mit Hilfe der Zweipunkt-Methode (Differenzen-Quotienten-Verfahren) erfolgen. Beschreiben Sie dieses Verfahren.

c) Nennen Sie zwei mögliche Mängel des Differenzen-Quotienten-Verfahrens.

d) Erläutern Sie zwei andere Verfahren zur Kostenspaltung.

e) Erläutern Sie den Degressionseffekt der fixen Kosten.

Aufgabe 7 〉

In einem Einproduktbetrieb liegen für den Monat Oktober folgende Daten vor:

Absatzmenge	6 500 Stück
Produktionsmenge	6 800 Stück
Nettoerlös pro Stück	96,00 €
Bestandsmehrung an Werkstoffen	5 000,00 €
Material- und Fertigungseinzelkosten	190 400,00 €
Material- und Fertigungsgemeinkosten	353 600,00 €
Verwaltungs- und Vertriebsgemeinkosten	70 000,00 €

a) Ermitteln Sie das Betriebsergebnis im Oktober nach dem Gesamtkostenverfahren auf Vollkosten-basis.

b) Ermitteln Sie das Betriebsergebnis im Oktober nach dem Umsatzkostenverfahren auf Vollkosten-basis.

c) Der Betrieb will die Betriebsergebnisrechnung von der bisherigen Vollkostenrechnung auf eine Deckungsbeitragsrechnung umstellen. Kostenanalysen ergaben, dass die Verwaltungs- und Vertriebsgemeinkosten in voller Höhe fix sind. Die Aufteilung der Material- und Fertigungsgemeinkosten soll mathematisch erfolgen. Dazu liegen Ihnen auch die Zahlen für November vor:

Produktionsmenge = Absatzmenge	5 400 Stück
Nettoerlös pro Stück	96,00 €
Material- und Fertigungseinzelkosten	151 200,00 €
Material- und Fertigungsgemeinkosten	328 400,00 €
Verwaltungs- und Vertriebsgemeinkosten	70 000,00 €

Ermitteln Sie die variablen Stückkosten sowie die monatlichen Fixkosten.

d) Ermitteln Sie das Betriebsergebnis im Oktober in einer einstufigen Deckungsbeitragsrechnung (also nach dem Umsatzkostenverfahren auf Grenzkostenbasis).

e) Begründen Sie rechnerisch die Betriebsergebnisdifferenz, die sich bei einem Vergleich von b) und d) ergibt.

Aufgabe 8 〉

Ein Unternehmen produziert auf einer Maschine mit Anschaffungskosten von 195 700,00 € und arbeitet im Drei-Schichten-Betrieb. Zuletzt lag die Beschäftigung bei durchschnittlich 400 Maschinenstunden pro Monat. Über die Kosten liegen folgende Informationen vor:

◆ Die Fertigungslöhne für Maschinenbediener betragen 12,50 €/Stunde.

◆ Die Hilfslöhne für Einrichter betragen 10,50 €/Stunde. Es werden 40 Stunden bei 400 Maschinenstunden benötigt.

◆ Die Sozialkosten betragen 40 % der Bruttolohnsumme.

◆ Die kalkulatorischen Abschreibungen basieren auf Wiederbeschaffungswerten. Der Wiederbeschaffungsindex im Anschaffungsjahr betrug 103 %, im laufenden Jahr beträgt er 108 %. Die voraussichtliche Nutzungsdauer wird auf 6 Jahre geschätzt. Es ist ein Liquidationserlös von 18 000,00 € am Ende der Nutzungsdauer zu berücksichtigen.

◆ Der Zinssatz der kalkulatorischen Zinsen beträgt 8 % p. a., wobei die kalkulatorischen Zinsen nach der Durchschnittsmethode auf Basis der Wiederbeschaffungskosten zu ermitteln sind.

◆ Die Energiekosten wurden anhand von Verbrauchsstudien ermittelt. Pro Maschinenstunde werden 25 kW Strom verbraucht. Der Preis für eine kWh beträgt 0,10 €.

◆ Die Nutzfläche der Maschine beträgt 50 m². Der innerbetriebliche Verrechnungssatz für die Raumkosten beträgt 4,00 €/m² monatlich.

◆ Die Kosten für Betriebsstoffe (wie Kühl- und Schmiermittel) betragen 200,00 € bei 320 Stunden und 220,00 € bei 400 Stunden Laufzeit im Monat.

◆ Für die laufende Wartung werden 136,00 € monatlich verrechnet, je Reparaturstunde 63,25 €. Bei einer monatlichen Beschäftigung von 400 Stunden werden 16 Reparaturstunden geplant.

Ermitteln Sie für diesen Maschinenplatz die Fixkosten pro Monat und die variablen Kosten je Maschinenstunde.

3.2.2 Lösungen

Aufgabe 1

Jedes Stück der Produktart B trug mit 8000,00 € – 5970,00 € = 2030,00 € zur Deckung der fixen Kosten bei, wie sich aus dieser Kalkulation auf Grenzkostenbasis ergibt:

	€/Stück
Materialeinzelkosten	3000,00
variable Materialgemeinkosten	120,00
Fertigungslöhne	1500,00
variable Fertigungsgemeinkosten	1350,00
Herstellkosten	5970,00
variable Verwalt.- u. Vertriebsgemeinkosten	0,00
variable Selbstkosten	5970,00

Bei der vorgeschlagenen Produkteliminierung würde der Betriebsgewinn um 1000 Stück · 2030,00 € je Stück = 2030000,00 € geringer ausfallen.

Aufgabe 2

	Material-KoSt		Teilefertigung		Montage		Verw. u. Vertrieb	
	fix	variabel	fix	variabel	fix	variabel	fix	variabel
Gemeinkosten (€)	4440,00	2960,00	168000,00	84000,00	5200,00	20800,00	61350,00	0,00
Bezugsgrößen	74000,00 € Material- einzelkosten		1400 Stunden Fertigungszeit		1300 Stunden Montagezeit		306750,00 € (volle) Herstellkosten des Umsatzes	
Zuschlagssätze volle/variable	10 % / 4 %		180,00 €/h / 60,00 €/h		20,00 €/h / 16,00 €/h		20 % / –	

	Produktart A		Produktart B	
	volle Kosten	variable Kosten	volle Kosten	variable Kosten
Materialeinzelkosten	15,00 €	15,00 €	5,00 €	5,00 €
Materialgemeinkosten	1,50 €	0,60 €	0,50 €	0,20 €
Teilefertigungskosten	30,00 €	10,00 €	36,00 €	12,00 €
Montagekosten	5,00 €	4,00 €	2,00 €	1,60 €
Herstellkosten	51,50 €	29,60 €	43,50 €	18,80 €
Verwaltungs- und Vertriebsgemeinkosten	10,30 €	0,00 €	8,70 €	0,00 €
Selbstkosten	61,80 €	29,60 €	52,20 €	18,80 €

Aufgabe 3

a)

	Material-Kostenstelle	Fertigungs-Kostenstelle	Verwaltungs- und Vertriebs-Kostenstelle
Bezugsgrößen	92 000,00 € MEK	148 000,00 € FL	497 400,00 €/316 020,00 € HK des Umsatzes
Zuschlagssätze	10 % voll 3 % variabel	200 % voll 70 % variabel	30 % voll 10 % variabel

	Produktart A		Produktart B	
	volle Kosten	variable Kosten	volle Kosten	variable Kosten
Materialeinzelkosten	30,00 €	30,00 €	20,00 €	20,00 €
Materialgemeinkosten	3,00 €	0,90 €	2,00 €	0,60 €
Fertigungslöhne	50,00 €	50,00 €	30,00 €	30,00 €
Fertigungsgemeinkosten	100,00 €	35,00 €	60,00 €	21,00 €
Herstellkosten	183,00 €	115,90 €	112,00 €	71,60 €
Verwaltungs- und Vertriebsgemeinkosten	54,90 €	11,59 €	33,60 €	7,16 €
Selbstkosten	237,90 €	127,49 €	145,60 €	78,76 €

b)

(1) Betriebsergebnisrechnung auf Vollkostenbasis (in €)

volle Umsatzkosten$_A$	428 220,00	Umsatzerlöse$_A$	450 000,00
volle Umsatzkosten$_B$	218 400,00	Umsatzerlöse$_B$	225 000,00
Betriebsgewinn	28 380,00		
	675 000,00		675 000,00

(2) Betriebsergebnisrechnung auf Grenzkostenbasis (in €)

variable Umsatzkosten$_A$	229 482,00	Umsatzerlöse$_A$	450 000,00
variable Umsatzkosten$_B$	118 140,00	Umsatzerlöse$_B$	225 000,00
Fixkosten	316 458,00		
Betriebsgewinn	10 920,00		
	675 000,00		675 000,00

c) Die Ergebnisdifferenz beruht auf der unterschiedlichen Bewertung der auf Lager produzierten Erzeugnisse:

Bestandsmehrung$_A$ 200 Stück zu (183,00 €/Stück – 115,90 €/Stück) = 13 420,00 €
Bestandsmehrung$_B$ 100 Stück zu (112,00 €/Stück – 71,60 €/Stück) = 4 040,00 €

17 460,00 €

Aufgabe 4

a) Betriebsergebnisrechnung nach dem Umsatzkostenverfahren auf Vollkostenbasis:

Umsatzerlöse für 25 000 Stück	1 500 000,00 €
– volle Herstellkosten der abgesetzten 25 000 Stück	750 000,00 €
– Verwaltungs- und Vertriebsgemeinkosten	630 000,00 €
Betriebsgewinn	120 000,00 €

b) In einer Teilkostenrechnung fällt das Betriebsergebnis 60 000,00 € geringer aus, weil die auf Lager produzierten 5 000 Stück nicht mit ihren vollen Herstellkosten von 30,00 €/Stück, sondern mit ihren variablen Herstellkosten von 18,00 €/Stück bewertet werden.

Aufgabe 5

a) Monatliche Kosten:

Kostenarten		davon: fix	variabel
kalkulatorische Abschreibungen	3 000,00 €	1 500,00 €	1 500,00 €
kalkulatorische Zinsen	1 400,00 €	1 400,00 €	0,00 €
Instandhaltungs-/Reparaturkosten	2 100,00 €	840,00 €	1 260,00 €
Raumkosten	1 600,00 €	1 600,00 €	0,00 €
Energiekosten	420,00 €	150,00 €	270,00 €
Betriebsstoffkosten	480,00 €	0,00 €	480,00 €
	9 000,00 €	5 490,00 €	3 510,00 €

b) (1) Maschinenstundensatz in einer Vollkostenrechnung $= \dfrac{9\,000,00\,€}{150\text{ Stunden}} = 60,00\ €/\text{Stunde}$

(2) Maschinenstundensatz in einer Grenzkostenrechnung $= \dfrac{3\,510,00\,€}{150\text{ Stunden}} = 23,40\ €/\text{Stunde}$

Aufgabe 6

a)

Fixe Kosten:	Variable Kosten:	Mischkosten:
Kfz-Versicherungsbeitrag	Benzinkosten	kalkulatorische Abschreibungen
Kfz-Steuer	Reparaturkosten	Inspektionskosten

b) Wenn man die Gesamtkosten (K) von zwei Beschäftigungsgraden (x) kennt, dann gilt:

$$k_v = \frac{K_2 - K_1}{x_2 - x_1} \text{ und } K_f = K \text{ abzüglich variable Gesamtkosten bei diesem Beschäftigungsgrad}$$

c) Z.B.:
   – Zufällige Einflüsse (wie Preisschwankungen) können das Ergebnis verzerren.
   – Sprungfixe Kosten bleiben unberücksichtigt.

d) Buchtechnische oder planmäßige Kostenauflösung: Z.B. anhand der Ergebnisse eingehender Verbrauchsstudien wird jede einzelne Kostenart auf ihr Verhalten bei verschiedenen Beschäftigungsgraden untersucht und jeder Buchungsposten in fixe und variable Kostenbestandteile zerlegt.

   Statistische Streubild-Methode (grafisches Verfahren): Die Gesamtkosten einzelner Beschäftigungsgrade werden in ein Koordinatensystem eingetragen. Durch die streuenden Punkte wird nach Augenmaß eine Gerade gezogen, zu der die Abstände der Punkte möglichst klein sind. Der Schnittpunkt dieser Geraden mit der y-Achse gibt die Fixkosten an.

e) Der Fixkostendegressionseffekt besagt, dass die fixen Kosten je Leistungseinheit mit zunehmender Beschäftigung abnehmen, wobei das Ausmaß dieser Kostensenkung immer geringer wird.

Aufgabe 7

a) Gesamtkostenverfahren auf Vollkostenbasis

Gesamtkosten	614 000,00 €	Umsatz	624 000,00 €
Betriebsergebnis	34 000,00 €	Bestandsmehrung an Erzeugn.	24 000,00 €
	648 000,00 €		648 000,00 €

$$\text{Bestandsmehrung} = 300 \text{ Stück} \cdot \frac{190\,400,00 \text{ € } + \text{ } 353\,600,00 \text{ €}}{6\,800 \text{ Stück}} = 300 \text{ Stück} \cdot 80,00 \text{ €/Stück}$$

(Die Bestandsmehrung an Werkstoffen ist für die Lösung dieser Aufgabe unerheblich!)

b) Umsatzkostenverfahren auf Vollkostenbasis

Umsatzkosten	590 000,00 €	Umsatz	624 000,00 €
Betriebsergebnis	34 000,00 €		
	624 000,00 €		624 000,00 €

$$\text{Umsatzkosten} = 6\,500 \text{ Stück} \cdot 80,00 \text{ €/Stück} + 70\,000,00 \text{ €}$$

c)
$$\text{Material- und Fertigungseinzelkosten} = \frac{190\,400,00 \text{ €}}{6\,800 \text{ Stück}} = 28,00 \text{ €/Stück}$$

$$\text{variable Material- und Fertigungsgemeinkosten} = \frac{353\,600,00 \text{ € } - 328\,400,00 \text{ €}}{6\,800 \text{ Stück } - 5\,400 \text{ Stück}} = 18,00 \text{ €/Stück}$$

variable Herstellkosten	46,00 €/Stück
variable Verwaltungs- und Vertriebskosten	0,00 €/Stück
variable Selbstkosten	46,00 €/Stück

fixe Material- und Fertigungsgemeinkosten = 353 600,00 € − 6 800 Stück · 18,00 €/Stück	= 231 200,00 €
fixe Verwaltungs- und Vertriebsgemeinkosten	70 000,00 €
fixe Kosten im Monat	301 200,00 €

d)

Umsatzkostenverfahren auf Grenzkostenbasis

variable Umsatzkosten	299 000,00 €	Umsatz	624 000,00 €
Fixkosten	301 200,00 €		
Betriebsergebnis	23 800,00 €		
	624 000,00 €		624 000,00 €

e) Die Betriebsergebnisdifferenz von (34 000,00 € − 23 800,00 €) 10 200,00 € ergibt sich aus der unterschiedlichen Bewertung der auf Lager produzierten Erzeugnisse, und zwar

◆ in der Vollkostenrechnung mit 80,00 €/Stück

◆ in der Grenzkostenrechnung mit 46,00 €/Stück:
300 Stück · 34,00 €/Stück = 10 200,00 €

Aufgabe 8

Kostenart	Fixkosten (€/Monat)	Variable Kosten (€/Masch.-Std.)
Fertigungslöhne		12,50
Hilfslöhne		1,05
Sozialkosten		5,42
kalkulatorische Abschreibungen	2 600,00	
kalkulatorische Zinsen	744,00	
Energiekosten		2,50
Raumkosten	200,00	
Betriebsstoffkosten	120,00	0,25
Wartungs- und Reparaturkosten	136,00	2,53
Summe	**3 800,00**	**24,25**

Erläuterungen:

$$\text{Hilfslöhne} = \frac{10,50 \ €/\text{Stunde} \cdot 40 \ \text{Stunden}}{400 \ \text{Stunden}} = 1,05 \ €/\text{Stunde}$$

Sozialkosten = 40 % von insgesamt 13,55 €/Stunde = 5,42 €/Stunde

kalkulatorische Abschreibungen

$$= \frac{\text{Wiederbeschaffungswert} - \text{Restwert}}{6 \cdot 12 \ \text{Monate}} = \frac{205 \, 200,00 \ € - 18 \, 000,00 \ €}{72 \ \text{Monate}} = 2 \, 600,00 \ €/\text{Monat}$$

kalkulatorische Zinsen

$$= \frac{8}{12} \% \ \text{des durchschnittlich gebundenen Kapitals} = \frac{8}{12} \% \ \text{von} \ \frac{205 \, 200,00 \ € + 18 \, 000,00 \ €}{2} = 744,00 \ €$$

(Beachten Sie, dass am Ende der Nutzungsdauer noch 18 000,00 € Kapital in der Maschine gebunden sind.)

$$\text{variable Betriebsstoffkosten} = \frac{220,00 \ € - 200,00 \ €}{400 \ \text{Stunden} - 320 \ \text{Stunden}} = 0,25 \ €/\text{Stunde}$$

fixe Betriebsstoffkosten = 220,00 €/Monat − 0,25 €/Stunde · 400 Stunden/Monat = 120,00 €/Monat

$$\text{variable Reparaturkosten} = \frac{63,25 \ €/\text{Stunde} \cdot 16 \ \text{Stunden}}{400 \ \text{Stunden}} = 2,53 \ €/\text{Stunde}$$

3.3 Lösung ausgewählter Entscheidungsprobleme mit Hilfe der Grenzkostenrechnung

3.3.1 Wahl zwischen Eigenfertigung und Fremdbezug

Für eine Eigenfertigung statt des Fremdbezugs von Erzeugnissen sprechen diese Argumente:

◆ Verbesserung der Kapazitätsauslastung

◆ Sicherung des eigenen Know-how

◆ Unabhängigkeit von Lieferanten (z. B. bei der Terminplanung)

◆ Qualitätssicherung

Wenn keines dieser Argumente gegen den Fremdbezug spricht, dann entscheidet allein eine Kostenvergleichsrechnung. Dazu liegen diese Angaben vor:

Eigenfertigung		Fremdbezug
volle Herstellkosten	variable Herstellkosten	Bezugspreis
67,50 €/Stück	15,00 €/Stück	50,00 €/Stück

Die vollen Herstellkosten enthalten fixe Kosten, die so oder so anfallen und deshalb bei der Entscheidung über Eigenfertigung oder Fremdbezug keine Rolle spielen dürfen. Eigenfertigung ist hier vorzuziehen, weil die variablen Herstellkosten unter dem Bezugspreis liegen.

Anders fällt die Entscheidung aus, wenn das Erzeugnis auf einer noch zu beschaffenden Produktionsanlage hergestellt werden soll und neben den variablen Herstellkosten von 15,00 €/Stück zusätzliche fixe Herstellkosten von 105000,00 €/Monat anfallen. In diesem Fall ist es günstiger, das Erzeugnis nicht selbst herzustellen, sondern von einem Zulieferer zu beziehen, **wenn** davon weniger als 3000 Stück im Monat produziert werden:

	Zusätzliche monatliche Kosten bei	
Stück x	Eigenfertigung K_{EF}	Fremdbezug K_{FB}
0	105000,00 €	0,00 €
500	112500,00 €	25000,00 €
1000	120000,00 €	50000,00 €
1500	127500,00 €	75000,00 €
2000	135000,00 €	100000,00 €
2500	142500,00 €	125000,00 €
3000	150000,00 €	150000,00 €
3500	157500,00 €	175000,00 €

Die *kritische Menge* von hier 3000 Stück ist schnell als Schnittpunkt der beiden Kostenkurven zu errechnen:

$$105000 + 15x = 50x$$
$$x = 3000 \text{ (Stück)}$$

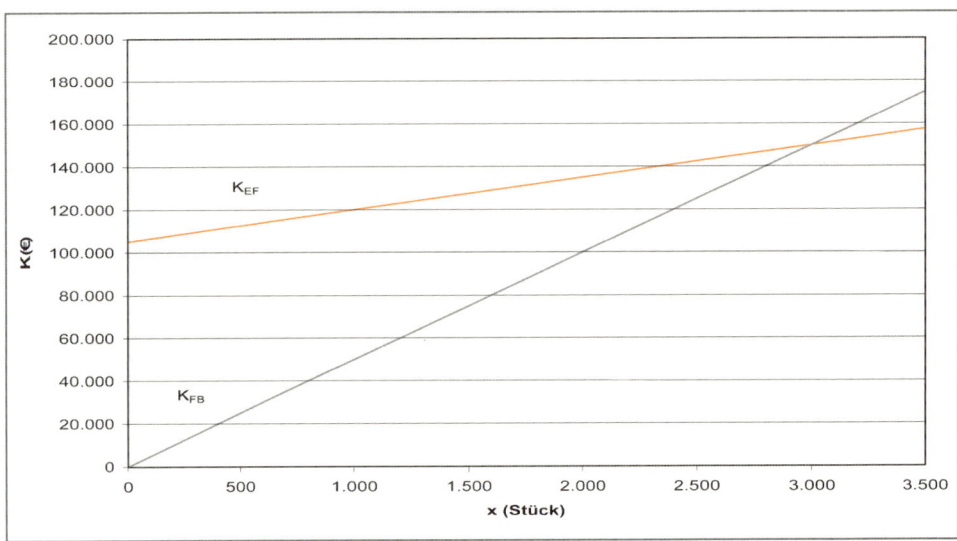

Wiederum anders sieht es aus, wenn der uns für 50,00 €/Stück zum Bezug angebotene Artikel (ein Einbauteil) wegen eines Kapazitätsengpasses nur dann von uns selbst hergestellt werden kann, wenn wir die Produktion eines anderen Erzeugnisses einschränken, das einen Deckungsbeitrag (Umsatzerlöse – variable Umsatzkosten) von 150,00 €/Stück erbringt und den Kapazitätsengpass 5 Minuten/Stück in Anspruch nimmt. Die Eigenfertigung des Einbauteils würde diesen Engpass 2 Minuten/Stück beanspruchen. In diesem Fall muss man den (bei Verdrängung des anderen Erzeugnisses) entgangenen Deckungsbeitrag von

$$\frac{150,00 \text{ €/Stück}}{5 \text{ Minuten/Stück}} \cdot 2 \text{ Minuten/Stück} = 60,00 \text{ €/Stück}$$

als so genannte **Opportunitätskosten** (= Kosten der entgangenen Gelegenheit) zu den variablen Herstellkosten des Einbauteils von 15,00 €/Stück addieren. Die Summe in Höhe von 75,00 €/Stück übersteigt den Bezugspreis in Höhe von 50,00 €/Stück, sodass der Fremdbezug vorzuziehen ist.

3.3.2 Ermittlung des optimalen Produktionsprogramms

Auch jetzt betrachten wir eine Situation, in der ein Kapazitätsengpass besteht. Wir gehen davon aus, dass er auf absehbare Zeit nicht behoben wird, weil z. B. eine Spezialmaschine nicht lieferbar ist oder wegen der angespannten Finanzlage nicht angeschafft werden kann.

Ein Industriebetrieb produziert drei Artikel. Den Engpass bildet eine Spezialmaschine mit einer Kapazität von 360 Fertigungsstunden im Monat. Wir müssen eine kurzfristige Entscheidung über die Nutzung dieser 360 Fertigungsstunden treffen (kurzfristig, weil wir eine Kapazitätsänderung nicht in unsere Überlegungen einbeziehen können). Uns liegen außerdem folgende Angaben vor:

Artikel	A	B	C
Netto-Verkaufspreis (p)	40,00 €/Stück	50,00 €/Stück	56,00 €/Stück
variable Kosten (k_v)	30,00 €/Stück	38,00 €/Stück	40,00 €/Stück
Engpassbeanspruchung	2 Minuten/Stück	4 Minuten/Stück	8 Minuten/Stück
maximale Absatzmenge im Monat	5 000 Stück	2 500 Stück	2 000 Stück

Die monatlichen fixen Kosten belaufen sich auf 40 700,00 €.

Im Hinblick auf das Ziel, einen möglichst hohen Gewinn zu erwirtschaften, erscheint der Artikel C ranghöher als A und B, weil er einen Deckungsbeitrag in Höhe von 16,00 €/Stück (= p − k_v) bringt, während für die beiden anderen Artikel nur Deckungsbeiträge von 10,00 € bzw. 12,00 €/Stück zu erzielen sind. Wir müssen aber die Inanspruchnahme der knappen Kapazität berücksichtigen und ermitteln deshalb die spezifischen Deckungsbeiträge. (Den Ausdruck **„relative Deckungsbeiträge"** verwenden wir gleichbedeutend.) Der **spezifische Deckungsbeitrag** (d_s) ist der Quotient aus dem **absoluten Deckungsbeitrag** pro Stück (d) und der Engpassbelastung pro Stück. Nach der Höhe der spezifischen Deckungsbeiträge bestimmen wir die Rangfolge der Produkte und unter Berücksichtigung der maximalen Absatzmengen die jeweiligen Produktionsmengen, wobei für den Artikel C auf Rang III nur noch 1 600 Fertigungsminuten übrig bleiben:

Artikel	A	B	C
absoluter Deckungsbeitrag	10,00 €/Stück	12,00 €/Stück	16,00 €/Stück
spezifischer Deckungsbeitrag	5,00 €/Minute	3,00 €/Minute	2,00 €/Minute
Rang	I	II	III
Engpassbeanspruchung pro Stück	2 Minuten	4 Minuten	8 Minuten
maximale Absatzmenge im Monat	5 000 Stück	2 500 Stück	2 000 Stück
Produktions- und Absatzmenge im Monat	5 000 Stück	2 500 Stück	200 Stück
gesamte Engpassbelastung (360 Stunden = 21 600 Minuten)	10 000 Minuten	10 000 Minuten	1 600 Minuten

Mit diesem Produktionsprogramm wird ein (maximaler) Gewinn von 42 500,00 € erwirtschaftet:

Deckungsbeitrag des Artikels A	5 000 Stück · 10,00 €/Stück =	50 000,00 €
Deckungsbeitrag des Artikels B	2 500 Stück · 12,00 €/Stück =	30 000,00 €
Deckungsbeitrag des Artikels C	200 Stück · 16,00 €/Stück =	3 200,00 €
Deckungsbeitrag (= Bruttogewinn) insgesamt		83 200,00 €
− Fixkosten		40 700,00 €
		42 500,00 €

Wir fassen zusammen:

Grundlage unserer Entscheidung über die Aufnahme eines Artikels in unser Produktionsprogramm ist

◆ der absolute Deckungsbeitrag, wenn kein Engpass vorliegt,

◆ der spezifische (= relative) Deckungsbeitrag, wenn **ein** Engpass besteht.

Wenn mehrere Engpässe vorliegen, kann man nicht mehr wie bisher spezifische
Deckungsbeiträge ermitteln und danach das optimale Produktionsprogramm bestimmen.
Hier hilft nur die **lineare Optimierung,** die mit erheblichem Rechenaufwand verbunden
und deshalb nicht mehr Gegenstand der Prüfung für Bilanzbuchhalter/-innen ist, wenn
kein Computer eingesetzt werden darf. Wir lösen hier das Problem mit dem Solver (im
Menü „Extras" von Microsoft Excel).

Zur Veranschaulichung ziehen wir wieder unser durchgängiges Zahlenbeispiel heran (vgl.
insbesondere Tabellen 5 und 6 auf S. 92 f.) und ergänzen es jetzt um Angaben über maximale Absatzmengen und über Kapazitätsgrenzen unserer drei Fertigungshauptstellen:

Produktart	Verkaufs-preis	Maximale Absatzmenge	Variable Selbstkosten	Deckungs-beitrag	Fertigungshauptstellen und ihre Beanspruchung in Minuten/Stück		
	(€/Stück)	(Stück/Monat)	(€/Stück)	(€/Stück)	I	II	III
A	48,00	2 500	21,84	26,16	0	2	4
B	51,00	3 920	33,60	17,40	3	2	1
Kapazitätsgrenzen (Fertigungsminuten/Monat):					12 000	10 800	11 400

Wir laden diese Angaben:

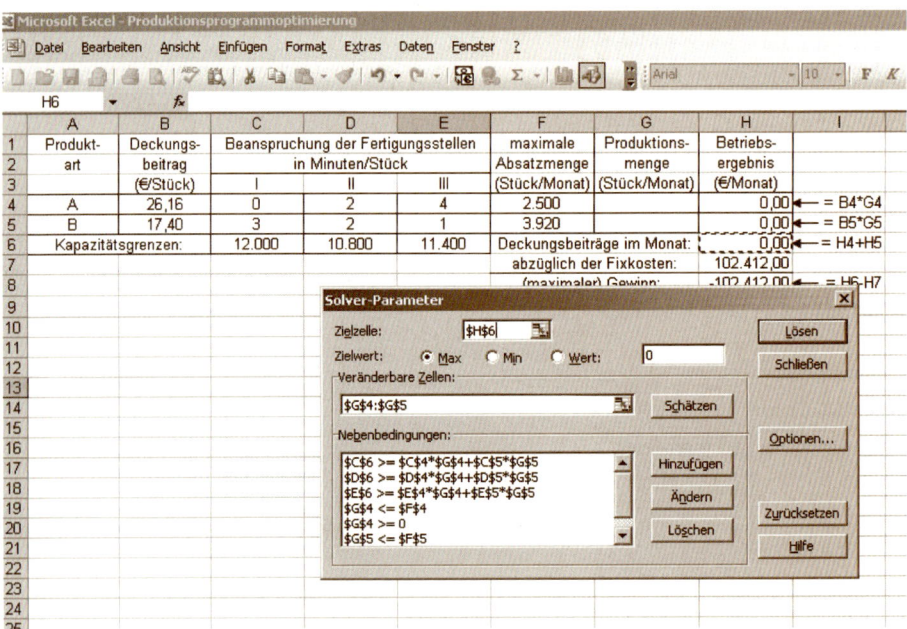

und erhalten nach dem Drücken der „Lösen"-Schaltfläche die optimalen Produktionsmengen:

Produkt-art	Deckungs-beitrag	Beanspruchung der Fertigungs-stellen in Minuten/Stück			Maximale Absatzmenge	Produktions-menge	Betriebs-ergebnis
	(€/Stück)	I	II	III	(Stück/Monat)	(Stück/Monat)	(€/Monat)
A	26,16	0	2	4	2500	2000	52320,00
B	17,40	3	2	1	3920	3400	59160,00
Kapazitätsgrenzen:		12000	10800	11400	Deckungsbeiträge im Monat:		111480,00
					abzüglich der Fixkosten:		102412,00
					(maximaler) Gewinn:		9068,00

Tabelle 7

Statt eines Betriebsgewinns auf Grenzkostenbasis von nur 2420,00 € hätte ein Betriebsgewinn von 9068,00 € erzielt werden können!

3.3.3 Break-even-Analyse

Bei der Break-even-Analyse geht es in erster Linie um die Bestimmung derjenigen Absatzmenge, bei der die Gesamtkosten durch den Gesamtumsatz gerade gedeckt werden, bei der man also weder Gewinn noch Verlust erzielt **(Non-Profit-Analyse).**

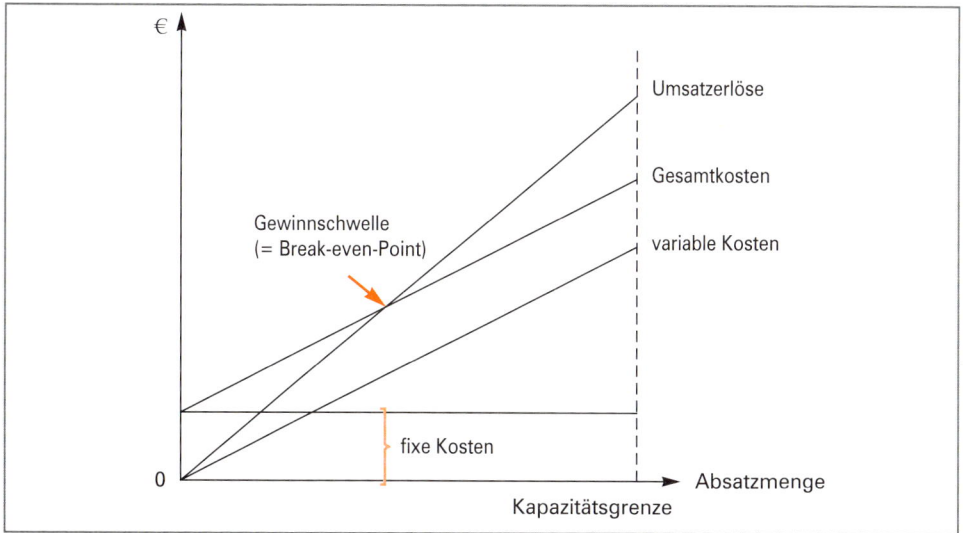

Der **Break-even-Punkt** zeigt diejenige Absatzmenge, bei der die Umsatzerlöse gerade ausreichen, um alle angefallenen Kosten zu decken. Es entsteht also weder ein Gewinn noch ein Verlust. Steigt die Absatzmenge über den Break-even-Punkt hinaus, erzielt das Unternehmen einen Gewinn, sinkt die Absatzmenge unter den Break-even-Punkt, erwirtschaftet es einen Verlust. Den Break-even-Punkt bezeichnet man daher auch als **Gewinnschwelle** oder **Nutzenschwelle.**

Rechnerische Bestimmung der Gewinnschwelle anhand eines Zahlenbeispiels:

Eine Messgerätefabrik hat für die gefertigten Stromverbrauchszähler im letzten Quartal folgende Zahlen zusammengestellt:

Monat	Produktions- und Absatzmenge	Gesamtkosten
Juli	4 100 Stück	112 000,00 €
August	4 400 Stück	118 000,00 €
September	4 800 Stück	126 000,00 €

Weitere Angaben:

Der Gesamtkostenverlauf ist linear.
Die Kapazität beträgt 5 000 Stück/Monat.
Der Verkaufspreis beträgt 30,00 € netto je Stück.

Mit Hilfe des Differenzen-Quotienten-Verfahrens ermitteln wir die Kostenfunktion:

$$\text{variable Stückkosten} = \frac{118\,000,00\ € - 112\,000,00\ €}{4\,400\ \text{Stück} - 4\,100\ \text{Stück}} = 20,00\ €/\text{Stück}$$

$$K = 30\,000 + 20x$$

Die Gewinnschwelle ist der Schnittpunkt von Umsatz- und Kostenkurve:

$$U = 30x$$
$$30x = 30\,000 + 20x$$

Gewinnschwellenmenge: $x = 3\,000$ (Stück)

Kürzerer Rechenweg zur Bestimmung der Gewinnschwellenmenge:

$$\frac{\text{Fixkosten}}{\text{Deckungsbeitrag je Stück}} = \frac{30\,000,00\ €}{10,00\ €/\text{Stück}} = 3\,000\ \text{Stück}$$

Wie bei der Berechnung kritischer Werte allgemein üblich, kann auch bei der Break-even-Analyse die Fragestellung in verschiedener Hinsicht variiert werden, z.B.:

◆ Man fragt nach den Veränderungen der Gewinnschwelle bei möglichen Veränderungen der Absatzpreise, Grenzkosten oder Fixkosten.

◆ Man fragt nach der Absatzmenge, die für einen angestrebten Periodengewinn erreicht werden muss **(Gewinn-Situationen)**. Dazu das folgende Zahlenbeispiel:

Für einen Industriebetrieb, der nur eine einzige Produktart herstellt und vertreibt, gelten diese Funktionen:

U(msatzerlöse) $= 90x$
K(osten) $= 147\,000 + 60x$

Der Betrieb möchte eine **Umsatzrendite** $\left(= \text{Umsatzrentabilität} = \dfrac{\text{Gewinn} \cdot 100}{\text{Umsatzerlöse}}\right)$ von 10 %

erzielen. Wie viel Stück muss er herstellen und verkaufen? Wie hoch ist der **Deckungsumsatz?**

Lösung: $0{,}10 = \dfrac{90x - (147\,000 + 60x)}{90x} \Rightarrow x = 7\,000$ (Stück)

anderer Rechenweg: $\dfrac{\text{Fixkosten} + \text{Gewinn}}{\text{Stückdeckungsbeitrag}} = \text{Deckungsmenge } x \Rightarrow x = \dfrac{147\,000 + 0{,}1 \cdot 90x}{30} \Rightarrow x = 7\,000$

Deckungsumsatz = 7 000 Stück · 90,00 €/Stück = 630 000,00 €.

Probe:

Umsatzerlöse: 90x =	630 000,00 €	
− Kosten (147 000 + 60x) =	567 000,00 €	
Gewinn (U − K) =	63 000,00 €	= 10 % der Umsatzerlöse

Bei Mehrproduktunternehmungen ist die Break-even-Analyse schwieriger durchzuführen. Es gibt nicht mehr *eine* Deckungs-Absatzmenge, sondern eine *Vielzahl von Kombinationen* der Absatzmengen der verschiedenen Produktarten, die alle zur Kostendeckung führen. Die Break-even-Analyse wird aber auch im Mehrproduktfall durchgeführt, wenn die Anzahl der Produktarten nicht sehr groß ist und das sales mix, also das Verhältnis der Absatzmengen der einzelnen Produktarten zueinander, relativ konstant ist. Da die Absatzmengen der verschiedenen Produktarten nicht vergleichbar sind, geht man vom Deckungsbeitrag pro Stück ab und errechnet stattdessen den Deckungsbeitrag pro 100,00 € Umsatz. Als Ergebnis der Analyse erhält man nicht mehr die Deckungsabsatzmenge, sondern den **Deckungsumsatz**.

Zahlenbeispiel:

Produktart ⇒	A	B	C	gesamt
Absatzmenge	100 Stück	200 Stück	300 Stück	
Netto-Verkaufspreis	18,00 €/Stück	10,00 €/Stück	8,00 €/Stück	
variable Stückkosten	8,00 €/Stück	6,00 €/Stück	5,00 €/Stück	
Umsatzerlöse	1 800,00 €	2 000,00 €	2 400,00 €	6 200,00 €
variable Kosten	800,00 €	1 200,00 €	1 500,00 €	3 500,00 €
Deckungsbeitrag (absolut)	1 000,00 €	800,00 €	900,00 €	2 700,00 €
Deckungsbeitrag (prozentual zum Umsatz)	55,6 %	40,0 %	37,5 %	**43,5 %**
Fixkosten				2 000,00 €

Im Durchschnitt (als gewogenes arithmetisches Mittel) erhält man bei dieser Auftragszusammensetzung einen Deckungsbeitrag von 43,5 % des Umsatzes. Das ist der **Deckungsgrad**. Den relativen Anteil des Deckungsbeitrags am Umsatzerlös

$= \dfrac{\text{Deckungsbeitrag}}{\text{Umsatzerlöse}} = \dfrac{2\,700{,}00\ €}{6\,200{,}00\ €} \approx 0{,}435$ nennt man Deckungsfaktor.

Deckungsumsatz: $\dfrac{\text{Fixkosten}}{\text{Deckungsfaktor}} = \dfrac{2\,000{,}00\ €}{0{,}435} \approx 4\,598{,}00\ €.$

Natürlich kann man auch die Frage stellen, bei welcher Produktions- und Absatzmenge ein Betrieb den höchstmöglichen Gewinn erzielt.

Wenn wir wieder von dieser Situation ausgehen, ⇒ also von einem Einproduktunternehmen mit linearem Gesamtkostenverlauf, konstantem Verkaufspreis je Stück und positivem Deckungsbeitrag, dann liegt das **Gewinnmaximum (Nutzenmaximum)** natürlich bei der Menge an der Kapazitätsgrenze.

Wie sieht es aber aus, wenn wir nicht von einem konstanten Verkaufspreis ausgehen können?

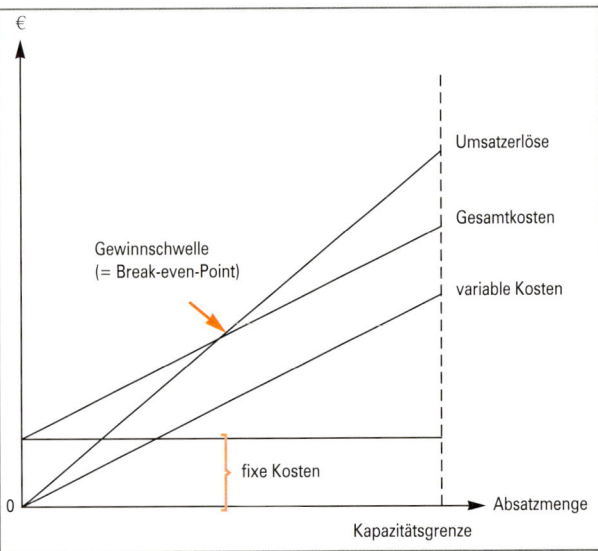

Im Zusammenhang mit der Kalkulation von Kuppelprodukten wurde aus der Zeitungsanzeige einer Mineralölgesellschaft zitiert, in der von der *Nachfragekurve* die Rede war. Die normale Nachfragekurve hat einen fallenden Verlauf und zeigt die Beziehung zwischen dem Preis des nachgefragten Gutes (p) und der Nachfragemenge (x):

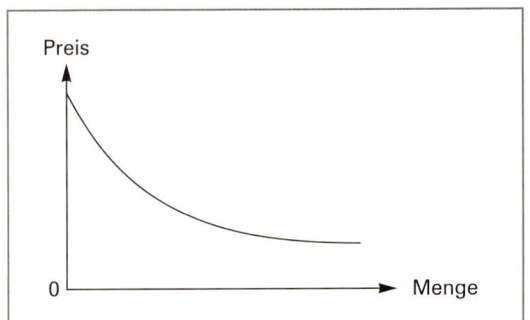

Wir nehmen an, dass ein konkurrenzloser Betrieb nur eine Produktart herstellt und absetzt und nach einer Marktforschung von der abgebildeten betriebsindividuellen Nachfragekurve ausgehen darf, die durch die

Preis-Absatz-Funktion
$$p = 400 - 0,02x$$
ausgedrückt werden kann.

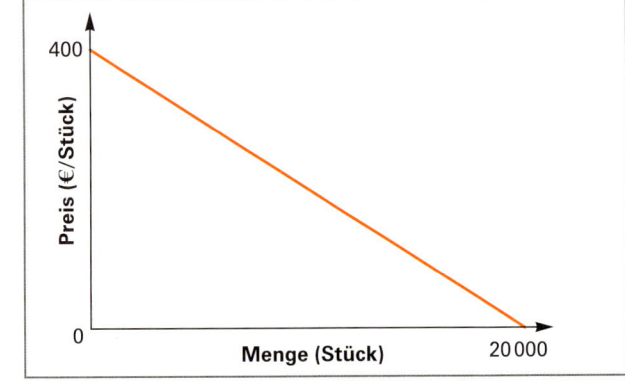

Der Betrieb ermittelte Fixkosten von 1 000 000,00 € pro Monat und variable Kosten von 80,00 €/Stück. Zur Bestimmung der optimalen Produktions- und Absatzmenge (die den höchstmöglichen Gewinn erbringt) müssen wir – wenn wir die Differenzialrechnung nicht beherrschen – die nachstehende Tabelle erstellen, um daraus die optimale Menge und den optimalen Preis abzulesen: x = 8 000 Stück/Monat
p = 240,00 €/Stück

Menge x (Stück/Monat)	Preis p = 400 − 0,02x (€/Stück)	Umsatzerlöse U = p · x (€/Monat)	Kosten K = 1 000 000 + 80x (€/Monat)	Ergebnis E = U − K (€/Monat)
0	400,00	0,00	1 000 000,00	− 1 000 000,00
1 000	380,00	380 000,00	1 080 000,00	− 700 000,00
2 000	360,00	720 000,00	1 160 000,00	− 440 000,00
3 000	340,00	1 020 000,00	1 240 000,00	− 220 000,00
4 000	320,00	1 280 000,00	1 320 000,00	− 40 000,00
5 000	300,00	1 500 000,00	1 400 000,00	100 000,00
6 000	280,00	1 680 000,00	1 480 000,00	200 000,00
7 000	260,00	1 820 000,00	1 560 000,00	260 000,00
8 000	240,00	1 920 000,00	1 640 000,00	280 000,00
9 000	220,00	1 980 000,00	1 720 000,00	260 000,00
10 000	200,00	2 000 000,00	1 800 000,00	200 000,00
11 000	180,00	1 980 000,00	1 880 000,00	100 000,00

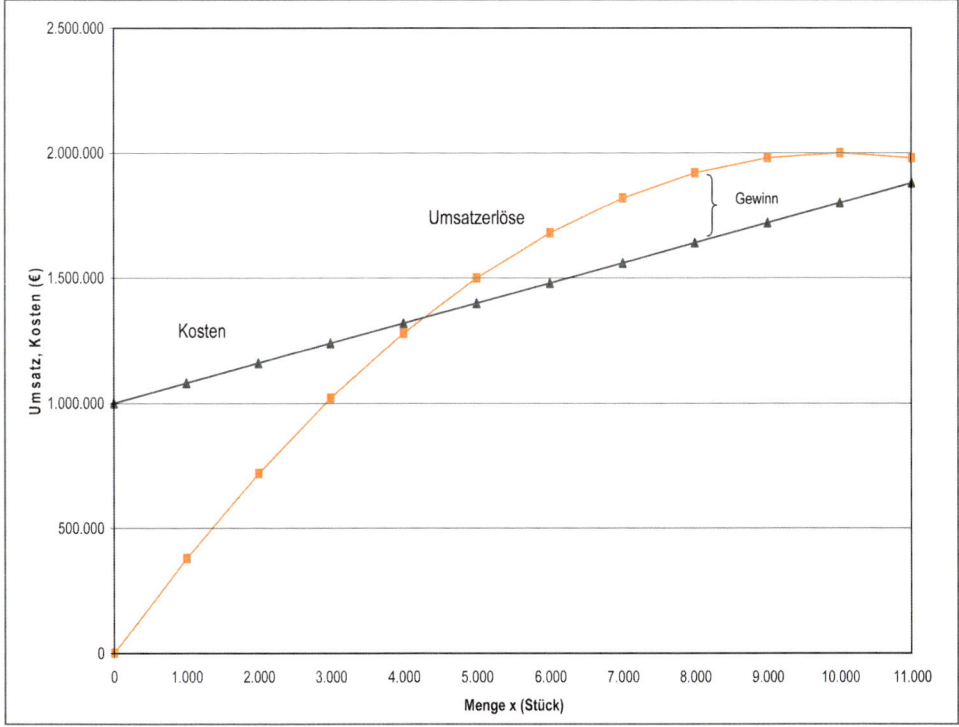

8 Scharnweber – ISBN 978-3-8120-0125-0

Der senkrechte Abstand zwischen der Umsatzkurve (Erlöskurve) und der Kostenkurve zeigt das Betriebsergebnis. Der Gewinn ist dort am höchsten, wo die Tangente an die Umsatzkurve den gleichen Anstieg hat wie die Kostenkurve. Den Anstieg der Kostenkurve kennen wir: Es sind die Grenzkosten in Höhe von 80,00 €. Mit Hilfe der Differenzialrechnung bestimmen wir auch den Grenzerlös U'.

$$U = p \cdot x = (400 - 0,02x)x = 400\,x - 0,02x^2$$
$$U' = 400 - 0,04x$$

Grenzerlös = Grenzkosten
$$400 - 0,04x = 80$$
$$x = 8\,000$$

Wer die Differenzialrechnung nicht kennt, möge nicht erschrecken, weil in der Prüfung für Bilanzbuchhalter/-innen allenfalls die Kenntnis dieser Gleichung zur Bestimmung des Gewinnmaximums (Grenzkosten = Grenzerlös) und die Aufstellung der obigen Tabelle verlangt wird.

3.3.4 Optimale Maschinenauswahl und -belegung

3.3.4.1 Optimale Maschinenauswahl bei langfristiger Betrachtung

Die optimale Maschinenauswahl erfordert in den meisten Fällen eine langfristige Betrachtung. „Langfristig" bedeutet in diesem Zusammenhang, dass eine Veränderung des betrieblichen Maschinenbestands und damit der Fixkosten erwogen wird. Zur Problemlösung sind gewöhnlich mathematisch erheblich aufwendigere Verfahren der Investitionsrechnung einzusetzen. In der nachstehend beschriebenen Situation genügt allerdings ein Kostenvergleich pro Periode:

Ein Betrieb produziert Fahrräder, deren Rahmen eine hochwertige, in mehreren Arbeitsgängen aufgetragene Lackierung erhalten. Dazu könnte die Anlage I durch eine computergesteuerte Lackierstraße (Anlage II) ersetzt werden. Die Kapazität betrug bisher 15 000 Fahrradrahmen pro Jahr und wurde auch voll ausgenutzt. Durch die neue Anlage würden 30 000 Stück pro Jahr lackiert werden können.

Mit der Anlage I entstanden Fixkosten in Höhe von 150 000,00 €/Jahr und variable Kosten in Höhe von 50,00 € pro Fahrrad. Die Anlage II würde Fixkosten in Höhe von 500 000,00 €/Jahr verursachen. Ihre Gesamtkosten lägen bei voller Kapazitätsauslastung bei 1 250 000,00 €/Jahr.

Den Betrieb interessiert die (kritische) Menge, ab der die Anlage II trotz der höheren Fixkosten vorteilhafter ist. Dabei soll die Ertragsseite unberücksichtigt bleiben, weil andernfalls eine Gewinnvergleichsrechnung nötig wäre.

Wir vergleichen also die Kosten der Anlage I ($K^I = 150\,000 + 50\,x$) mit den Kosten der Anlage II ($K^{II} = 500\,000 + 25\,x$) und stellen fest, dass die Gesamtkosten der beiden Anlagen bei einer Produktionsmenge von 14 000 Stück/Jahr gleich hoch sind:

$$150\,000 + 50\,x = 500\,000 + 25\,x$$
$$x = 14\,000$$

Bei einer höheren Produktionsmenge als 14 000 Stück pro Jahr ist die Anlage II vorteilhafter.

3.3.4.2 Optimale Maschinenauswahl bei kurzfristiger Betrachtung

Wenn wir den Maschinenbestand und damit die Fixkosten nicht verändern, sondern die Nutzung vorhandener Maschinen verbessern wollen, handelt es sich um ein kurzfristiges Optimierungsproblem. Dabei gehen wir zunächst von einer Situation aus, in der die Aufgabe ohne Berücksichtigung eines Kapazitätsengpasses zu lösen ist:

Ein Industriebetrieb hat zwei Maschinen (I und II), die wegen der schlechten Auftragslage gerade stillstehen. Der Betrieb erhält nun einen Auftrag zur Herstellung von 6000 Stück/ Monat von einer bestimmten Produktart, deren Netto-Verkaufspreis 14,00 €/Stück beträgt. Diese Menge kann auf jeder der zwei Maschinen zu diesen Kosten hergestellt werden:

$$K^I = 4800 \text{ (€ fixe Kosten pro Monat)} + 12 \text{ (€ variable Stückkosten)} \cdot x \text{ (Stück)}$$
$$K^{II} = 18000 + 10x$$

Wie lautet die Entscheidung bei optimaler Maschinenauswahl?

Bei Anwendung der Vollkostenrechnung würde man die Maschine I wählen, weil dann die Stückkosten am geringsten sind:

$$k^I = \frac{4800 + 12 \cdot 6000}{6000} = 12,80 \text{ (€/Stück)}$$

$$k^{II} = \frac{18000 + 10 \cdot 6000}{6000} = 13,00 \text{ (€/Stück)}$$

Das wäre eine Fehlentscheidung, weil die Fixkosten in jedem Monat anfallen, unabhängig davon, welche Maschine belegt wird. Deshalb sollte zunächst die Maschine eingesetzt werden, die die geringsten variablen Stückkosten verursacht. Das zeigt auch diese Betriebsergebnisrechnung:

	Bei Nutzung der	
	Maschine I	Maschine II
Netto-Verkaufserlöse	84 000,00 €	84 000,00 €
– variable Kosten	72 000,00 €	60 000,00 €
– fixe Kosten	22 800,00 €	22 800,00 €
Betriebsergebnis	–10 800,00 €	1 200,00 €

Bei Nutzung der Maschine II fällt das Betriebsergebnis um die eingesparten variablen Kosten von 12 000,00 € (= 2,00 €/Stück · 6 000 Stück) höher aus.

Komplizierter wird es, wenn ein Kapazitätsengpass besteht oder sogar mehrere Engpässe bei der Maschinenbelegung zu beachten sind. Das Problem bei mehreren Kapazitätsengpässen soll hier nicht erörtert werden, weil es nur mit Hilfe der linearen Programmierung zu lösen ist, die bei der Frage nach dem optimalen Produktionsprogramm angesprochen wurde. Wir gehen daher von folgender Situation aus:

Vier Produkte können wahlweise auf den vorhandenen Maschinen I, II und III mit unterschiedlichen variablen Kosten und Fertigungszeiten hergestellt werden:

Produkt	absetzbare Produktions-menge (Stück/Monat)	Maschine I		Maschine II		Maschine III	
		Fertigungs-zeit (Min./Stück)	variable Kosten (€/Stück)	Fertigungs-zeit (Min./Stück)	variable Kosten (€/Stück)	Fertigungs-zeit (Min./Stück)	variable Kosten (€/Stück)
A	1 000	9	12,60	7,0	14,00	5	12,00
B	800	5	7,00	4,0	8,00	4	9,60
C	2 000	4	5,60	4,0	8,00	4	9,60
D	900	6	8,40	4,75	9,50	6	14,40
variable Kosten (€/Minute)		1,40		2,00		2,40	
Kapazitätsgrenze		9 600 Minuten/Monat		9 600 Minuten/Monat		9 600 Minuten/Monat	

Im Hinblick auf die niedrigsten Stückkosten ist zur Herstellung

◆ des Produkts A die Maschine III und

◆ der anderen Produkte die Maschine I

einsetzen.

Die Maschine I wird zum Engpass, da sie nicht über eine Kapazität von

$$800 \text{ Stück} \cdot 5 \text{ Min./Stück} = 4 000 \text{ Min.}$$
$$2 000 \text{ Stück} \cdot 4 \text{ Min./Stück} = 8 000 \text{ Min.}$$
$$900 \text{ Stück} \cdot 6 \text{ Min./Stück} = \underline{5 400 \text{ Min.}}$$
$$17 400 \text{ Min.}$$

verfügt. Bei der Entlastung der Maschine I um 7 800 Minuten ist so vorzugehen, dass die spezifischen Mehrkosten, die bei der Fertigungsverlagerung pro frei werdende Engpass-minute anfallen, am geringsten sind.

Produkt	Engpass-entlastung (Min./Stück)	Mehrkosten bei Fertigungsverlagerung auf			
		Maschine II		Maschine III	
		absolute Mehrkosten (€/Stück)	spezifische Mehrkosten (€/Min.)	absolute Mehrkosten (€/Stück)	spezifische Mehrkosten (€/Min.)
B	5	1,00	0,20	2,60	0,52
C	4	2,40	0,60	4,00	1,00
D	6	1,10	0,18	6,00	1,00

Es ist also am kostengünstigsten, die Maschine I zunächst durch Fertigungsverlagerung von Produkt D auf die Maschine II um 5 400 Minuten zu entlasten. Das danach noch vor-handene Kapazitätsdefizit von 2 400 Minuten wird dadurch ausgeglichen, dass 480 Stück des Produkts B ebenfalls auf der Maschine II gefertigt werden.

Die optimale Maschinenbelegung, bei der die variablen Gesamtkosten minimiert sind, sieht also so aus:

Produkt	Maschine I			Maschine II			Maschine III		
	Prod.-menge (Stück)	Fertigungs-zeit (Min./Monat)	variable Gesamtkosten (€/Monat)	Prod.-menge (Stück)	Fertigungs-zeit (Min./Monat)	variable Gesamtkosten (€/Monat)	Prod.-menge (Stück)	Fertigungs-zeit (Min./Monat)	variable Gesamtkosten (€/Monat)
A							1 000	5 000	12 000,00
B	320	1 600	2 240,00	480	1 920	3 840,00			
C	2 000	8 000	11 200,00						
D				900	4 275	8 550,00			
Summen		9 600	13 440,00		6 195	12 390,00		5 000	12 000,00

Jede andere Maschinenbelegung würde höhere variable Gesamtkosten als 37 830,00 € ergeben.

3.3.5 Aufgaben und Lösungen zum Lernabschnitt 3.3

3.3.5.1 Aufgaben

Aufgabe 1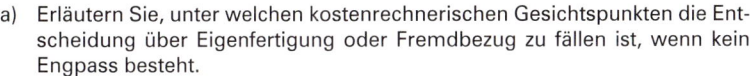

Ein Industriebetrieb benötigt jährlich 5 000 Stück eines bestimmten Zubehörteils, das für 6,50 € je Stück von einem Lieferanten bezogen werden kann. Dieses Zubehörteil könnte aber auch in Eigenfertigung hergestellt werden.

a) Erläutern Sie, unter welchen kostenrechnerischen Gesichtspunkten die Entscheidung über Eigenfertigung oder Fremdbezug zu fällen ist, wenn kein Engpass besteht.

b) Auf einer extra zu beschaffenden Maschine könnte der Betrieb das Zubehörteil selbst fertigen. Die Investitionen belaufen sich auf 91 000,00 €, die linear über eine voraussichtlich 7-jährige Nutzungsdauer abzuschreiben sind. Neben 860,00 € für die jährliche Wartungspauschale sind kalkulatorische Zinsen in Höhe von 8 % zu berücksichtigen. Die variablen Stückkosten belaufen sich auf 4,00 €. Prüfen Sie, ob die Eigenfertigung unter Berücksichtigung der anfallenden fixen Kosten lohnend ist.

c) Ermitteln Sie die kritische Produktionsmenge, von der an die Eigenfertigung günstiger ist als der Fremdbezug dieses Zubehörteils.

Aufgabe 2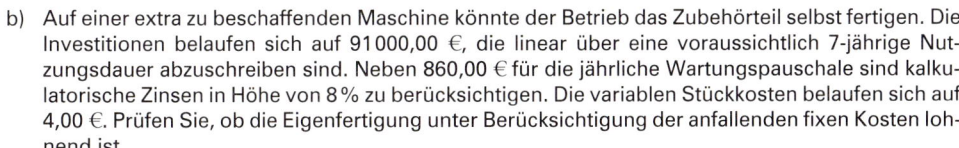

Ein Unternehmen arbeitet in einer Kostenstelle an der Kapazitätsgrenze. Bisher wurde eine Produktart gefertigt, die einen Deckungsbeitrag von 35,00 €/Stück bringt und den Engpass 10 Minuten/Stück beansprucht.

Prüfen Sie, ob es im Hinblick auf die angestrebte Gewinnmaximierung ratsam ist, das bisherige Produkt durch ein neues mit einem Verkaufspreis von 135,40 €/Stück + USt zu ersetzen, wenn aus der **Vorkalkulation** für das neue Produkt folgende Daten vorliegen:

Materialeinzelkosten	40,00 €/Stück
variable Materialgemeinkosten	10 % der Materialeinzelkosten
Fertigungslöhne	50,00 €/Stück
variable Fertigungsgemeinkosten	40 % der Fertigungslöhne
variable Verwaltungs- und Vertriebsgemeinkosten	10 % der variablen Herstellkosten
Engpassbelastung	5 Minuten/Stück

Aufgabe 3

Eine Kostenstelle arbeitet an der Kapazitätsgrenze. Die Unternehmensleitung möchte dennoch ein neues Produkt in das Sortiment aufnehmen, das diese Kostenstelle 10 Minuten/Stück beansprucht und variable Kosten in Höhe von 24,00 €/Stück verursacht. Da die Kapazität dieser Kostenstelle kurzfristig nicht zu erhöhen ist, müsste die Produktion eines anderen Artikels eingeschränkt werden, der diese Kostenstelle 12 Minuten/Stück beansprucht und dessen Deckungsbeitrag 9,00 €/Stück beträgt.

Zu welchem Nettopreis müsste das neue Produkt mindestens verkauft werden können, damit die Sortimentsänderung das Betriebsergebnis verbessert?

Aufgabe 4

Für einen Industriebetrieb gelten folgende Daten:

Produkte	A	B
absetzbare Mengen im Monat (Stück)	1 800	750
Netto-Verkaufspreis pro Stück	200,00 €	240,00 €
variable Stückkosten	120,00 €	140,00 €
Bearbeitungszeit in Minuten pro Stück	5	8

Die Kapazitätsgrenze der Maschine, auf der beide Produkte gefertigt werden, liegt bei 160 Stunden/Monat. Die monatlichen Fixkosten belaufen sich auf 120 000,00 €. Ermitteln Sie das optimale Produktions- und Absatzprogramm sowie das maximal zu erzielende Betriebsergebnis.

Aufgabe 5 >

Ein Industriebetrieb produziert fünf Artikel, über die folgende Zahlen vorliegen:

Artikel	Umsatzerlös pro Stück	Variable Kosten pro Stück	Maximale Absatzmenge im Monat (Stück)	Fertigungszeit (Minuten/Stück)
A	238,00 €	190,00 €	750	30
B	476,00 €	410,00 €	1 250	60
C	180,00 €	165,00 €	3 750	12
D	290,00 €	245,00 €	750	45
E	99,00 €	84,00 €	12 000	10

Die monatlichen Fixkosten betragen 200 000,00 €. Die monatliche Fertigungskapazität ist auf 3 000 Stunden begrenzt.

a) Ermitteln Sie das optimale Produktions- und Absatzprogramm sowie das maximal zu erzielende Betriebsergebnis.

b) Gehen Sie davon aus, dass aus sortimentspolitischen Gründen von jedem Artikel mindestens 100 Stück angeboten werden sollen, und berechnen Sie das optimale Sortiment und das dazugehörige Betriebsergebnis unter dieser Voraussetzung.

Aufgabe 6 >

In der Textilwerke AG werden pro Tag 3000 Garnituren Bettwäsche hergestellt und zum Preis von 40,00 €/Stück + USt verkauft. Dabei fallen 26,00 €/Garnitur variable Stückkosten und 28000,00 € pro Tag fixe Kosten an.

a) Bei welcher Menge (Stück/Tag) liegt die Gewinnschwelle?

b) Auf wie viel Stück muss die Absatzmenge steigen, wenn ein Preisnachlass von 10% von der Vertriebsabteilung angestrebt wird und der Gewinn gleich bleiben soll? (Eine Mehrproduktion ist möglich.)

Aufgabe 7 >

Über einen Artikel, dessen Einführung erwogen wird, liegen folgende Zahlen vor:

– dem Artikel direkt zurechenbare Fixkosten	100000,00 €/Monat
– variable Kosten	18,00 €/Stück
– Umsatzerlös	23,00 €/Stück
– voraussichtliche maximale Absatzmenge	15000 Stück/Monat

Prüfen Sie, ob die Einführung dieses Artikels zu empfehlen ist.

Aufgabe 8 >

Ein Unternehmen, das nur eine Produktart herstellt und absetzt, benötigt für jedes Stück davon an Fertigungsmaterial 4 kg zu 2,50 €/kg. Das Unternehmen rechnet mit 5% variablen Materialgemeinkosten. Die Bearbeitung erfordert je Stück 6 Minuten bei einem Fertigungsstundenlohn von 12,00 €. Die variablen Fertigungsgemeinkosten betragen 0,30 €/Stück. Die fixen Material- und Fertigungsgemeinkosten belaufen sich auf insgesamt 11300,00 €/Monat. Die Verwaltungs- und Vertriebsgemeinkosten betragen 16300,00 €/Monat und sind in voller Höhe fix. Der Zielverkaufspreis beträgt 13,79 €/Stück + USt. Zu berücksichtigen ist, dass alle Ausgangsrechnungen unter Abzug von 3% Skonto beglichen werden.

Wie viel Stück müssten produziert und verkauft werden, um einen Betriebsgewinn von 6900,00 €/Monat zu erzielen?

Aufgabe 9 >

Ein Industriebetrieb produzierte und vertrieb im letzten Monat 1000 Stück seiner einzigen Produktart und wies im BAB diese Zahlen aus:

Kostenstellen / Kostenarten	Material	Fertigung	Verwaltung und Vertrieb
Einzelkosten	600000,00 €	150000,00 €	
Gemeinkosten			
– fixe	20000,00 €	50000,00 €	25000,00 €
– proportionale	100000,00 €	75000,00 €	0,00 €

Die Kapazitätsgrenze dieses Betriebes liegt bei 2000 Stück. Der Netto-Verkaufspreis beträgt 1050,00 €/Stück.

a) Berechnen Sie

    (1) die kurzfristige Preisuntergrenze,
    (2) die langfristige Preisuntergrenze.

b) Geben Sie an, bei welcher Stückzahl die gewinnmaximale Ausbringungsmenge liegt.

c) Errechnen Sie die monatliche Produktions- und Absatzmenge, bei der eine Umsatzrendite von 3% erzielt wird.

Aufgabe 10 >

Einem Unternehmen, das drei Produktarten herstellt und vertreibt, liegen diese Zahlen vor:

Produkte	Absatzmengen (Stück/Monat)	Umsatzerlöse (€/Stück)	Variable Kosten (€/Stück)
A	9 000	20,00	14,00
B	5 000	12,00	9,00
C	20 000	24,00	19,80

Die monatlichen Fixkosten belaufen sich auf 119 850,00 €.

Ermitteln Sie mit Hilfe des Deckungsgrads den Break-even-Umsatz.

Aufgabe 11 >

In einem Einproduktunternehmen fallen bei der Herstellung und beim Vertrieb von 3000 Stück Gesamtkosten in Höhe von 75 000,00 € an. Hierin sind 30 000,00 € fixe Kosten enthalten. Nach Verkauf der hergestellten Menge wird ein Betriebsverlust von 12 000,00 € festgestellt.

a) Stellen Sie die Kostenkurve und die Umsatzerlöskurve bis zur Kapazitätsgrenze (5500 Stück) grafisch dar.

b) Überprüfen Sie rechnerisch die Gewinnschwelle.

c) Ermitteln Sie den Beschäftigungsgrad bei der Produktion von 3000 Stück.

Aufgabe 12 >

Ein Betrieb, der nur eine einzige Produktart herstellt und vertreibt, braucht als Angebotsmonopolist keine Rücksicht auf Konkurrenten zu nehmen. Man rechnet mit der Preis-Absatzfunktion $p = 9 - 0,01x$ und mit der Kostenfunktion $K = 800 + 2x$.

$p = 9 - 0,01 x$ bedeutet, dass zwischen dem Preis und der Absatzmenge x folgender Zusammenhang besteht:

Absatzmenge (Stück)	Preis (€/Stück)
0	9,00
100	8,00
200	7,00
300	6,00
400	5,00
500	4,00
600	3,00
700	2,00
800	1,00

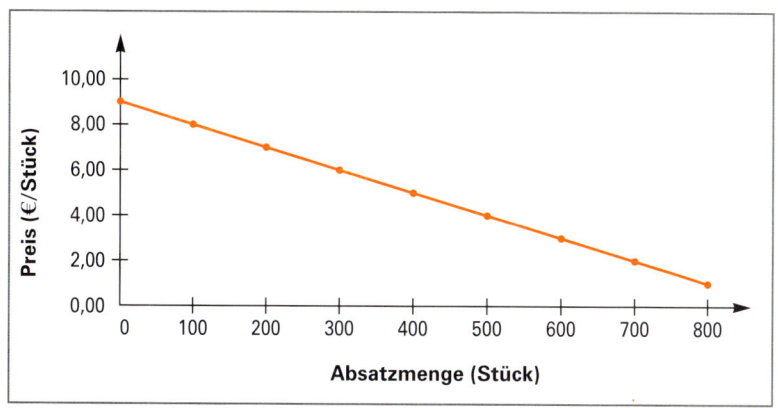

Ermitteln Sie mit Hilfe der Differenzialrechnung oder durch Ergänzung dieser Tabelle die optimale Produktions- und Absatzmenge (die den höchsten Gewinn bringt).

Menge (Stück)	Umsatzerlöse (€)	Kosten (€)	Betriebsergebnis (€)
0			
100			
200			
250			
300			
350			
400			
450			
500			

Aufgabe 13 >

In einem Industriebetrieb fallen folgende Zahlen an:

variable Kosten	40,00 €/Stück
Umsatzerlöse	60,00 €/Stück
fixe Kosten bis zu einer Menge von 3999 Stück	50 000,00 €
fixe Kosten ab einer Menge von 4000 Stück	90 000,00 €

a) Ergänzen Sie diese Tabelle:

Stück	Fixe Kosten (€)	Variable Kosten (€)	Gesamtkosten (€)	Umsatzerlöse (€)
0				
1 000				
2 000				
3 000				
4 000				
5 000				
6 000				

b) Zeichnen Sie mit Ausnahme der variablen Kosten alle Zahlen der vorstehenden Tabelle in ein Koordinatensystem ein:

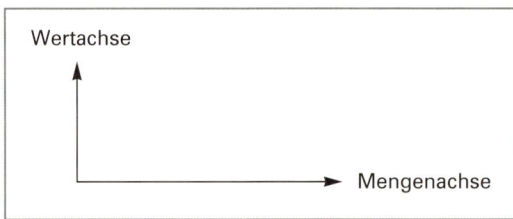

c) Bestimmen Sie die Stückzahlen bei den Gewinnschwellen (Nutzenschwellen) rechnerisch.

Aufgabe 14 >

In einem Einproduktunternehmen fallen monatliche Fixkosten in Höhe von 1 500 000,00 € an. Im letzten Monat wurde mit einer Produktions- und Absatzmenge von 2 400 Stück (= 60 % der Kapazität) ein Betriebsgewinn von 420 000,00 € erzielt. Alle Kunden werden zum Preis von 2 800,00 €/Stück + USt beliefert.

a) Berechnen Sie

   1. die variablen Stückkosten bei linearem Gesamtkostenverlauf,
   2. die Gewinnschwellenmenge.

b) Ein Unternehmensberater hält das Produktionsverfahren für veraltet. Er erarbeitet ein Konzept, dessen Umsetzung wie folgt aussehen würde:

Produktions- und Absatzmenge (Stück/Monat)	0	1 000	2 000	3 000	4 000
Gesamtkosten (€/Monat)	2 700 000	4 300 000	5 900 000	7 500 000	9 100 000

Berechnen Sie den Kapazitätsauslastungsgrad, ab dem sich die Umsetzung des Beraterkonzepts lohnt.

Aufgabe 15 >

Ein Unternehmen, das nur eine Produktart herstellt und zum Preis von 12,60 €/Stück + USt absetzt, ermittelte bei einer Produktions- und Absatzmenge von 4 000 Stück in der Rechnungsperiode

Aufwendungen von insgesamt	36 000,00 €
– davon neutrale in Höhe von	5 000,00 €
(Kostenträger-)Einzelkosten von insgesamt	10 000,00 €
Herstellkosten von insgesamt	26 000,00 €
Verwaltungs- und Vertriebskosten von insgesamt	16 000,00 €
kalkulatorische Kosten von insgesamt	11 000,00 €
variable Herstellkosten pro Stück von	2,50 €
variable Verwaltungs- und Vertriebskosten pro Stück von	0,50 €

a) Wie viel Euro beträgt das Betriebsergebnis der Rechnungsperiode?

b) Das Unternehmen berechnete den Preis (p) von 12,60 €/Stück nach der Formel p = k + g, wobei k die vollen Stückkosten sind und g ein Gewinnzuschlag ist. Mit welchem Gewinnzuschlag g (in €/Stück und in %) hat das Unternehmen kalkuliert?

c) Bei welcher Stückzahl liegt die Gewinnschwelle?

d) Wie viel Euro betragen die variablen Gemeinkosten und die Fixkosten in der Rechnungsperiode?

Aufgabe 16 >

Für den nächsten Monat rechnet die Vertriebsleitung eines Unternehmens mit dem Absatz von 4000 Stück einer Handelsware.

Der Nettoangebotspreis soll 139,00 €/Stück betragen.
Der Listeneinkaufspreis beträgt 85,00 €/Stück.
Die Bezugskosten belaufen sich auf 2,20 €/Stück.
Die sonstigen variablen Kosten betragen 7,65 €/Stück.
Der Lieferer gewährt 3 % Skonto und einen Wiederverkäuferrabatt von 4 %.
Die direkt zurechenbaren Fixkosten für diesen Artikel betragen 93000,00 €/Monat.

a) Ermitteln Sie den Deckungsbeitrag pro Stück für diesen Artikel.

b) Berechnen Sie aufgrund der vorliegenden Daten die Gewinnschwellenmenge.

c) Ermitteln Sie aufgrund der obigen Daten den Deckungsgrad (= die Deckungsbeitrags-Umsatz-Rate = DBU-Rate).

d) Für den übernächsten Monat plant das Unternehmen eine Preissenkung auf 129,00 €/Stück. Um wie viel Stück müsste dann der Absatz erhöht werden, wenn das Periodenergebnis des Vormonats wieder erzielt werden soll?

Aufgabe 17 >

Die Planerfolgsrechnung zeigt bei einer Produktions- und Absatzmenge von 30000 Stück folgendes Bild:

	Betrag (in €)	Variabler Kosten-anteil in %
Umsatzerlöse	180000,00	
Materialkosten	39375,00	80
Fertigungslöhne	6000,00	100
Fertigungsgemeinkosten	52000,00	60
Verwaltungsgemeinkosten	15575,00	0
Vertriebsgemeinkosten	38250,00	40
Selbstkosten	151200,00	
Betriebsergebnis	28800,00	

a) Ermitteln Sie die Gewinnschwellenmenge.

b) Ermitteln Sie die Produktions- und Absatzmenge, bei der ein Betriebsgewinn von 30000,00 € erwirtschaftet wird.

c) Angenommen, die variablen Kosten je Stück steigen um 10 % und die Fixkosten bleiben unverändert. Berechnen Sie die Preiserhöhung, die notwendig ist, damit das gleiche Ergebnis wie unter b) erwirtschaftet wird.

Aufgabe 18 >

Ein Industriebetrieb stellt drei verschiedene Produkte her. Für die kommende Periode plant der Betrieb Fixkosten von 2325000,00 € und variable Kosten von

42,00 €/Stück der Produktart A,
40,00 €/Stück der Produktart B und
38,00 €/Stück der Produktart C.

Für die Umsatzplanung werden folgende Daten zugrunde gelegt:

Produktart	A	B	C
Preis (€/Stück)	75,00	70,00	60,00
Absatzmenge (Stück)	25 000	50 000	25 000

Ermitteln Sie

a) die Plan-Umsatzrentabilität,

b) den geplanten Break-even-Umsatz.

Aufgabe 19 >

Ein Unternehmen rechnet mit der Preis-Absatz-Funktion p = 4000 − 8x und erstellt danach dieses Gewinnschwellendiagramm:

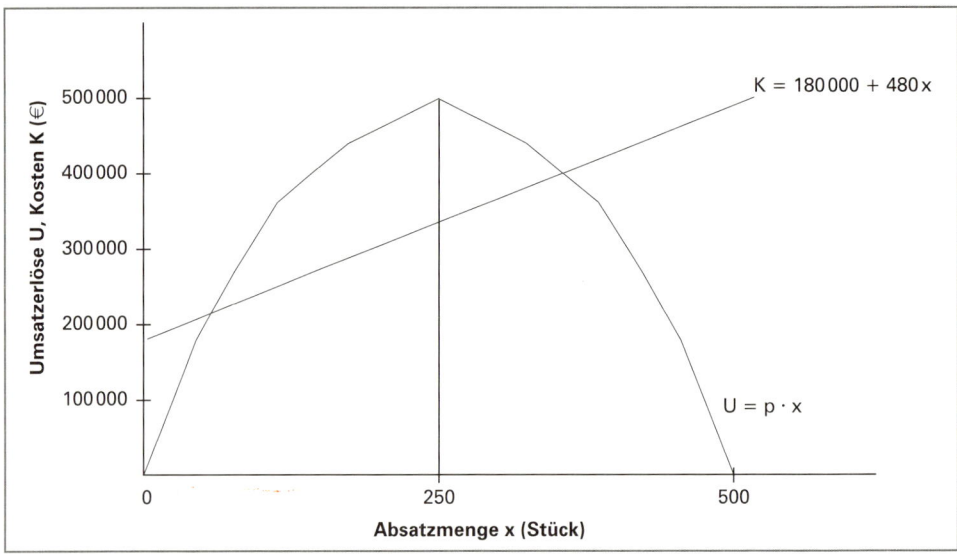

Ermitteln Sie die Absatzmengen

a) für das Gewinnmaximum (Lösunghinweis: Grenzerlös = 4000 − 16x),

b) für die Gewinnschwelle (Nutzenschwelle) und die Gewinngrenze (Nutzengrenze).

Aufgabe 20 >

Ein Industriebetrieb verfügt über drei Maschinen, die zur Bearbeitung der Erzeugnisse A und B geeignet sind. Die Maschinen I und II sind ältere Anlagen mit vergleichsweise niedrigem Mechanisierungsgrad, während die Maschine III erst kürzlich angeschafft wurde und dem neuesten technischen Standard entspricht. Daher unterscheiden sich auch die Kosten dieser drei Maschinen:

K^{I} = 12 000 (€/Monat) + 1,50 (€/Minute) · x (Minuten/Monat)
K^{II} = 15 000 (€/Monat) + 1,40 (€/Minute) · x (Minuten/Monat)
K^{III} = 20 000 (€/Monat) + 1,20 (€/Minute) · x (Minuten/Monat)

Alle drei Maschinen stehen jeweils 200 Stunden im Monat zur Verfügung und werden von den zwei Produktarten wie folgt beansprucht:

Maschine / Produkt	I	II	III
A	15 Min./Stück	8 Min./Stück	6 Min./Stück
B	20 Min./Stück	20 Min./Stück	10 Min./Stück

Bestimmen Sie die optimale Maschinenbelegung, wenn

a) 1 000 Stück des Produkts A und 400 Stück des Produkts B,

b) 2 000 Stück des Produkts A und 800 Stück des Produkts B

gefertigt werden sollen und nennen Sie jeweils die Summe der gesamten Maschinenkosten.

Aufgabe 21 >

Ein Unternehmen fertigt zwei Arten von Produkten. Dafür stehen wahlweise drei Maschinen zur Verfügung. Monatlich werden vom Produkt A 5 000 Stück und vom Produkt B 1 700 Stück benötigt.

Kapazität und Kapazitätsbeanspruchung sowie die variablen Kosten der Maschinen ergeben sich aus folgender Tabelle:

Maschine	Kapazität (Min./Monat)	Beanspruchung (Min./Stück)		variable Kosten (€/Min.)
		Produkt A	Produkt B	
I	10 800	5	7	3,00
II	10 800	4	6	2,70
III	10 800	2	4	2,30

Ermitteln Sie

a) die variablen Stückkosten, die für jedes Produkt auf jeder Maschine anfallen,

b) die optimale Maschinenbelegung,

c) die variablen Gesamtkosten bei optimaler Maschinenbelegung.

Aufgabe 22 >

a) Ein Unternehmen kann monatlich von der Produktart

   A: 1 500 Stück zum Preis von 40,00 €/Stück
   B: 1 000 Stück zum Preis von 50,00 €/Stück

absetzen. Die Produkte können wahlweise auf drei verschiedenen Maschinen (I, II oder III) gefertigt werden, für die diese Kostenfunktionen vorliegen:

$$K^I = 5 000,00 \ (\text{€/Monat}) + 1,90 \ (\text{€/Minute})$$
$$K^{II} = 15 000,00 \ (\text{€/Monat}) + 1,70 \ (\text{€/Minute})$$
$$K^{III} = 20 000,00 \ (\text{€/Monat}) + 1,50 \ (\text{€/Minute})$$

Kapazität und Belastung der Maschinen durch die beiden Produktarten ergeben sich aus dieser Tabelle:

Maschine	Kapazität	Produktart A	Produktart B
I	180 Stunden/Monat	10 Min./Stück	12 Min./Stück
II	180 Stunden/Monat	8 Min./Stück	10 Min./Stück
III	180 Stunden/Monat	6 Min./Stück	8 Min./Stück

Bestimmen Sie die optimale (= kostenminimale) Maschinenbelegung.

b) Die nachstehende Tabelle gibt eine Übersicht über das vollständige Sortiment dieses Unternehmens:

Produktart ⇒	A	B	C
Absatzmenge	1500 Stück/Monat	1000 Stück/Monat	900 Stück/Monat
Netto-Verkaufspreise	40,00 €/Stück	50,00 €/Stück	35,00 €/Stück
variable Kosten	18,00 €/Stück	28,00 €/Stück	24,00 €/Stück
Fixkosten	59000,00 €/Monat		

Ermitteln Sie

(1) den Deckungsgrad,

(2) den Deckungsumsatz.

Aufgabe 23

Von fünf Bauteilen werden monatlich jeweils 2000 Stück benötigt. Das Unternehmen kann nur einen Teil davon selbst produzieren, weil ein Fertigungsengpass von 336 Stunden im Monat besteht. Entscheiden Sie zwischen Eigenfertigung und Fremdbezug, wenn noch folgende Angaben zu berücksichtigen sind:

Bauteil	Fertigungszeit bei Eigen-fertigung (Minuten/Stück)	Variable Kosten bei Eigen-fertigung (€/Stück)	Fremdbezugspreis (€/Stück)
A	3	3,00	5,40
B	4	4,00	6,76
C	5	7,50	10,25
D	6	6,00	9,60
E	7	6,50	11,40

3.3.5.2 Lösungen

Aufgabe 1

a) Die fixen Kosten spielen dann [anders als im Fall b)] bei der Entscheidung keine Rolle, weil sie so oder so in gleicher Höhe anfallen. Deshalb sind nur die bei Eigenfertigung anfallenden variablen Herstellkosten pro Stück mit dem Einstandspreis bei Fremdbezug zu vergleichen.

b) Der Fremdbezug für 6,50 €/Stück ist günstiger, weil die vollen Stückkosten bei Eigenfertigung 7,50 € betragen:

kalkulatorische Abschreibungen pro Jahr 13000,00 €
Wartungskosten pro Jahr 860,00 €
kalkulatorische Zinsen pro Jahr 3640,00 €

17500,00 € : 5000 Stück = 3,50 €/Stück
+ variable Stückkosten 4,00 €/Stück

7,50 €/Stück

c) Berechnung der kritischen Menge: $K_f + k_v \cdot x = p_{FB} \cdot x \Rightarrow 17500 + 4x = 6,50x$
$\Rightarrow x = 7000$ (Stück)

Aufgabe 2

Relativer Deckungsbeitrag des alten Produkts $= \dfrac{35{,}00 \text{ €/Stück}}{10 \text{ Minuten/Stück}} = 3{,}50 \text{ €/Minute}$

Vorkalkulation des neuen Produkts:

Materialeinzelkosten	40,00 €
variable Materialgemeinkosten	4,00 €
Fertigungslöhne	50,00 €
variable Fertigungsgemeinkosten	20,00 €
variable Herstellkosten	114,00 €
variable Verwaltungs- und Vertriebsgemeinkosten	11,40 €
variable Selbstkosten	125,40 €

Relativer Deckungsbeitrag des neuen Produkts $= \dfrac{10{,}00 \text{ €/Stück}}{5 \text{ Minuten/Stück}} = 2{,}00 \text{ €/Minute}$

Es ist in diesem Fall nicht ratsam, das bisherige Produkt durch das neue zu ersetzen!

Aufgabe 3

Den variablen Stückkosten des neuen Produkts muss der beim anderen Artikel wegfallende relative Deckungsbeitrag als Opportunitätskosten hinzugerechnet werden:

$24{,}00 \text{ €/Stück} + \dfrac{9{,}00 \text{ €/Stück}}{12 \text{ Minuten/Stück}} \cdot 10 \text{ Minuten/Stück} = 31{,}50 \text{ €/Stück}$

Der Netto-Verkaufspreis des neuen Produkts müsste 31,50 €/Stück übersteigen.

Aufgabe 4

Produkte	A	B
absoluter Deckungsbeitrag (€/Stück)	80,00	100,00
relativer Deckungsbeitrag (€/Minute)	16,00	12,50
Rang	I	II
optimale Produktionsmenge (Stück/Monat)	1 800	75
Kapazitätsbeanspruchung (Stunden/Monat)	150	10
Deckungsbeiträge (€/Monat)	144 000,00	7 500,00

Maximaler Betriebsgewinn in der Abrechnungsperiode: 151 500,00 € – 120 000,00 € = 31 500,00 €.

Aufgabe 5

a)

Artikel	Deckungs- beitrag pro Stück	Relativer Deckungsbeitrag (pro Minute)	Rang	Produktions- menge (Stück/Monat)	Fertigungs- dauer (Minuten/Monat)	Deckungs- beitrag im Monat
A	48,00 €	1,60 €	I	750	22 500	36 000,00 €
B	66,00 €	1,10 €	IV	0	–	–
C	15,00 €	1,25 €	III	3 125	37 500	46 875,00 €
D	45,00 €	1,00 €	V	0	–	–
E	15,00 €	1,50 €	II	12 000	120 000	180 000,00 €
				Summen:	180 000	262 875,00 €
					– Fixkosten	200 000,00 €
					Betriebsgewinn	62 875,00 €

b)

Artikel	Deckungs-beitrag pro Stück	Relativer Deckungsbeitrag (pro Minute)	Rang	Produktions-menge (Stück/Monat)	Fertigungs-dauer (Minuten/Monat)	Deckungs-beitrag im Monat
A	48,00 €	1,60 €	I	750	22 500	36 000,00 €
B	66,00 €	1,10 €	IV	100	6 000	6 600,00 €
C	15,00 €	1,25 €	III	2 250	27 000	33 750,00 €
D	45,00 €	1,00 €	V	100	4 500	4 500,00 €
E	15,00 €	1,50 €	II	12 000	120 000	180 000,00 €
			Summen:		180 000	260 850,00 €
					– Fixkosten	200 000,00 €
					Betriebsgewinn	60 850,00 €

Aufgabe 6

a) $\text{Gewinnschwellenmenge} = \dfrac{\text{Fixkosten}}{\text{Stückdeckungsbeitrag}} = \dfrac{28\,000,00\ \text{€}}{14,00\ \text{€/Stück}} = 2\,000\ \text{Stück}$

b) Der Gewinn bleibt gleich, wenn sich der Deckungsbeitrag nicht ändert:

$14 \cdot 3\,000 = (36 - 26) \cdot x \Rightarrow x = 4\,200\ \text{(Stück)}$

Aufgabe 7

Das Produkt sollte nicht eingeführt werden, weil die Gewinnschwelle erst bei $\dfrac{100\,000,00\ \text{€}}{5,00\ \text{€/Stück}}$ = 20 000 Stück erreicht wird.

Aufgabe 8

Materialeinzelkosten	10,00 €
variable Materialgemeinkosten	0,50 €
Fertigungslöhne	1,20 €
variable Fertigungsgemeinkosten	0,30 €
variable Herstellkosten	12,00 €
variable Verwaltungs- und Vertriebskosten	0,00 €
variable Selbstkosten	12,00 €
Stückdeckungsbeitrag (d)	1,38 €
Barverkaufspreis (netto)	13,38 €

$\dfrac{\text{Fixkosten} + \text{Gewinn}}{\text{d}} = \dfrac{27\,600,00\ \text{€} + 6\,900,00\ \text{€}}{1,38\ \text{€/Stück}} = 25\,000\ \text{Stück}$

Aufgabe 9

a) (1) Die kurzfristige Preisuntergrenze bilden die variablen Selbstkosten von

$\dfrac{600\,000,00\ \text{€} + 100\,000,00\ \text{€} + 150\,000,00\ \text{€} + 75\,000,00\ \text{€}}{1\,000\ \text{Stück}} = 925,00\ \text{€/Stück}.$

(2) Die langfristige Preisuntergrenze gibt an, welchen Preis ein Unternehmen langfristig bei einer bestimmten Beschäftigung noch akzeptieren kann, ohne Verluste hinzunehmen. Die langfristige Preisuntergrenze bilden die vollen Selbstkosten von 1020,00 €/Stück, wenn nur 1 000 Stück produziert und abgesetzt werden.

b) Bei linearem Verlauf sowohl der Umsatzerlöskurve als auch der Kostenkurve und positivem Deckungsbeitrag liegt die gewinnmaximale Ausbringungsmenge an der Kapazitätsgrenze, also bei 2 000 Stück.

c) $0,03 = \dfrac{\text{Gewinn}}{\text{Umsatzerlöse}} = \dfrac{1050x - (95\,000 + 925x)}{1050x} \approx \underline{\underline{1017}}$ (Stück)

Aufgabe 10

Produkte	Umsatzerlöse (€/Monat)	Deckungsbeiträge (€/Monat)
A	180 000,00	54 000,00
B	60 000,00	15 000,00
C	480 000,00	84 000,00
Summen:	720 000,00	153 000,00

$\text{Ø Deckungsfaktor} = \dfrac{153\,000,00\ €}{720\,000,00\ €} = 0,2125$

$\text{Break-even-Umsatz} = \dfrac{119\,850,00\ €}{0,2125} = 564\,000,00\ €$

Aufgabe 11

a) $K = 30\,000 + 15x$
   $U = 21x$

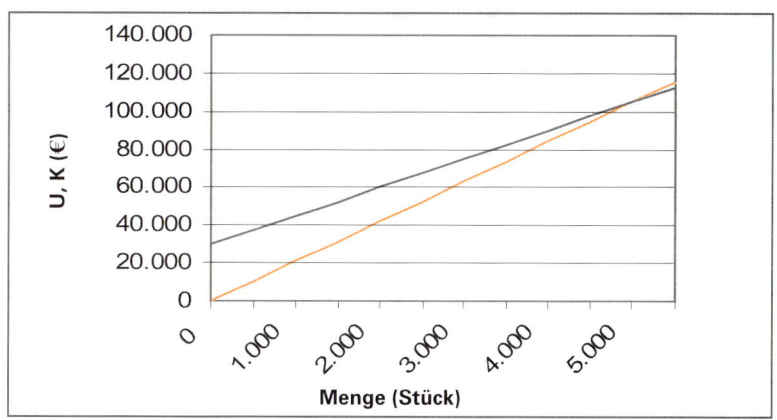

b) $K = U \Rightarrow 30\,000 + 15x = 21x \Rightarrow x = 5\,000$ (Stück)

c) $\dfrac{3\,000\ \text{Stück}}{5\,500\ \text{Stück}} \cdot 100 \approx 55\,\%$

Aufgabe 12

Menge (Stück)	Umsatzerlöse (€)	Kosten (€)	Betriebsergebnis (€)
0	0,00	800,00	− 800,00
100	800,00	1 000,00	− 200,00
200	1 400,00	1 200,00	200,00
250	1 625,00	1 300,00	325,00
300	1 800,00	1 400,00	400,00
350 (optimal)	1 925,00	1 500,00	425,00
400	2 000,00	1 600,00	400,00
450	2 025,00	1 700,00	325,00
500	2 000,00	1 800,00	200,00

9 Scharnweber – ISBN 978-3-8120-0125-0

Schneller geht das mit der Differenzialrechnung: Die optimale Produktions- und Absatzmenge liegt vor, wenn der Umsatzzuwachs (Grenzerlös = U′) nicht kleiner wird als die Kostenzunahme (K′):

$U = p \cdot x = 9x - 0,01x^2$
$U′ = 9 - 0,02x$ und $K′ = 2$
$U′ = K′$
$x = \underline{\underline{350}}$ (Stück)

Aufgabe 13

a)

Stück	Fixe Kosten	Variable Kosten	Gesamtkosten	Umsatzerlöse
0	50 000,00 €	0,00 €	50 000,00 €	0,00 €
1 000	50 000,00 €	40 000,00 €	90 000,00 €	60 000,00 €
2 000	50 000,00 €	80 000,00 €	130 000,00 €	120 000,00 €
3 000	50 000,00 €	120 000,00 €	170 000,00 €	180 000,00 €
4 000	90 000,00 €	160 000,00 €	250 000,00 €	240 000,00 €
5 000	90 000,00 €	200 000,00 €	290 000,00 €	300 000,00 €
6 000	90 000,00 €	240 000,00 €	330 000,00 €	360 000,00 €

b)

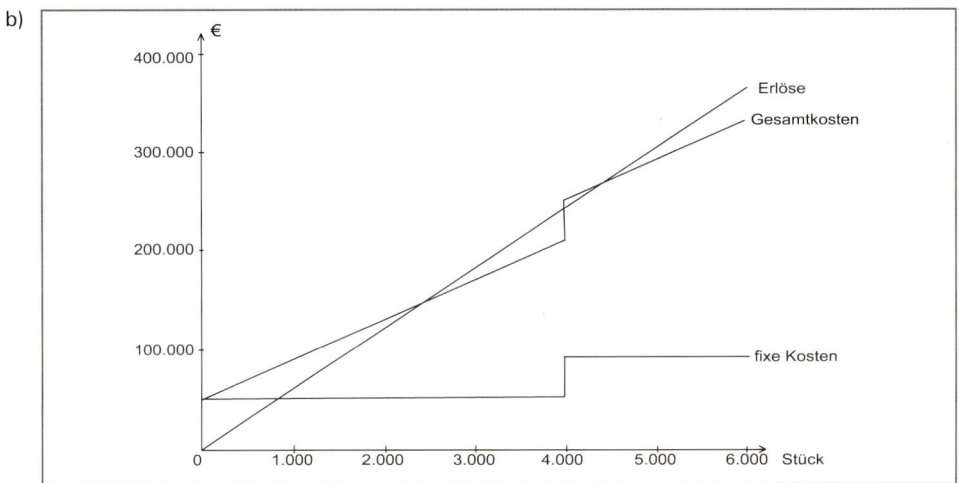

c) $\text{Gewinnschwellen} = \dfrac{\text{Fixkosten}}{\text{Stückdeckungsbeitrag}}$

Gewinnschwelle 1: 2 500 Stück
Gewinnschwelle 2: 4 500 Stück

Aufgabe 14

a) (1) Umsatzerlöse = 2 400 Stück · 2 800,00 €/Stück = 6 720 000,00 €
Umsatzerlöse – Betriebsgewinn – fixe Kosten = variable Gesamtkosten = 4 800 000,00 €

$$\text{variable Stückkosten} = \frac{4\,800\,000,00\ \text{€}}{2\,400\ \text{Stück}} = 2\,000,00\ \text{€/Stück}$$

(2) $\text{Gewinnschwellenmenge} = \dfrac{\text{Fixkosten}}{\text{Stückdeckungsbeitrag}} = \dfrac{1\,500\,000,00\ \text{€}}{800,00\ \text{€/Stück}} = 1\,875\ \text{Stück}$

b) Kostenfunktion in der Ausgangssituation: K = 1 500 000 + 2 000x
Kostenfunktion im Beraterkonzept: K = 2 700 000 + 1 600x
kritische Menge: 1 500 000 + 2 000x = 2 700 000 + 1 600x ⇒ x = 3 000 (Stück)

Die Umsetzung des Beraterkonzepts lohnt sich, wenn mit einer Kapazitätsauslastung über 75 % zu rechnen ist.

Aufgabe 15

a) Umsatzerlöse (4 000 Stück · 12,60 €/Stück)   50 400,00 €
    – Kosten   42 000,00 €
    _____
    Betriebsgewinn   8 400,00 €

42 000,00 € Kosten
= Grundkosten von   31 000,00 € + kalkulatorische Kosten von 11 000,00 €
= Herstellkosten von 26 000,00 € + Verwaltungs- und Vertriebskosten von 16 000,00 €

b) $k = \dfrac{42\,000,00\ \text{€}}{4\,000\ \text{Stück}} = 10,50\ \text{€/Stück}$ ⇒ Aus der Differenz zum Preis von 12,60 €/Stück ergibt sich ein

Gewinnzuschlag von 2,10 €/Stück = 20 %.

c) $\text{Gewinnschwellenmenge} = \dfrac{\text{Fixkosten}}{\text{Stückdeckungsbeitrag}} = \dfrac{30\,000,00\ \text{€}}{9,60\ \text{€/Stück}} = 3\,125\ \text{Stück}$

d)

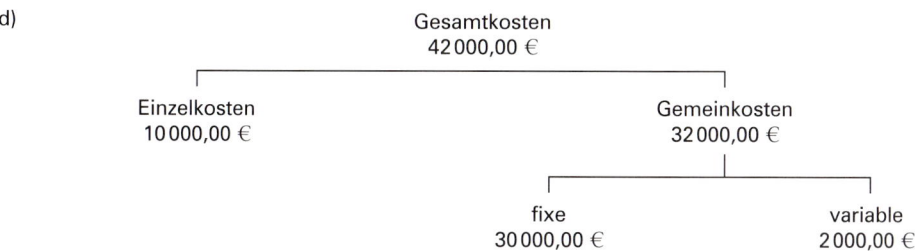

anderer Rechenweg:

variable Stückkosten   3,00 €
– Einzelkosten pro Stück   2,50 €
_____
variable Gemeinkosten pro Stück   0,50 € · 4 000 Stück = 2 000,00 €

Aufgabe 16

a)

Listeneinkaufspreis		85,00 €
− Wiederverkäuferrabatt	4,00 %	3,40 €
= Zieleinkaufspreis		81,60 €
− Liefererskonto	3,00 %	2,45 €
= Bareinkaufspreis		79,15 €
+ Bezugskosten		2,20 €
= Bezugspreis (Einstandspreis)		81,35 €
+ variable Handlungskosten		7,65 €
= variable Selbstkosten		89,00 €
Deckungsbeitrag		50,00 €
Nettoangebotspreis		139,00 €

b) $\text{Gewinnschwellenmenge} = \dfrac{\text{Fixkosten}}{\text{Stückdeckungsbeitrag}} = \dfrac{93\,000,00\ \text{€/Monat}}{50,00\ \text{€/Stück}} = 1\,860\ \text{Stück/Monat}$

c) $\text{DBU-Rate} = \dfrac{50,00\ \text{€/Stück}}{139,00\ \text{€/Stück}} \cdot 100 = 35,97\ \%$

d) alter Deckungsbeitrag pro Stück · alte Absatzmenge =
neuer Deckungsbeitrag pro Stück · neue Absatzmenge (x)
$\Rightarrow 50 \cdot 4\,000 = (129 - 89) \cdot x$
$\Rightarrow x = 5\,000$
Demnach muss die Absatzmenge um 1 000 Stück erhöht werden.

Aufgabe 17

a) $\text{Gewinnschwellen-menge} = \dfrac{\text{Fixkosten}}{\text{Stückdeckungsbeitrag}} = \dfrac{67\,200,00\ \text{€}}{6,00\ \text{€/Stück} - 2,80\ \text{€/Stück}} = 21\,000\ \text{Stück}$

b) $\dfrac{K_f + 30\,000,00\ \text{€}}{d} = \dfrac{97\,200,00\ \text{€}}{3,20\ \text{€/Stück}} = 30\,375\ \text{Stück}$

c) Damit ein Betriebsgewinn von 30 000,00 € erwirtschaftet wird, muss der Deckungsbeitrag von 3,20 €/Stück unverändert bleiben, sodass der Verkaufspreis nach der Erhöhung der variablen Kosten um 0,28 €/Stück von 6,00 €/Stück auf 6,28 €/Stück steigen muss.

Probe:

Umsatzerlöse	6,28 €/Stück · 30 375 Stück	= 190 755,00 €
− Materialkosten	1,05 €/Stück · 30 375 Stück · 1,1 + 7 875,00 € =	42 958,13 €
− Fertigungslöhne	0,20 €/Stück · 30 375 Stück · 1,1 =	6 682,50 €
− Fertigungsgemeinkosten	1,04 €/Stück · 30 375 Stück · 1,1 + 20 800,00 € =	55 549,00 €
− Verwaltungsgemeinkosten	unverändert =	15 575,00 €
− Vertriebsgemeinkosten	0,51 €/Stück · 30 375 Stück · 1,1 + 22 950,00 € =	39 990,38 €
Betriebsgewinn (um einen Cent gerundet)		30 000,00 €

Aufgabe 18

a) $\dfrac{\text{Gewinn}}{\text{Umsatzerlöse}} \cdot 100 = \dfrac{(\text{Umsatzerlöse} - \text{Umsatzkosten}) \cdot 100}{\text{Umsatzerlöse}} = \dfrac{6\,875\,000,00\ \text{€} - 6\,325\,000,00\ \text{€}}{6\,875\,000,00\ \text{€}} \cdot 100 = 8\ \%$

b) $\text{Deckungsfaktor} = \dfrac{\text{Deckungsbeiträge}}{\text{Umsatzerlöse}} = \dfrac{2\,875\,000,00\ \text{€}}{6\,875\,000,00\ \text{€}} = 0,4\overline{18}$

$\text{Deckungsumsatz} = \dfrac{\text{Fixkosten}}{\text{Deckungsfaktor}} = \dfrac{2\,325\,000,00\ \text{€}}{0,4\overline{18}} = 5\,560\,000,00\ \text{€}$

Aufgabe 19

a) Wir bestimmen das Gewinnmaximum durch die Gleichsetzung von Grenzumsatz (U') und Grenz-kosten (K'):

$$4\,000 - 16\,x = 480$$
$$x = 220 \text{ (Stück)}$$

b) Wir bestimmen die Schnittpunkte von Umsatz- und Kostenfunktion:

$$4\,000\,x - 8\,x^2 = 180\,000 + 480\,x$$
$$x^2 - 440\,x = -22\,500$$
$$x^2 - 440\,x + 220^2 = -22\,500 + 220^2 \qquad \text{(quadratische Ergänzung)}$$
$$(x - 220)^2 = 25\,900$$
$$x - 220 = \boxed{\sqrt{25\,900}}$$

$$x_1 = 161 + 220 \qquad = 381 \text{ (Stück): Gewinngrenze}$$
$$x_2 = -161 + 220 \qquad = 59 \text{ (Stück): Gewinnschwelle}$$

Aufgabe 20

a) Bei einer Fertigung auf der Maschine III fallen für beide Produkte die niedrigsten variablen Stück-kosten an:

Produkt	absetzbare Produktions-menge (Stück/Monat)	Maschine I		Maschine II		Maschine III	
		Fertigungs-zeit (Min./Stück)	variable Kosten (€/Stück)	Fertigungs-zeit (Min./Stück)	variable Kosten (€/Stück)	Fertigungs-zeit (Min./Stück)	variable Kosten (€/Stück)
A	1 000	15	22,50	8	11,20	6	7,20
B	400	20	30,00	20	28,00	10	12,00
variable Kosten (€/Minute)		1,50		1,40		1,20	

Die Kapazität der Maschine III reicht für die Fertigung der absetzbaren Produktionsmengen $(1\,000 \cdot 6 + 400 \cdot 10 < 200 \cdot 60)$ aus, sodass für die Produktion ausschließlich diese Maschine ein-gesetzt werden sollte.

Die Maschinenkosten betragen insgesamt 59 000,00 €/Monat, wovon 47 000,00 € fix sind.

b) Im Hinblick auf die spezifischen Mehrkosten bei Produktionsverlagerung:

		Mehrkosten bei Fertigungsverlagerung auf			
		Maschine I		Maschine II	
Produkt	Engpass-entlastung (Min./Stück)	absolute Mehrkosten (€/Stück)	spezifische Mehrkosten (€/Minute)	absolute Mehrkosten (€/Stück)	spezifische Mehrkosten (€/Minute)
A	6	15,30	2,55	4,00	0,67
B	10	18,00	1,80	16,00	1,60

zeigt die nachstehende Tabelle die optimale Lösung:

Produkt	Maschine I			Maschine II			Maschine III		
	Prod.-menge (Stück)	Fertigungszeit (Min./Monat)	variable Gesamtkosten (€/Monat)	Prod.-menge (Stück)	Fertigungszeit (Min./Monat)	variable Gesamtkosten (€/Monat)	Prod.-menge (Stück)	Fertigungszeit (Min./Monat)	variable Gesamtkosten (€/Monat)
A				1334	10672	14940,80	666	3996	4795,20
B							800	8000	9600,00
Summen					10672	14940,80		11996	14395,20

Die Maschinenkosten betragen insgesamt 76336,00 €/Monat.

Sie können die Aufgabe mit dem Tabellenkalkulationsprogramm Microsoft Excel lösen, indem Sie diese Zahlen und Formeln eingeben:

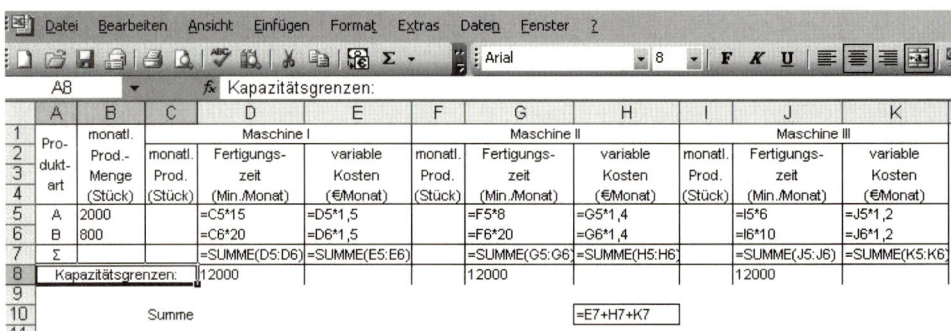

Danach klicken Sie im Menü „Extras" auf „Solver". (Wird der Solver dort nicht angezeigt, klicken Sie auf „Add-Ins".) Um für die Zielzelle (H10) den minimalen Wert zu definieren, klicken Sie auf „Min". Als „veränderbare Zellen" geben Sie die Zellen C5 bis C6; F5 bis F6 und I5 bis I6 ein.

Als Nebenbedingungen fügen Sie hinzu:

1. Die in der Spalte B genannte Produktionsmenge ist die Summe der von den einzelnen Maschinen gefertigten Stücke, z. B. B5 = C5 + F5 + I5.

2. Die Produktionsmengen können nicht kleiner als null und sollen ganzzahlig sein.

3. Die Fertigungszeit der Maschinen kann die Kapazitätsgrenze nicht überschreiten, also z. B. D7 ≤ D8.

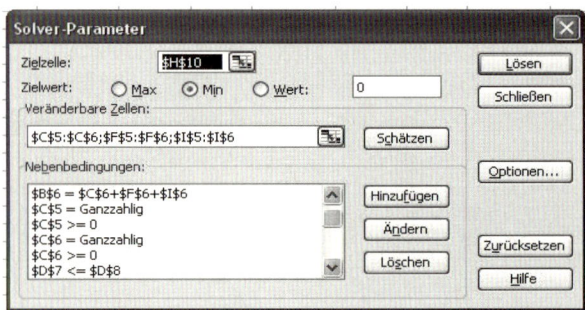

Dann klicken Sie auf „Lösen" und danach (um die Ergebnisse im Arbeitsblatt zu erhalten) auf „Lösung verwenden". Excel bestimmt die optimale Maschinenbelegung und weist in der Zelle H10 das Minimum der monatlichen variablen Gesamtkosten aus.

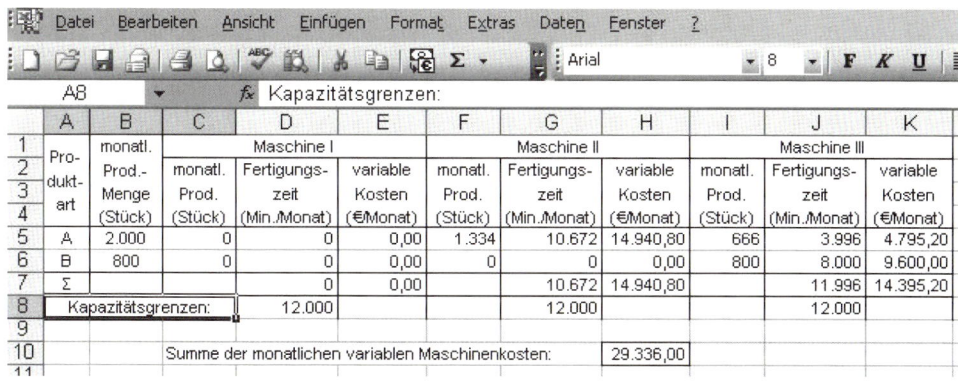

	A	B	C	D	E	F	G	H	I	J	K
1		monatl.		Maschine I			Maschine II			Maschine III	
2	Pro-	Prod.-	monatl.	Fertigungs-	variable	monatl.	Fertigungs-	variable	monatl.	Fertigungs-	variable
3	dukt-	Menge	Prod.	zeit	Kosten	Prod.	zeit	Kosten	Prod.	zeit	Kosten
4	art	(Stück)	(Stück)	(Min./Monat)	(€/Monat)	(Stück)	(Min./Monat)	(€/Monat)	(Stück)	(Min./Monat)	(€/Monat)
5	A	2.000	0	0	0,00	1.334	10.672	14.940,80	666	3.996	4.795,20
6	B	800	0	0	0,00	0	0	0,00	800	8.000	9.600,00
7	Σ		0	0	0,00		10.672	14.940,80		11.996	14.395,20
8	Kapazitätsgrenzen:			12.000			12.000			12.000	
9											
10			Summe der monatlichen variablen Maschinenkosten:					29.336,00			
11											

Aufgabe 21

a)

Maschine	variable Stückkosten	
	Produkt A	Produkt B
I	15,00 €	21,00 €
II	10,80 €	16,20 €
III	4,60 €	9,20 €

b) Wenn wegen der Kapazitätsgrenze nicht beide Produktarten auf der kostengünstigeren Maschine III gefertigt werden können (2 Min. · 5000 + 4 Min. · 1700 > 10 800 Min.), entstehen Mehrkosten:

Produkt	Mehrkosten der		spezifische Mehrkosten der	
	Maschine I	Maschine II	Maschine I	Maschine II
A	10,40 €/Stück	6,20 €/Stück	5,20 €/Stück	3,10 €/Stück
B	11,80 €/Stück	7,00 €/Stück	2,95 €/Stück	1,75 €/Stück

Die optimale Maschinenbelegung erfolgt so, dass bei einer Fertigung auf I und/oder II die geringsten spezifischen Mehrkosten anfallen:

Produkt	Maschine I		Maschine II		Maschine III	
	(Stück/Monat)	(Min./Monat)	(Stück/Monat)	(Min./Monat)	(Stück/Monat)	(Min./Monat)
A					5000	10000
B			1500	9000	200	800

c) Die variablen Gesamtkosten betragen

$$5000 \text{ Stück}_A \cdot 4,60 \text{ €/Stück}_A = 23\,000,00 \text{ €}$$
$$200 \text{ Stück}_B \cdot 9,20 \text{ €/Stück}_B = 1\,840,00 \text{ €}$$
$$1500 \text{ Stück}_B \cdot 16,20 \text{ €/Stück}_B = 24\,300,00 \text{ €}$$
$$\underline{\phantom{1500 \text{ Stück}_B \cdot 16,20 \text{ €/Stück}_B = }49\,140,00 \text{ €}}$$

Aufgabe 22

a) Gut wäre es, wenn alle Produkte auf der Maschine III mit den geringsten Grenzkosten produziert werden könnten. Das lässt allerdings deren Kapazität nicht zu:

$$1\,500 \text{ Stück}_A \cdot 6 \text{ Min./Stück}_A = 9\,000 \text{ Minuten}$$
$$1\,000 \text{ Stück}_B \cdot 8 \text{ Min./Stück}_B = 8\,000 \text{ Minuten}$$
$$17\,000 \text{ Minuten} > 10\,800 \text{ Minuten}$$

Bei Verlagerung der Produktion auf die zweitgünstigste Maschine II fallen Mehrkosten

für Produktart A von (13,60 €/Stück – 9,00 €/Stück) 4,60 €/Stück
für Produktart B von (17,00 €/Stück – 12,00 €/Stück) 5,00 €/Stück

an. Es ist jedoch zu bedenken, dass bei Verlagerung der Produktion die Maschine III um 6 bzw. 8 Minuten je Stück entlastet wird. Deshalb sollte die Produktart B mit den geringeren spezifischen Mehrkosten (0,625 €/Minute) – soweit nötig – auf der Maschine II gefertigt werden. So ergibt sich diese optimale Maschinenbelegung:

	Maschine III		Maschine II	
	Produktion im Monat	Laufzeit im Monat	Produktion im Monat	Laufzeit im Monat
Produktart A	1 500 Stück	9 000 Minuten	—	—
Produktart B	225 Stück	1 800 Minuten	775 Stück	7 750 Minuten

b)

Produktart	A	B	C	
Umsatzerlöse (€/Monat)	60 000,00 €	50 000,00 €	31 500,00 €	141 500,00 €
variable Kosten (€/Monat)	27 000,00 €	28 000,00 €	21 600,00 €	76 600,00 €
Deckungsbeitrag (€/Monat)	33 000,00 €	22 000,00 €	9 900,00 €	64 900,00 €
Deckungsgrad	(Anteil des Deckungsbeitrags am Umsatz)			45,87 %

c) Deckungsumsatz (€/Monat) $= \dfrac{\text{Fixkosten}}{\text{Deckungsfaktor}} = \dfrac{59\,000,00 \text{ €/Monat}}{0,4587} \approx 128\,624,00 \text{ €}$

Aufgabe 23

Die Entscheidung zwischen Eigenfertigung und Fremdbezug fällt hier anhand der spezifischen (relativen) Mehrkosten bei Fremdbezug (die beim Fremdbezug möglichst niedrig sein sollen) oder – anders formuliert – anhand der relativen Kostenvorteile bei Eigenfertigung (die bei Eigenfertigung möglichst hoch sein sollen):

Bauteil	absolute Mehrkosten bei Fremdbezug = absolute Kostenvorteile bei Eigenfertigung (€/Stück)	relative Mehrkosten bei Fremdbezug = relative Kostenvorteile bei Eigenfertigung (€/Minute)
A	2,40	0,80
B	2,76	0,69
C	2,75	0,55
D	3,60	0,60
E	4,90	0,70

Optimal ist also diese Lösung:

Bauteil	Eigenfertigung (Stück)	Kapazitätsbeanspruchung (Minuten)	Fremdbezug (Stück)
A	2000	6000	
B	40	160	1960
C			2000
D			2000
E	2000	14000	
Kapazitätsgrenze:		20160	

3.4 Mehrstufige Deckungsbeitragsrechnungen

3.4.1 Mehrstufige Deckungsbeitragsrechnung mit Grenzkosten

Unter der Überschrift „Die verflixte Deckungsbeitragsrechnung" schrieb Claus Henniger am 1. Februar 1978 in der FAZ (Frankfurter Allgemeine Zeitung):

> Unternehmer Maier hadert mit seinem Schicksal. Sein Unternehmen hat Konkurs anmelden müssen. Wie hatte es nur dazu kommen können, obwohl er doch bravouröse unternehmerische Leistungen vorweisen konnte? Gewiß, er hat wegen der harten Konkurrenz all die Jahre hindurch seine Preise nicht erhöhen können. Dennoch hat er es geschafft, die enormen Kostenerhöhungen der letzten Jahre zu bewältigen. Er ist stolz darauf. Er hat auch mit Freude beobachtet, daß seine Produkte ständig neue Freunde fanden; sein Absatz ist von Jahr zu Jahr gestiegen.
>
> Doch mit der Rezession kamen die ersten Schwierigkeiten. Maier hat einen schlimmen Verdacht: Er fürchtet, den Fehler seines Lebens gemacht zu haben, als er sich für die Deckungsbeitragsrechnung als Führungsinstrument für sein Unternehmen entschied. ...

Henniger erinnert an den Nestor der modernen Betriebswirtschaftslehre, Eugen Schmalenbach, der bereits im Jahr 1899 darauf hingewiesen hat, dass fixe und variable Kosten in der Kalkulation unterschiedlich behandelt werden müssen. Henniger stellt fest, dass die Deckungsbeitragsrechnung in der Tat eines der besten Lenkungsinstrumente ist, das die Betriebswirtschaft entwickelt hat, dass sie aber auch einen gravierenden Nachteil aufweist:

> Eine der entscheidenden Aussagen der Deckungsbeitragsrechnung ist nämlich, daß es sich lohne, Produkte zu fertigen, solange der Deckungsbeitrag positiv ist. Denn in diesem Falle trägt jeder noch so kleine Beitrag, der über die Deckung der variablen Kosten hinausgeht, zur Deckung der fixen Kosten oder gar zum Gewinn bei. Aber eine zweite, nicht minder wichtige Konsequenz lautet: Bevor überhaupt von Gewinn gesprochen werden kann, müssen erst sämtliche fixen Kosten abgedeckt, muß also die „Gewinnschwelle" des Unternehmens überschritten sein. ...
>
> Steigen die variablen Kosten, beispielsweise die direkt zurechenbaren Löhne, und macht der Wettbewerb Preiserhöhungen unmöglich, dann bewirken diese Mehrkosten sinkende Stückdeckungsbeiträge. Einen Ausgleich kann das Unternehmen dann in einer steigenden Absatzmenge finden ... Ähnlich verhält es sich mit einem Anstieg der fixen Kosten, der sich in einer Anhebung der Gewinnschwelle äußert. Unter den

gegebenen Voraussetzungen ist bei steigenden Kosten Rentabilität immer erst bei höheren Absatz- und Umsatzzahlen zu erreichen.

Das bedeutet: Je stärker die Deckungsbeiträge je Stück schrumpfen, um so stärker muß der Umsatz forciert werden. Dieses Konzept geht auf, solange Mengenkonjunktur herrscht. Doch wenn die Konjunktur umschlägt, ist für viele Unternehmen der Weg in die Umsatzexpansion versperrt. Schon geringe Absatzeinbußen genügen dann, um dauerhafte Verluste entstehen zu lassen.

Unternehmer Maier macht der Deckungsbeitragsrechnung heute den Vorwurf, sie habe ihm in der Hochkonjunktur den bequemen Weg in die Umsatzsteigerung gewiesen, ohne ihn zugleich vor der Fragwürdigkeit dieser Politik bei einer anderen Marktsituation zu warnen.

Als Konsequenz daraus wollen wir den Fixkosten stärkere Beachtung schenken. Das geschieht durch eine mehrstufige Deckungsbeitragsrechnung, die auch als stufenweise Fixkostendeckungsrechnung bezeichnet wird.

Zur Darstellung der **stufenweisen Fixkostendeckungsrechnung** betrachten wir einen Industriebetrieb mit einem sehr engen Produktionsprogramm: Lediglich 8 Erzeugnisarten werden hergestellt, von denen jeweils 2 eine Erzeugnisgruppe bilden. Jeweils zwei Erzeugnisgruppen bilden einen Produktbereich (Betriebsbereich) des Unternehmens:

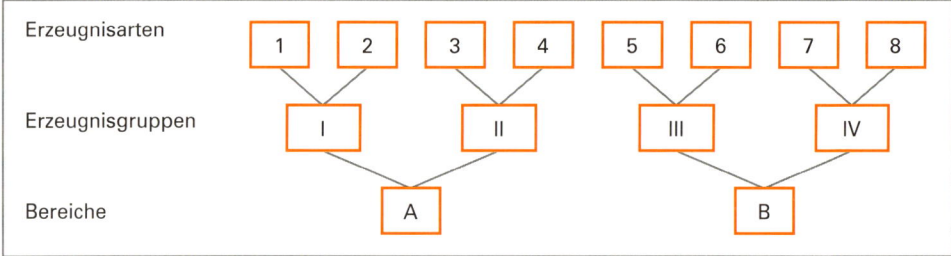

Für den letzten Monat liegen folgende Informationen vor:

Erzeugnis-art	Produktions- und Absatzmenge (Stück)	Preis (€/Stück)	Umsatzerlöse (€)	Variable Stückkosten (€)	Variable Umsatzkosten (€)
1	2 000	65,00	130 000,00	30,00	60 000,00
2	300	90,00	27 000,00	40,00	12 000,00
3	1 000	39,00	39 000,00	35,00	35 000,00
4	500	78,00	39 000,00	55,00	27 500,00
5	8 000	12,50	100 000,00	10,00	80 000,00
6	1 000	49,00	49 000,00	39,00	39 000,00
7	2 000	29,00	58 000,00	25,00	50 000,00
8	1 500	18,00	27 000,00	15,00	22 500,00

Die fixen Kosten von insgesamt 107000,00 € werden aufgeschlüsselt:

Erzeugnisarten	1	2	3	4	5	6	7	8
Umsatzerlöse	130000	27000	39000	39000	100000	49000	58000	27000
variable Umsatzkosten	60000	12000	35000	27500	80000	39000	50000	22500
Deckungsbeitrag	70000	15000	4000	11500	20000	10000	8000	4500
Erzeugnisarten-fixkosten	5000	–	–	–	6000	–	–	–
Rest-Deckungsbeitrag I*	65000	15000	4000	11500	14000	10000	8000	4500
Rest-Deckungsbeitrag je Erzeugnisgruppe	80000		15500		24000		12500	
Erzeugnisgruppen-fixkosten	15000		5000		10000		3000	
Rest-Deckungsbeitrag II	65000		10500		14000		9500	
Rest-Deckungsbeitrag je Bereich	75500				23500			
Bereichsfixkosten	30000				25000			
Rest-Deckungsbeitrag III	45500				– 1500			
Rest-Deckungsbeitrag der Unternehmung	44000							
Unternehmens-fixkosten	8000							
Betriebsgewinn	36000							

* Wenn die obige Differenz zwischen Umsatzerlösen und variablen Umsatzkosten als Deckungsbeitrag I bezeichnet wird, dann ist der Rest-Deckungsbeitrag I der Deckungsbeitrag II.

Keine Erzeugnisart weist einen negativen Deckungsbeitrag auf, sodass kurzfristig, d.h. ohne Änderung der Kapazität, alle Erzeugnisarten weiter hergestellt werden sollten.

Darüber hinaus erkennen wir jetzt:

◆ Wenn Preiserhöhungen und Kostensenkungen nicht zu erwarten sind, empfiehlt sich langfristig, d.h. mit einer Kapazitätsänderung, die Aufgabe des Bereichs B, da hierdurch – **unter der Voraussetzung, dass die zugerechneten Fixkosten abbaubar sind** – der Betriebsgewinn um 1500,00 € gesteigert werden kann.

Die stufenweise Fixkostendeckungsrechnung hätte den Unternehmer Maier davor bewahren können, mit seinen viel zu großen Kapazitäten ziemlich verloren auf der grünen Wiese zu stehen.

Die Kalkulation in der stufenweisen Fixkostendeckungsrechnung erfolgt

retrograd zur Bestimmung des Stückerfolgs z.B. der Erzeugnisart 1

	%	€/Stück
Preis		65,00
– variable Kosten		30,00
Deckungsbeitrag		**35,00**
– Erzeugnisartenfixkosten (bezogen auf den DB der Erzeugnisart 1) $\frac{5\,000 \cdot 100}{70\,000}$	7,14	2,50
Rest-Deckungsbeitrag I		**32,50**
– Erzeugnisgruppenfixkosten (bezogen auf den Rest-DB der Erzeugnisgruppe I) $\frac{15\,000 \cdot 100}{80\,000}$	18,75	6,09
Rest-Deckungsbeitrag II		**26,41**
– Bereichsfixkosten (bezogen auf den Rest-DB des Bereichs A) $\frac{30\,000 \cdot 100}{75\,500}$	39,74	10,50
Rest-Deckungsbeitrag III		**15,91**
– Unternehmensfixkosten (bezogen auf den Rest-DB der Unternehmung) $\frac{8\,000 \cdot 100}{44\,000}$	18,18	2,89
Gewinn		**13,02**

progressiv zur Ermittlung der vollen Stückkosten z.B. der Erzeugnisart 1

	%	€/Stück
variable Kosten		30,00
+ Erzeugnisartenfixkosten (bezogen auf die variablen Kosten der Erzeugnisart 1) $\frac{5\,000 \cdot 100}{60\,000}$	8,33	2,50
+ Erzeugnisgruppenfixkosten (bezogen auf die variablen Kosten der Erzeugnisgruppe I) $\frac{15\,000 \cdot 100}{72\,000}$	20,83	6,25
+ Bereichsfixkosten (bezogen auf die variablen Kosten des Bereichs A) $\frac{30\,000 \cdot 100}{134\,500}$	22,30	6,69
+ Unternehmensfixkosten (bezogen auf die gesamten variablen Kosten) $\frac{8\,000 \cdot 100}{326\,000}$	2,45	0,74
volle Kosten		**46,18**

Die vollen Stückkosten sind in diesen beiden Rechnungen nicht identisch, weil wir unterschiedliche Bezugsgrößen für die Verrechnung der fixen Kosten gewählt haben. Es ist allerdings müßig, darüber zu diskutieren, ob die fixen Kosten auf die Deckungsbeiträge oder auf die variablen Kosten bezogen werden sollten, weil auch die mehrstufige Deckungsbeitragsrechnung die fixen Kosten nicht verursachungsgerecht einer Kostenträgereinheit zurechnen kann.

3.4.2 Mehrstufige Deckungsbeitragsrechnung mit relativen Einzelkosten

Wenn vom „Deckungsbeitrag" die Rede ist, sollte man sich vergewissern, dass die Gesprächspartner darunter das Gleiche verstehen. Es muss nicht die Differenz zwischen Umsatzerlösen und variablen Kosten gemeint sein; es kann sich auch um die Differenz zwischen Umsatzerlösen und Einzelkosten handeln.

In der Grenzkostenrechnung haben wir neben den Kostenträger-Einzelkosten auch variable Gemeinkosten auf einzelne Leistungseinheiten verteilt. Dagegen lehnt Paul Riebel (Einzelkosten- und Deckungsbeitragsrechnung, Grundfragen einer markt- und entscheidungsorientierten Unternehmensrechnung) jede Gemeinkostenschlüsselung ab, weil er das Verursachungsprinzip konsequent beachtet. Er rechnet nur die Kostenträger-Einzelkosten einzelnen Leistungseinheiten zu und zerlegt die Gesamtheit der Kostenträger-Gemeinkosten so, dass er die Teilbeträge ohne Schlüsselung anderer Bezugsgrößen als so genannte relative Einzelkosten zuordnen kann, z.B. manche Kostenträger-Gemeinkosten einzelnen Kostenstellen.

Diese Zuordnung erfolgt in einer Grundrechnung, in der die Kostenarten zu Kostenkategorien zusammengefasst sind. Zur Veranschaulichung betrachten wir eine Grundrechnung im Kostensammelbogen auf der nächsten Seite. Wenn wir die dazugehörigen Umsatzerlöse für die vier Erzeugnisarten dazunehmen, können wir diesen Deckungsbeitrag I (in Tsd. €) ermitteln:

Erzeugnisgruppen	A		B	
Erzeugnisarten	A1	A2	B1	B2
Umsatzerlöse	2 100	3 200	2 700	2 300
– variable Kostenträger-Einzelkosten	741	1 490	1 774	2 080
Deckungsbeitrag I	1 359	1 710	926	220

Je nach Rechnungsziel werden nun weitere Deckungsbeiträge gebildet, bis sich am Ende der so genannte Periodenbeitrag in Höhe von 300 Tsd. € ergibt. Diese Rechnung soll hier allerdings nicht dargestellt werden, weil nach dem Rahmenplan für Bilanzbuchhalter nur die Fixkostendeckungsrechnung durchzuführen ist.

Hier sei nur darauf hingewiesen, dass der Deckungsbeitrag I in der mehrstufigen Deckungsbeitragsrechnung mit relativen Einzelkosten größer ist als der in einer Fixkostendeckungsrechnung, weil von den Umsatzerlösen keine variablen Kostenträger-Gemeinkosten abgezogen werden.

Grundrechnung im Kostensammelbogen
(Beträge in Tsd. €)

Kostenkategorien und Kostenarten	Kostenart	Kostenstellen – Fertigung FI	FII	Vertrieb	Verwaltung	Kostenträger A1	A2	B1	B2	Gesamtsumme
variable Kosten – absatzabhängige Kosten	Provisionen					30	40	74	80	224
	Ausgangsfrachten			10						10
variable Kosten – erzeugungsabhängige Kosten	Fertigungsmaterial					700	1430	1700	2000	5830
	Lizenzgebühren					11	20			31
fixe Kosten – Perioden-einzelkosten	Löhne/Gehälter inkl. soziale Abgaben	780	690	710	800					2980
fixe Kosten – Perioden-Gemeinkosten	Büromaterial			30	50					80
	Werbekosten					40		65		105
	Teil der kalk. Zinsen		18							18
	Steuern, Beiträge		240							240
	Fremdreparaturen	10	15							25
	Beratungskosten				50					50
	Abschreibungen	120	95	65	85					365
ausgabenferne Perioden-Gemeinkosten	Zuführungen zu Rückstellungen			20						20
nicht ausgabenwirksame Kosten	Teil der kalk. Zinsen			12						12
	kalk. Unternehmerlohn			10						10
Gesamtkosten			3810			2271		3919		10000

Zurechnungsobjekte (Bezugsgrößen)

3.4.3 Aufgaben und Lösungen zum Lernabschnitt 3.4

3.4.3.1 Aufgaben

Aufgabe 1 >

Die Produktpalette eines Betriebes besteht aus den Erzeugnisarten A_1, A_2 und A_3 der Produktgruppe A, den Erzeugnisarten B_1 und B_2 der Produktgruppe B und der Erzeugnisart C. Die Verkaufspreise der einzelnen Produkte kann der Betrieb aufgrund des starken Wettbewerbs nicht erhöhen.

Außerdem liegen folgende Angaben vor:

Erzeugnis- arten	Preis (€/Stück)	Menge (Stück/Monat)	Variable Kosten (€/Stück)	Erzeugnisartenfixkosten (€/Monat)
A_1	24,00	11 000	20,00	48 000,00
A_2	20,00	15 000	16,00	40 000,00
A_3	28,00	8 000	22,00	30 000,00
B_1	32,00	7 000	28,00	16 000,00
B_2	40,00	5 000	28,00	50 000,00
C	30,00	9 000	20,00	70 000,00

Die Unternehmensfixkosten betragen 100 000,00 €/Monat. Weitere Fixkosten fallen an in Höhe von 16 000,00 €/Monat für die Produktgruppe A und 10 000,00 €/Monat für die Produktgruppe B.

a) Nennen Sie je zwei Beispiele für

    (1) Erzeugnis(arten)fixkosten,
    (2) Erzeugnisgruppenfixkosten,
    (3) Unternehmensfixkosten.

b) Ermitteln Sie das Betriebsergebnis dieses Betriebes in einer stufenweisen Fixkostendeckungs- rechnung.

c) Nennen Sie vier Maßnahmen dieses Betriebes zur Verbesserung des Betriebsergebnisses.

Aufgabe 2 >

Ein Industriebetrieb umfasst die Produktionsbereiche A und B und produziert im Bereich B auf einer Fertigungsstraße die Erzeugnisarten B_1, B_2 und B_3. Die jeweiligen Durchlaufzeiten sind dabei unter- schiedlich.

Für den letzten Monat liegen folgende Angaben vor:

Erzeugnisarten	B_1	B_2	B_3
hergestellte und abgesetzte Menge (Stück/Monat)	300	240	270
Kapazität der Fertigungsstraße (Stück/Stunde)	6	3	4,5
Fertigungszeit (Stunden/Monat)	50	80	60
Materialeinzelkosten (€/Stück)	280,00	240,00	420,00
Nettoverkaufspreis (€/Stück)	520,00	640,00	812,00

Die variablen Kosten der Fertigungsstraße betragen 900,00 € je Betriebsstunde. Die Fixkosten im Bereich B betragen 52 000,00 €/Monat. Der Rest-Deckungsbeitrag I im Bereich A (nach Abzug der Bereichsfixkosten) beläuft sich auf 40 000,00 €/Monat. 80 000,00 €/Monat fallen an Unternehmensfixkosten an.

a) Ermitteln Sie mit Hilfe der mehrstufigen Deckungsbeitragsrechnung für den letzten Monat das Betriebsergebnis.

b) Infolge eines Maschinenschadens stehen der Fertigung für den Produktionsbereich B vorübergehend nur noch 150 Stunden/Monat Fertigungskapazität zur Verfügung. Ermitteln Sie die neuen Fertigungsstückzahlen unter dem Aspekt der Gewinnmaximierung. Gehen Sie dabei von folgenden maximalen Absatzmengen aus:

Erzeugnisart B_1 480 Stück/Monat
Erzeugnisart B_2 180 Stück/Monat
Erzeugnisart B_3 225 Stück/Monat

c) Der Maschinenschaden ist behoben. Gleichzeitig wurde durch eine Neuinvestition die Fertigungskapazität erhöht, sodass kein betrieblicher Engpass mehr besteht. Dadurch stiegen die Fixkosten im Bereich B auf 60 000,00 €/Monat. Die variablen Fertigungskosten je Stück haben sich nicht geändert. Die unter b genannten Absatzbeschränkungen bleiben bestehen, aber es besteht die Möglichkeit, für die Erzeugnisart B_3 einen **Zusatzauftrag** hereinzunehmen. Der potenzielle Käufer garantiert eine Abnahme von 135 Stück, verlangt jedoch, dass der Preis auf 660,00 €/Stück gesenkt wird. Durch die Produktionsausweitung ist es möglich, die Materialeinzelkosten auf 400,00 €/Stück zu senken. Entscheiden Sie, ob der Zusatzauftrag angenommen werden soll und ermitteln Sie den Rest-Deckungsbeitrag I des Bereichs B im Falle der Annahme.

Aufgabe 3 >

Vergleichen Sie die mehrstufige Deckungsbeitragsrechnung mit relativen Einzelkosten mit der stufenweisen Fixkostendeckungsrechnung, indem Sie

(1) die Gemeinsamkeit,
(2) einen Vorzug,
(3) einen Mangel

darstellen.

3.4.3.2 Lösungen

Aufgabe 1

a) (1) Erzeugnis(arten)fixkosten: z. B. Spezialwerkzeuge, Lizenzgebühren
                                       (unabhängig von der Stückzahl)
   (2) Erzeugnisgruppenfixkosten: z. B. Forschungs- und Entwicklungskosten
   (3) Unternehmensfixkosten: z. B. Kosten für Pförtnerei und Kantine

b)

Erzeugnisarten	A_1	A_2	A_3	B_1	B_2	C
Umsatzerlöse	264 000,00 €	300 000,00 €	224 000,00 €	224 000,00 €	200 000,00 €	270 000,00 €
– variable Kosten	220 000,00 €	240 000,00 €	176 000,00 €	196 000,00 €	140 000,00 €	180 000,00 €
Deckungsbeitrag	44 000,00 €	60 000,00 €	48 000,00 €	28 000,00 €	60 000,00 €	90 000,00 €
– Erzeugnisfixkosten	48 000,00 €	40 000,00 €	30 000,00 €	16 000,00 €	50 000,00 €	70 000,00 €
Rest-Deckungsbeitrag I	– 4 000,00 €	20 000,00 €	18 000,00 €	12 000,00 €	10 000,00 €	20 000,00 €
Erzeugnisgruppenfixkosten	16 000,00 €			10 000,00 €		
Rest-Deckungsbeitrag II	18 000,00 €			12 000,00 €		20 000,00 €
Unternehmensfixkosten	100 000,00 €					
Betriebsergebnis	–50 000,00 €					

c) – Senkung der Fixkosten z. B. durch Zukauf von preisgünstigeren Einzelteilen (Outsourcing)
   – Reduzierung der variablen Kosten z. B. durch Einsparungen beim Einkauf von Rohstoffen
   – Eliminierung der Produktvariante A_1, wenn der Deckungsbeitrag nicht erhöht werden kann und die Erzeugnisfixkosten abzubauen sind
   – Absatzförderung der Produktvariante B_2, weil sie den höchsten Stückdeckungsbeitrag hat

Aufgabe 2

a)

Produktionsbereiche				
A	B			
	Erzeugnisarten:	B_1	B_2	B_3
	Nettoverkaufspreis (€/Stück)	520,00	640,00	812,00
	– Materialeinzelkosten (€/Stück)	280,00	240,00	420,00
	– variable Fertigungskosten (€/Stück)	150,00	300,00	200,00
	Deckungsbeiträge pro Stück (€)	90,00	100,00	192,00
	Deckungsbeiträge im Monat (€)	27 000,00	24 000,00	51 840,00
	Summe der Deckungsbeiträge im Monat (€)	102 840,00		
	– monatliche Fixkosten im Bereich B (€)	52 000,00		
40 000,00	Rest-Deckungsbeiträge I	50 840,00		
	Summe der Rest-Deckungsbeiträge I	90 840,00		
	– Unternehmensfixkosten	80 000,00		
	Betriebsgewinn	10 840,00		

b)

Erzeugnisarten:	B_1	B_2	B_3
absoluter Deckungsbeitrag (€/Stück)	90,00	100,00	192,00
Kapazität (Stück/Stunde)	6	3	4,5
relativer Deckungsbeitrag (€/Stunde)	540,00	300,00	864,00
Rang	II	III	I
optimale Produktionsmenge (Stück/Monat)	480	60	225

c) Der Zusatzauftrag ist anzunehmen, weil er einen zusätzlichen Deckungsbeitrag bringt.

Zusatzauftrag für Erzeugnisart B_3:			
Nettoverkaufspreis (€/Stück)	660,00		
– Materialeinzelkosten (€/Stück)	400,00		
– variable Fertigungskosten (€/Stück)	200,00		
d (€/Stück)	60,00		
Deckungsbeitrag der 135 Stück B_3 (€/Monat)			8 100,00
d_{alt} der Erzeugnisart B_3 (€/Stück)		192,00	
d_{neu} der Erzeugnisart B_3 (€/Stück)		212,00	
D der 225 Stück B_3 (€/Monat)	(212 · 225)		47 700,00
+ D der 480 Stück B_1 (€/Monat)	(90 · 480)		43 200,00
+ D der 180 Stück B_2 (€/Monat)	(100 · 180)		18 000,00
D insgesamt (€/Monat)			117 000,00
– Bereichsfixkosten (€/Monat)			60 000,00
Rest-Deckungsbeitrag I von B (€/Monat)			57 000,00

10 Scharnweber – ISBN 978-3-8120-0125-0

Aufgabe 3

(1) Die Rechnungen sind formal gleich: Von den Umsatzerlösen werden stufenweise jene Kosten abgezogen, die Gemeinkosten der Leistungseinheiten oder fixe Kosten sind.

(2) Ein Vorzug der Deckungsbeitragsrechnung mit relativen Einzelkosten ist die eindeutige und widerspruchsfreie Zuordnung der Kosten.

(3) Ein Mangel der Deckungsbeitragsrechnung mit relativen Einzelkosten besteht darin, dass die variablen Stückkosten unbekannt sind, die zur Lösung vieler Entscheidungsprobleme herangezogen werden müssen.

4 Normal- und Plankostenrechnung

4.1 Normalkostenrechnung

Vor einer Darstellung der Normalkostenrechnung fassen wir die Ausführungen zur Istkostenrechnung zusammen:

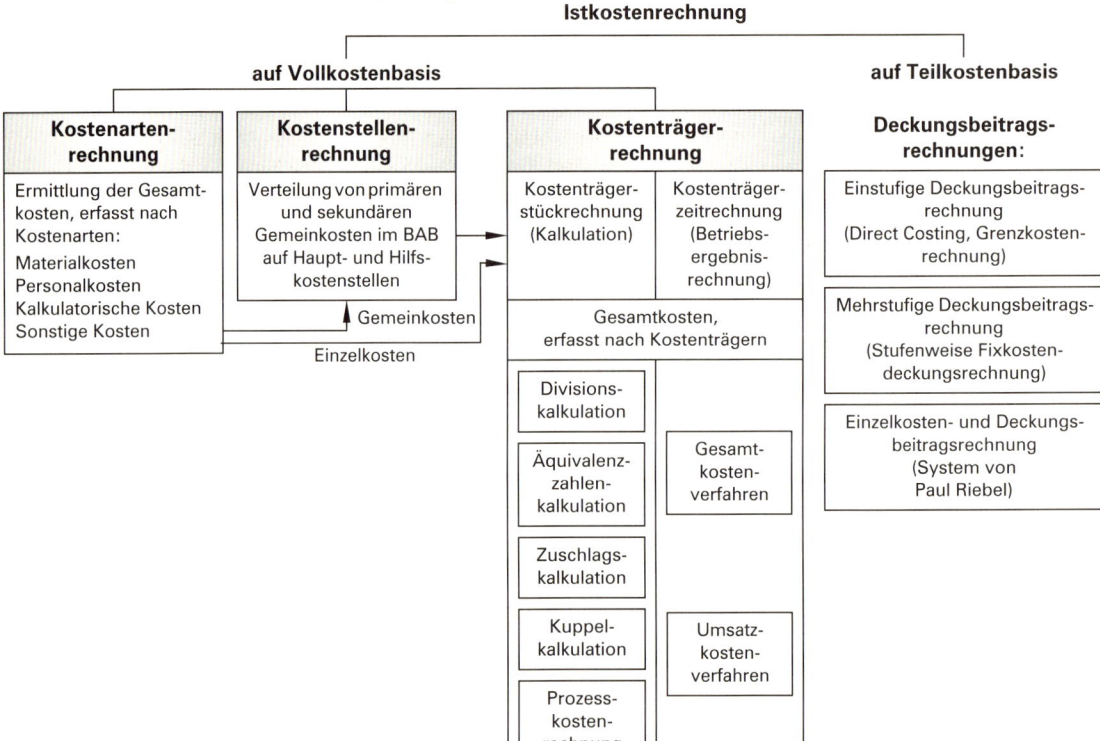

Am Anfang unserer Beschäftigung mit der Kosten- und Leistungsrechnung von Industriebetrieben stand dieses Angebot:

Sehr geehrte Damen und Herren,

wir bedanken uns für Ihre Anfrage und beantworten Ihre Fragen wie folgt:

Der Preis ab Werk beträgt 180,00 €/Stück + Umsatzsteuer. Bei Abnahme von mindestens 100 Stück gewähren wir einen Mengenrabatt von 10 %.

Zahlbar innerhalb von 10 Tagen nach Rechnungsdatum abzüglich 2 % Skonto oder innerhalb 30 Tagen netto Kasse.

Dem Angebotspreis liegt folgende Rechnung zugrunde:

Selbstkosten	147,00 €
+ Gewinn (8 %)	11,76 €
Barverkaufspreis	158,76 €
+ Kundenskonto (2 %)	3,24 €
Zielverkaufspreis	162,00 €
+ Kundenrabatt (10 %)	18,00 €
Listenverkaufspreis (netto)	**180,00 €**

So wurden die Selbstkosten von 147,00 € kalkuliert:

Materialeinzelkosten		56,40 €
+ Materialgemeinkosten	11 %	6,20 €
Fertigungslöhne		20,00 €
+ Fertigungsgemeinkosten	175 %	35,00 €
Herstellkosten		117,60 €
+ Verwaltungsgemeinkosten	13 %	15,29 €
+ Vertriebsgemeinkosten	12 %	14,11 €
Selbstkosten		147,00 €

Wenn man den Angebotspreis auf der Grundlage einer Vollkostenrechnung festlegen will, dann lassen sich zwar die (Kostenträger-)Einzelkosten ziemlich genau vorausberechnen, nicht aber die Gemeinkosten. Häufig bedient man sich der durchschnittlichen Gemeinkosten-Zuschlagssätze vergangener Abrechnungsperioden, eventuell aktualisiert um inzwischen eingetretene oder zu erwartende Preis- oder Kostenstrukturveränderungen. Sie werden als Normalgemeinkosten-Zuschlagssätze bezeichnet, die mit ihrer Hilfe vorausberechneten Gemeinkosten als Normalgemeinkosten.

Vergleicht man später die **Normalkosten** mit den Istkosten, also den tatsächlich angefallenen Kosten, so können sich Abweichungen ergeben:

◆ Sind die Normalkosten geringer als die Istkosten, so spricht man von einer **Kostenunterdeckung.**

◆ Sind die Normalkosten höher als die Istkosten, so spricht man von einer **Kostenüberdeckung.**

Die Differenz zwischen den Umsatzerlösen und den Normalselbstkosten des Umsatzes ist das **Umsatzergebnis** der Abrechnungsperiode.

　Umsatzergebnis der Abrechnungsperiode
+ Kostenüberdeckung der Abrechnungsperiode
– Kostenunterdeckung der Abrechnungsperiode
　Betriebsergebnis der Abrechnungsperiode

Die Kostenüberdeckung oder Kostenunterdeckung einzelner Kostenstellen bieten einen Anhaltspunkt für eine Kostenkontrolle, also für die Beurteilung der Wirtschaftlichkeit in den einzelnen Kostenstellen.

Zur Veranschaulichung betrachten wir einen Industriebetrieb mit zwei Kostenträgergruppen (A und B) und stellen die Umsatzerlöse, die Ist- und Normalkosten sowie die Ergebnisse im folgenden **Kostenträgerzeitblatt** zusammen:

Kostenträgerzeitblatt

	Istkosten € – gesamt –	Kostenträgergruppen A	Kostenträgergruppen B	%	Normalkosten € – gesamt –	Kostenträgergruppen A	Kostenträgergruppen B	%	Kostenstellen- über- oder -unterdeckung
Fertigungsmaterial	100 000,00	40 000,00	60 000,00		100 000,00	40 000,00	60 000,00		
Materialgemeinkosten	10 000,00	4 000,00	6 000,00	10,00	11 000,00	4 400,00	6 600,00	11,00	1 000,00
Materialkosten	110 000,00	44 000,00	66 000,00		111 000,00	44 400,00	66 600,00		
Fertigungslöhne	120 000,00	70 000,00	50 000,00		120 000,00	70 000,00	50 000,00		
Fertigungsgemeinkosten	216 000,00	126 000,00	90 000,00	180,00	210 000,00	122 500,00	87 500,00	175,00	– 6 000,00
Fertigungskosten	336 000,00	196 000,00	140 000,00		330 000,00	192 500,00	137 500,00		
Herstellkosten der Produktion	446 000,00	240 000,00	206 000,00		441 000,00	236 900,00	204 100,00		
+ Minderbestand an Erzeugnissen	24 000,00	20 000,00	4 000,00		24 000,00	20 000,00	4 000,00		
– Mehrbestand an Erzeugnissen	10 000,00	0,00	10 000,00		10 000,00	0,00	10 000,00		
Herstellkosten des Umsatzes	460 000,00	260 000,00	200 000,00		455 000,00	256 900,00	198 100,00		
Verwaltungsgemeinkosten	59 800,00	33 800,00	26 000,00	13,00	59 150,00	33 397,00	25 753,00	13,00	– 650,00*
Vertriebsgemeinkosten	55 200,00	31 200,00	24 000,00	12,00	54 600,00	30 828,00	23 772,00	12,00	– 600,00*
Selbstkosten des Umsatzes	575 000,00	325 000,00	250 000,00		568 750,00	321 125,00	247 625,00		
Netto-Verkaufserlöse	627 000,00	357 000,00	270 000,00		627 000,00	357 000,00	270 000,00		
Umsatzergebnis	52 000,00	32 000,00	20 000,00		58 250,00	35 875,00	22 375,00		
– Kostenträgerunterdeckung					6 250,00	3 875,00	2 375,00		
+ Kostenträgerüberdeckung					0,00	0,00	0,00		
Betriebsergebnis	52 000,00	32 000,00	20 000,00		52 000,00	32 000,00	20 000,00		

Umsatzergebnis = Nettoverkaufserlöse – Normalselbstkosten des Umsatzes

Normalselbstkosten des Umsatzes < Istselbstkosten des Umsatzes

Normalselbstkosten des Umsatzes > Istselbstkosten des Umsatzes

* Im Verwaltungs- und Vertriebsbereich ergeben sich hier Kostenunterdeckungen (obwohl Ist- und Normalgemeinkostenzuschlagssätze übereinstimmen), weil die Ist-Herstellkosten des Umsatzes höher sind als die Normal-Herstellkosten des Umsatzes.

Das Kostenträgerzeitblatt weist für den Fertigungsbereich eine Kostenunterdeckung von 6 000,00 € auf. Wurde hier gegen das Prinzip der sparsamen Mittelverwendung verstoßen? Eine eindeutige Antwort auf diese Frage ist unmöglich, weil die Kosteneinflussgrößen nicht isoliert werden. Wir unterscheiden vereinfachend diese **Kostenbestimmungsfaktoren:**

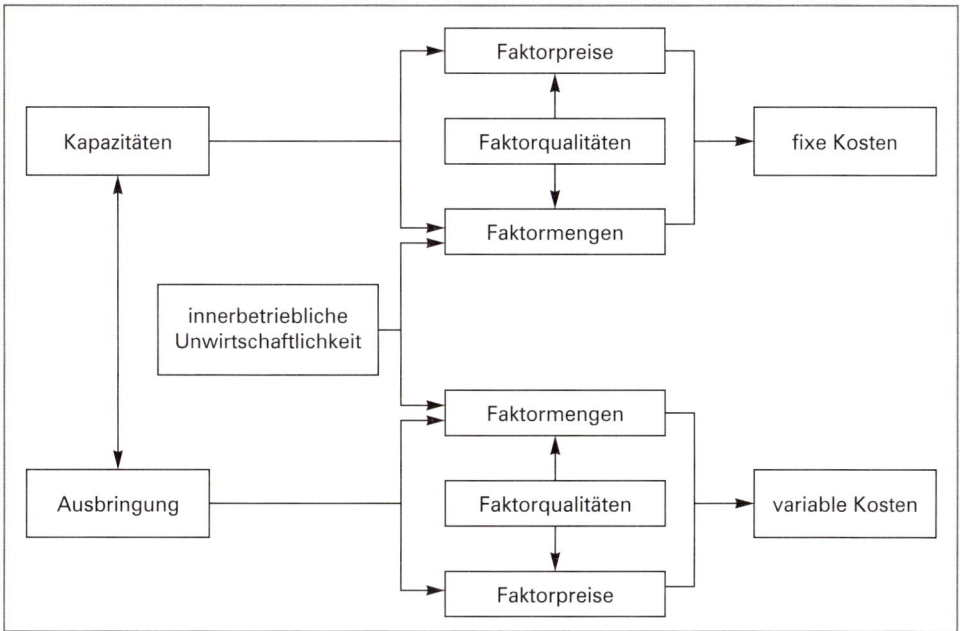

Die von uns ermittelte Kostenunterdeckung muss danach kein Ausdruck innerbetrieblicher Unwirtschaftlichkeit sein, weil die Mehrkosten z.B. auf einen Anstieg der Betriebsstoffpreise zurückzuführen sind.

Auch der Einfluss einer veränderten Kapazitätsauslastung ist nicht zu erkennen. Die Normalkostensätze beziehen sich jeweils auf eine bestimmte Durchschnittsbeschäftigung. Aus diesem Grunde bezeichnen wir das dargestellte Verfahren als starre Normalkostenrechnung. Um die Gemeinkostensumme an die tatsächliche Beschäftigung anpassen zu können, muss man z.B. die Normal-Fertigungsgemeinkosten in Höhe von 210 000,00 € (die – wie wir annehmen wollen – für eine 75 %ige Kapazitätsauslastung gelten) in einen fixen und variablen Bestandteil aufspalten. Bei einem (angenommenen) Fixkostenanteil von 60 % betragen die Normal-Fertigungsgemeinkosten bei einer 80 %igen Kapazitätsauslastung

$$126\,000,00\ €\ +\ \frac{84\,000,00\ €\ \cdot\ 80\,\%}{75\,\%}\ =\ 215\,600,00\ €$$

Eine flexible Normalkostenrechnung hätte also im Fertigungsbereich eine Kostenunterdeckung von lediglich 400,00 € ausgewiesen. Wenn dem Normal-Zuschlagssatz für die Fertigungsgemeinkosten dagegen eine 80 %ige Kapazitätsauslastung zugrunde liegt und die tatsächliche Kapazitätsauslastung in der Abrechnungsperiode nur 75 % betrug, dann hätten den Istgemeinkosten im Fertigungsbereich in Höhe von 216 000,00 € statt der 210 000,00 € nur 204 750,00 € gegenübergestellt werden dürfen und die Kostenunterdeckung wäre mit 11 250,00 € noch höher ausgefallen.

Vor allem ist zu bedenken, dass die Normalkosten aus den Istkosten der Vergangenheit abgeleitet worden sind. Man vergleicht also unter Umständen jetzige innerbetriebliche Unwirtschaftlichkeit mit früherer innerbetrieblicher Unwirtschaftlichkeit.

4.2 Aufgaben und Lösungen zum Lernabschnitt 4.1

4.2.1 Aufgaben

Aufgabe 1

Kreuzen Sie jeweils an, ob die folgenden Aussagen richtig oder falsch sind:

Über- und Unterdeckungen …

	richtig	falsch
… können bei der Kostenartenrechnung auf Normalkostenbasis auftreten.		
… können bei der Kostenstellenrechnung auf Normalkostenbasis auftreten.		
… können bei der Kostenträgerrechnung auf Normalkostenbasis auftreten.		
… sind Unterschiede zwischen kalkulierten und effektiv angefallenen Kosten.		

Aufgabe 2

Der unvollständige BAB eines Industriebetriebes für den letzten Monat enthält diese Zahlen:

Kostenstellen → Kosten ↓	Instand-haltung	Material	Fertigung	Verwaltung und Vertrieb	Gesamt-beträge
Personalgemeinkosten	8 100,00 €	16 200,00 €	218 700,00 €	77 300,00 €	320 300,00 €
Abschreibungen	950,00 €	2 850,00 €	237 500,00 €	6 650,00 €	247 950,00 €
Sonstige Gemeinkosten	1 750,00 €	1 650,00 €	34 750,00 €	30 750,00 €	68 900,00 €
Ist-Gemeinkosten vor der Umlage	10 800,00 €	20 700,00 €	490 950,00 €	114 700,00 €	637 150,00 €
Umlage Instandhaltung	– 10 800,00 €				0,00 €
Ist-Gemeinkosten nach der Umlage	0,00 €				637 150,00 €
Zuschlagsbasis	–	250 000,00 € Material-einzelkosten	175 000,00 € Fertigungs-löhne	Herstellkosten des Umsatzes	–
Normalzuschlagssatz	–	10 %	280 %	12 %	–
Verrechnete Normal-Gemeinkosten	–				
Über- (+) oder Unterdeckung (–)	–				

a) Vervollständigen Sie den BAB unter Beachtung folgender Angaben:

   Im letzten Monat wurden von der Instandhaltung 30 Stunden für das Materialwesen, 130 Stunden für die Fertigung und 20 Stunden für Verwaltung und Vertrieb aufgebracht.

Die Zuschlagsgrundlage für die normalen Verwaltungs- und Vertriebsgemeinkosten ist unter Verwendung des Kalkulationsschemas zu errechnen. Im letzten Monat wurden Erzeugnisse vom Lager verkauft, deren Herstellkosten 10 000,00 € betrugen.

b) Ermitteln Sie in einer Vorkalkulation die Selbstkosten für ein Erzeugnis, für das Fertigungsmaterial in Höhe von 324,00 € und Fertigungslöhne in Höhe von 127,00 € anfallen.

Aufgabe 3

Ihnen liegen folgende Zahlen vor:

		Material	Fertigung 1	Fertigung 2	Verwaltung	Vertrieb
Istgemein-kosten (€)	2 561 220	270 000	739 320	617 500	560 640	373 760

Einzelkosten:

Fertigungsmaterial	1 800 000,00 €
Fertigungslöhne 1	606 000,00 €
Fertigungslöhne 2	650 000,00 €
Sondereinzelkosten der Fertigung	1 180,00 €

Bestandsveränderungen:

Bestandsminderung an unfertigen Erzeugnissen	14 000,00 €
Bestandsmehrung an fertigen Erzeugnissen	26 000,00 €

Umsatzerlöse   6 023 700,00 €

Normalzuschlagssätze:

Materialgemeinkostenzuschlagssatz	14,5 %
Fertigungsgemeinkostenzuschlagssatz 1	120,0 %
Fertigungsgemeinkostenzuschlagssatz 2	90,0 %
Verwaltungsgemeinkostenzuschlagssatz	12,0 %
Vertriebsgemeinkostenzuschlagssatz	8,0 %

Berechnen Sie

– die Ist-Zuschlagssätze,

– die Kostenüber- oder -unterdeckungen der einzelnen Kostenstellen,

– das Umsatz- und das Betriebsergebnis.

Aufgabe 4

Ermitteln Sie die fehlenden Geldbeträge und Prozentsätze:

	Normalkosten		Istkosten		
	Betrag	Prozent	Betrag	Prozent	Kosten-überdeckung (+) -unterdeckung (–)
Fertigungsmaterial	60 000,00 €		60 000,00 €		
Materialgemeinkosten	6 000,00 €	10,00	6 000,00 €	10,00	
Fertigungslöhne					
Fertigungsgemeinkosten		150,00			12 800,00 €
Herstellkosten der Produktion Mehrbestände an Erzeugnissen	18 000,00 €		445 200,00 € 18 000,00 €		
Herstellkosten des Umsatzes	440 000,00 €				
Verwaltungsgemeinkosten		6,00			5 040,00 €
Vertriebsgemeinkosten					1 200,00 €
Selbstkosten des Umsatzes	501 600,00 €		482 560,00 €		19 040,00 €

Aufgabe 5

Folgende Daten liegen vor:

	Materialbereich	Fertigungsbereich	Verwaltungsbereich	Vertriebsbereich
Ist-Gemeinkosten		133 000,00 €	24 630,00 €	16 420,00 €
Ist-Zuschlags-grundlagen	80 000,00 € Material-einzelkosten	100 000,00 € Fertigungs-löhne	328 400,00 € Herstellkosten des Umsatzes	328 400,00 € Herstellkosten des Umsatzes
Ist-Zuschlagssätze		133,00 %	7,50 %	5,00 %
Normalzuschlagssätze	10,00 %	135,00 %	7,00 %	5,00 %
Normal-Gemeinkosten	8 000,00 €			
Kostenüberdeckung (+) Kostenunterdeckung (–)	– 400,00 €			

a) Vervollständigen Sie diese Tabelle. Die Zuschlagsgrundlage für die normalen Verwaltungs- und Vertriebsgemeinkosten ist unter Verwendung des Kalkulationsschemas zu errechnen.

b) Erklären Sie eine mögliche Ursache für die Kostenabweichung im Fertigungsbereich, die sich aus obiger Tabelle ergibt.

c) Erläutern Sie die Bedeutung der Normal-Zuschlagssätze, indem Sie auf zwei Aspekte eingehen.

4.2.2 Lösungen

Aufgabe 1

Über- und Unterdeckungen ...

	richtig	falsch
... können bei der Kostenartenrechnung auf Normalkostenbasis auftreten.		X
... können bei der Kostenstellenrechnung auf Normalkostenbasis auftreten.	X	
... können bei der Kostenträgerrechnung auf Normalkostenbasis auftreten.	X	
... sind Unterschiede zwischen kalkulierten und effektiv angefallenen Kosten.	X	

Aufgabe 2

a)

Kostenstellen ⟶ Kosten ↓	Instand- haltung	Material	Fertigung	Verwaltung und Vertrieb	Gesamt- beträge
Personalgemeinkosten	8 100,00 €	16 200,00 €	218 700,00 €	77 300,00 €	320 300,00 €
Abschreibungen	950,00 €	2 850,00 €	237 500,00 €	6 650,00 €	247 950,00 €
Sonstige Gemeinkosten	1 750,00 €	1 650,00 €	34 750,00 €	30 750,00 €	68 900,00 €
Ist-Gemeinkosten vor der Umlage	10 800,00 €	20 700,00 €	490 950,00 €	114 700,00 €	637 150,00 €
Umlage Instandhaltung	– 10 800,00 €	1 800,00 €	7 800,00 €	1 200,00 €	0,00 €
Ist-Gemeinkosten nach der Umlage	0,00 €	22 500,00 €	498 750,00 €	115 900,00 €	637 150,00 €
Zuschlagsbasis	–	250 000,00 € Material- einzelkosten	175 000,00 € Fertigungs- löhne	950 000,00 € Herstellkosten des Umsatzes	–
Normalzuschlagssatz	–	10 %	280 %	12 %	–
Verrechnete Normal-Gemeinkosten	–	25 000,00 €	490 000,00 €	114 000,00 €	629 000,00 €
Über- (+) oder Unterdeckung (–)	–	2 500,00 €	– 8 750,00 €	– 1 900,00 €	– 8 150,00 €

Die Normal-Herstellkosten des Umsatzes ergeben sich aus folgender Rechnung:

250 000,00 €	Materialeinzelkosten
25 000,00 €	Materialgemeinkosten
175 000,00 €	Fertigungslöhne
490 000,00 €	Fertigungsgemeinkosten
10 000,00 €	Minderbestand an Erzeugnissen
950 000,00 €	

b)

Materialeinzelkosten		324,00 €
Materialgemeinkosten	10 %	32,40 €
Fertigungslöhne		127,00 €
Fertigungsgemeinkosten	280 %	355,60 €
Herstellkosten		839,00 €
Verwaltungs- und Vertriebsgemeinkosten	12 %	100,68 €
Selbstkosten		939,68 €

Aufgabe 3

	Istkosten		Kosten-überdeckung (+) -unterdeckung (–)	Normalkosten	
	€	%	€	€	%
Materialeinzelkosten	1 800 000,00			1 800 000,00	
Materialgemeinkosten	270 000,00	15,00	– 9 000,00	261 000,00	14,50
Fertigungslöhne 1	606 000,00			606 000,00	
Fertigungsgemeinkosten 1	739 320,00	122,00	– 12 120,00	727 200,00	120,00
Fertigungslöhne 2	650 000,00			650 000,00	
Fertigungsgemeinkosten 2	617 500,00	95,00	– 32 500,00	585 000,00	90,00
Sondereinzelkosten der Fertigung	1 180,00			1 180,00	
Herstellkosten der Produktion	4 684 000,00			4 630 380,00	
Minderbestand an unfertigen Erzeugnissen	14 000,00			14 000,00	
Mehrbestand an fertigen Erzeugnissen	26 000,00			26 000,00	
Herstellkosten des Umsatzes	4 672 000,00			4 618 380,00	
Verwaltungsgemeinkosten	560 640,00	12,00	– 6 434,40	554 205,60	12,00
Vertriebsgemeinkosten	373 760,00	8,00	– 4 289,60	369 470,40	8,00
Selbstkosten des Umsatzes	5 606 400,00			5 542 056,00	
Umsatzerlöse	6 023 700,00			6 023 700,00	
Umsatzergebnis				481 644,00	
Kostenunterdeckung			– 64 344,00		
Betriebsergebnis	417 300,00				

Aufgabe 4

	Normalkosten		Istkosten		Kosten-überdeckung (+) -unterdeckung (–)
	Betrag	Prozent	Betrag	Prozent	
Fertigungsmaterial	60 000,00 €		60 000,00 €		
Materialgemeinkosten	6 000,00 €	10,00	6 000,00 €	10,00	0,00 €
Fertigungslöhne	156 800,00 €		156 800,00 €		
Fertigungsgemeinkosten	235 200,00 €	150,00	222 400,00 €	141,84	12 800,00 €
Herstellkosten der Produktion	458 000,00 €		445 200,00 €		
Mehrbestände an Erzeugnissen	18 000,00 €		18 000,00 €		
Herstellkosten des Umsatzes	440 000,00 €		427 200,00 €		
Verwaltungsgemeinkosten	26 400,00 €	6,00	21 360,00 €	5,00	5 040,00 €
Vertriebsgemeinkosten	35 200,00 €	8,00	34 000,00 €	7,96	1 200,00 €
Selbstkosten des Umsatzes	501 600,00 €		482 560,00 €		19 040,00 €

Aufgabe 5

a) Berechnung der normalen Herstellkosten des Umsatzes:

Materialeinzelkosten	80 000,00 €
10 % Materialgemeinkosten	8 000,00 €
Fertigungslöhne	100 000,00 €
135 % Fertigungsgemeinkosten	135 000,00 €
Herstellkosten der Produktion	323 000,00 €
Minderbestand an Erzeugnissen	7 000,00 €
Herstellkosten des Umsatzes	330 000,00 €

Die Bestandsverringerung ergibt sich aus dem Vergleich der angegebenen Ist-Herstellkosten des Umsatzes in Höhe von 328 400,00 € mit den Ist-Herstellkosten der Produktion in Höhe von 321 400,00 €.

	Materialbereich	Fertigungsbereich	Verwaltungsbereich	Vertriebsbereich
Ist-Gemeinkosten	8 400,00 €	133 000,00 €	24 630,00 €	16 420,00 €
Ist-Zuschlags-grundlagen	80 000,00 € Material-einzelkosten	100 000,00 € Fertigungs-löhne	328 400,00 € Herstellkosten des Umsatzes	328 400,00 € Herstellkosten des Umsatzes
Ist-Zuschlagssätze	10,50 %	133,00 %	7,50 %	5,00 %
Normal-Zuschlagssätze	10,00 %	135,00 %	7,00 %	5,00 %
Normal-Zuschlags-grundlagen	80 000,00 € Material-einzelkosten	100 000,00 € Fertigungs-löhne	330 000,00 € Herstellkosten des Umsatzes	330 000,00 € Herstellkosten des Umsatzes
Normal-Gemeinkosten	8 000,00 €	135 000,00 €	23 100,00 €	16 500,00 €
Kostenüberdeckung (+) Kostenunterdeckung (–)	– 400,00 €	2 000,00 €	– 1 530,00 €	80,00 €

b) Beispielsweise konnte aufgrund einer guten Auftragslage eine außergewöhnlich hohe Kapazitäts-auslastung erreicht werden. Die fixen Fertigungsgemeinkosten verändern sich nicht. Dadurch ver-mindert sich der Ist-Zuschlagssatz für die Fertigungsgemeinkosten.

c) Normal-Zuschlagssätze

- werden für die Vorkalkulation benötigt,
- ermöglichen eine Kostenkontrolle, die allerdings mit erheblichen Mängeln behaftet ist.

Die ausgewiesenen Kostenunter- oder -überdeckungen lassen nicht erkennen, in welcher Höhe die Abweichungen auf

◆ Preisänderungen

◆ Beschäftigungsänderungen

◆ Unwirtschaftlichkeiten

zurückzuführen sind. Außerdem besteht die Gefahr, dass Schlendrian mit Schlendrian verglichen wird.

4.3 Flexible Plankostenrechnung

4.3.1 Flexible Plankostenrechnung auf Vollkostenbasis

Die aufgezeigten Mängel unserer bisherigen Kostenkontrolle können durch eine flexible Plankostenrechnung behoben werden. Bei der flexiblen Plankostenrechnung werden für jede Kostenstelle die Kosten für die Planbeschäftigung (= **Basisplankosten**) differenziert nach fixen und variablen Bestandteilen geplant. (Bei der starren Plankostenrechnung erfolgt keine Spaltung der Plankosten in fixe und variable Bestandteile, sodass die Plankosten nicht an die jeweilige Beschäftigungslage angepasst werden können. Weil diese Anpassung notwendig ist, hat die starre Plankostenrechnung praktisch keine Bedeutung.)

Bei der Kostenplanung müssen Kaufleute und Techniker eng zusammenarbeiten. Dabei muss natürlich verhindert werden, dass die Vorgaben mit den Stellenleitern ausgehandelt werden. Den Kostenstellenleitern muss deutlich werden, dass nicht eine Kontrolle ihrer Person angestrebt wird, sondern dass sie ein Instrument erhalten sollen, mit dem sie für eine optimale Leistung in ihrem Verantwortungsbereich sorgen können. Alle müssen einsehen, dass kein Antreibersystem entstehen soll, sondern dass die Kostenvorgaben ohne Überbeanspruchung der Arbeitskräfte und technischen Einrichtungen bei zumutbarer Anstrengung auf lange Sicht eingehalten werden können.

◆ Die Kosten müssen nach Kostenarten differenziert geplant werden, nicht in einem Block, um später bei der Gegenüberstellung von Ist- und Plankosten Abweichungen genau analysieren zu können.

◆ Die Plankosten müssen dem Kostenartenplan und den Kontierungsvorschriften entsprechen, damit sie mit den Istkosten verglichen werden können.

◆ Die Kostenplanung ist nicht von den Istkosten vergangener Perioden abzuleiten, sondern von der Unternehmenssituation, in der optimal gearbeitet wird. Wenn wir in diesem Zusammenhang von **Plankosten** sprechen, handelt es sich also nicht mehr um Vor**schau**kosten, die zur Lösung von Entscheidungsproblemen herangezogen werden, sondern um Vor**gabe**kosten, die als Maßstab zur Beurteilung der Wirtschaftlichkeit dienen sollen.

Im Einzelnen sind folgende **Arbeitsschritte** erforderlich:

1. Es werden (als selbstständige Verantwortungsbereiche und möglichst auch räumliche Einheiten) Kostenstellen gebildet und sinnvolle Bezugsgrößen ausgewählt.

2. Die Planbeschäftigung wird für jede Kostenstelle festgelegt und zwar als Inputgröße (z. B. in Maschinenstunden) oder als Outputgröße (z. B. in der Anzahl der bearbeiteten Werkstücke).

3. Die Planpreise der einzusetzenden Produktionsfaktoren werden festgelegt. Die Planpreise sollten ungefähr den erwarteten Istpreisen entsprechen, weil unrealistische Planpreise (die für die Kostenkontrolle wohl geeignet wären) zu Fehlentscheidungen bei dispositiven Maßnahmen (z. B. Entscheidung für eine bestimmte Materialart) führen können.

4. Die Planmengen der Produktionsfaktoren werden (z. B. durch technische Studien und Berechnungen aufgrund der Fertigungsunterlagen) bestimmt.

Als Ergebnis liegt uns dieser Kostenplan für eine Fertigungs-Kostenstelle vor:

Kostenplan für den Monat Mai			
Planbeschäftigung: 200 Maschinenstunden			
Kostenarten	Basisplankosten (€)	davon variabel (€)	fix (€)
Hilfsstoffkosten	66 000,00	66 000,00	0,00
Betriebsstoffkosten	12 000,00	8 000,00	4 000,00
Hilfslöhne	180 000,00	91 000,00	89 000,00
Gehälter	14 000,00	0,00	14 000,00
kalkulatorische Abschreibungen	20 000,00	15 000,00	5 000,00
kalkulatorische Zinsen	8 000,00	0,00	8 000,00
Summe	300 000,00	180 000,00	120 000,00

Aus diesen Zahlen ergeben sich diese Größen für die Abweichungsanalyse:

◆ der Plankostenverrechnungssatz (= Plankalkulationssatz)

$$= \frac{\text{Basisplankosten}}{\text{Planbeschäftigung}} = \frac{300\,000,00 \ €}{200 \ h} = 1\,500,00 \ €/h$$

◆ die verrechneten (= kalkulierten) Plankosten

$$= \text{Plankostenverrechnungssatz} \cdot \text{Istbeschäftigung}$$

Bei einer Istbeschäftigung von 180 Maschinenstunden sind das 270 000,00 €.

Die Istkosten werden preisbereinigt, indem man die Ist-Verbrauchsmengen der Kosten-güter mit den Planpreisen multipliziert. Auf diese Weise wird die so genannte **Preisabwei-chung** eliminiert, weil die Kostenstellenleitung in der Regel keinen Einfluss auf die Preise hat. In unserem Fall ist nur eine Preisabweichung bei einem Teil der Hilfsstoffkosten zu be-rücksichtigen. Wir wollen diese Preisabweichung bereits beim Materialzugang erfassen:

Menge (kg)	Netto-Istpreis (€/kg)	Netto-Rechnungswert (€)	Wert zum Planpreis von 10,00 €/kg	Preisdifferenz (€)
2 000	10,60	21 200,00	20 000,00	1 200,00
1 500	10,80	16 200,00	15 000,00	1 200,00
300	11,00	3 300,00	3 000,00	300,00
1 200	11,50	13 800,00	12 000,00	1 800,00
5 000		54 500,00	50 000,00	4 500,00

Daraus ergibt sich ein Preisdifferenzprozentsatz von $\frac{4\,500,00 \ €}{50\,000,00 \ €} \cdot 100 = 9\,\%$.

Bei einem Verbrauch von 4 000 kg ergibt sich eine Preisabweichung von
4 000 kg · 10,00 €/kg · 9 % = 3 600,00 €.

Beispiel für die buchhalterische Behandlung:

Soll	Materialbestandskonto	Haben
20 000,00		40 000,00
15 000,00		
3 000,00		
12 000,00		

Soll	Preisdifferenzbestandskonto	Haben
1 200,00		3 600,00
1 200,00		
300,00		
1 800,00		

Soll	Materialkostenkonto	Haben
40 000,00		

Soll	Preisdifferenzkostenkonto	Haben
3 600,00		

Der Saldo auf dem Preisdifferenzkostenkonto (hier 3 600,00 €) kann entweder monatlich in die Betriebsergebnisrechnung ausgebucht oder auf die Kostenstellen nach Durchführung des Soll-Ist-Vergleichs verrechnet werden.

Der Saldo auf dem Preisdifferenzbestandskonto (hier 900,00 €) wird am Jahresende dem zum Planpreis bewerteten Materialendbestand hinzugerechnet, sodass der Material-bestand (hier 1 000 kg) in der Bilanz zum durchschnittlichen Ist-Einstandspreis (hier 10 900,00 €) angesetzt wird.

Nach Ablauf der Planperiode

◆ werden aus den Basisplankosten die **Sollkosten** abgeleitet, indem nur die variablen Bestandteile auf die Istbeschäftigung heruntergerechnet werden, z. B. die für 200 Maschinenstunden geplanten Betriebsstoffkosten von 12 000 € = 4 000 € + 40 €/h · 200 h auf 11 200 € = 4 000 € + 40 €/h · 180 h. Auf diese Weise wird die **Beschäftigungs-abweichung** von 400 € (= 11 200 € – 90 % von 12 000 €) eliminiert, weil die Kostenstellenleitung in der Regel für die ungenutzten Fixkosten nicht verantwortlich gemacht werden kann.

◆ werden den Istkosten zu Planpreisen die Sollkosten gegenübergestellt, um die **Verbrauchsabweichung** zu ermitteln, die grundsätzlich von der Kostenstellenleitung zu vertreten ist. Eine Ausnahme könnte z. B. dann vorliegen, wenn der Einkauf billigere Hilfsstoffe beschafft hat, die allerdings wegen ihrer geringeren Qualität beträchtliche Nacharbeiten erforderten.

Kostenplan für den Monat Mai				Betriebsabrechnung für den Monat Mai			
Planbeschäftigung (x_p): 200 Maschinenstunden				Istbeschäftigung (x_i): 180 Maschinenstunden			
Kostenarten	Basisplankosten (€)	davon variabel (€)	fix (€)	Kostenarten	Istkosten (€)	Sollkosten (€)	Verbrauchsabweichung (€)
Hilfsstoffkosten	66 000	66 000	0	Hilfsstoffkosten	61 500	59 400	2 100
Betriebsstoffkosten	12 000	8 000	4 000	Betriebsstoffkosten	14 000	11 200	2 800
Hilfslöhne	180 000	91 000	89 000	Hilfslöhne	176 000	170 900	5 100
Gehälter	14 000	0	14 000	Gehälter	14 000	14 000	0
kalkulatorische Abschreibungen	20 000	15 000	5 000	kalkulatorische Abschreibungen	18 500	18 500	0
kalkulatorische Zinsen	8 000	0	8 000	kalkulatorische Zinsen	8 000	8 000	0
Summe	300 000	180 000	120 000	Summe	292 000	282 000	10 000

Für die von uns betrachtete Fertigungs-Kostenstelle ergibt sich folgendes Bild:

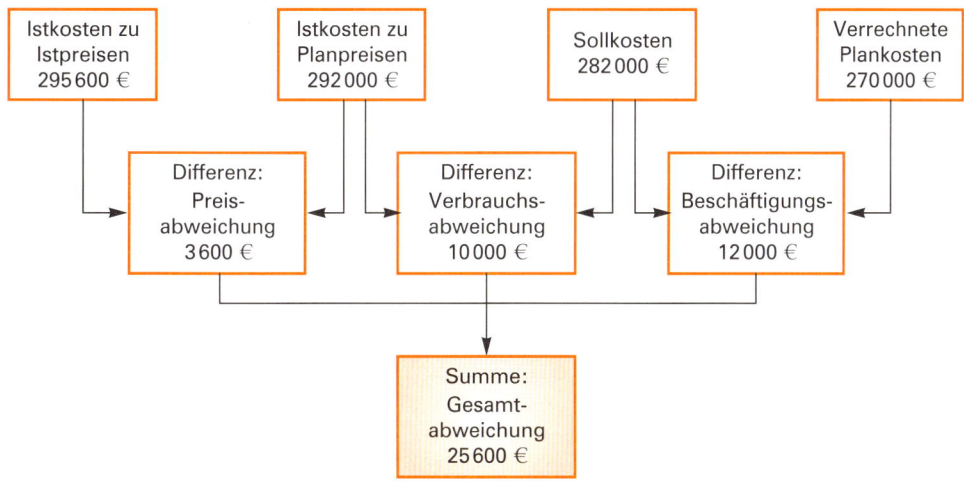

Häufig wird auch schon die gesamte **Mengenabweichung** (Summe aus Verbrauchsabweichung und Beschäftigungsabweichung) als Gesamtabweichung bezeichnet.

Die Beschäftigungsabweichung (ein Geldbetrag!) ist die Folge einer falschen Fixkostenverrechnung:

Weil die Istbeschäftigung (180 h) 10 % unter der Planbeschäftigung (200 h) lag, wurden 10 % der gesamten Fixkosten (120 000,00 €) zu wenig verrechnet. Diese ungenutzten Fixkosten von 12 000,00 € sind die Beschäftigungsabweichung.

Ungenutzte Fixkosten werden auch als Leerkosten bezeichnet:

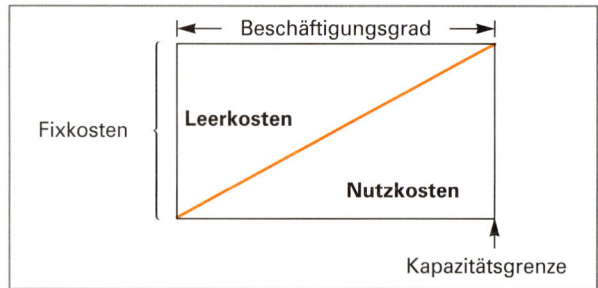

Nachstehend wird der Zusammenhang von Istkosten (wenn nichts anderes angegeben ist, handelt es sich dabei immer um die Istkosten zu Planpreisen, also das rechnerische Produkt aus Istverbrauchsmengen und Planpreisen), Sollkosten und verrechneten Plankosten grafisch veranschaulicht:

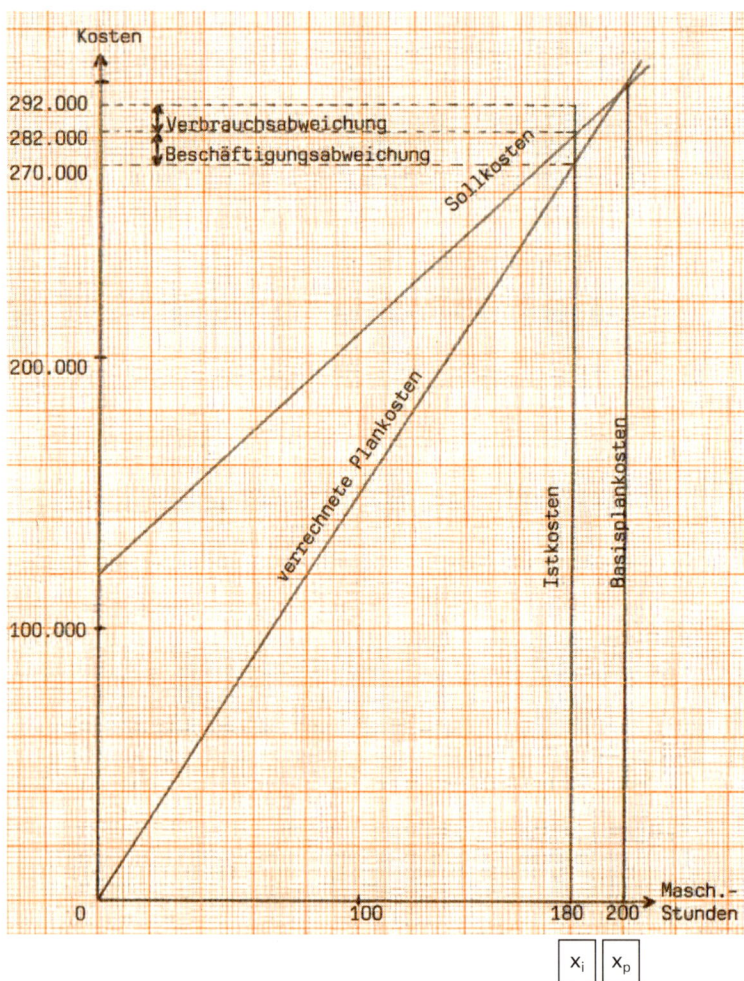

Wir haben die Verbrauchs- und die Beschäftigungsabweichung bei einer Istbeschäftigung von 180 Maschinenstunden wie folgt ermittelt, indem wir die abgebildeten Kosten von oben nach unten gelesen haben:

Istkosten (zu Planpreisen)	292 000,00 €
− Sollkosten	282 000,00 €
Verbrauchsabweichung	10 000,00 € ⟵ ungünstig!

Sollkosten	282 000,00 €
− verrechnete Plankosten	270 000,00 € ⟵ ungünstig!
Beschäftigungsabweichung	12 000,00 €

Wir hätten diese Differenzen auch so ermitteln können:

Sollkosten	282 000,00 €
− Istkosten (zu Planpreisen)	292 000,00 €
Verbrauchsabweichung	− 10 000,00 € ⟵ ungünstig!

verrechnete Plankosten	270 000,00 €
− Sollkosten	282 000,00 €
Beschäftigungsabweichung	− 12 000,00 € ⟵ ungünstig!

Dieses (in der Literatur allerdings unübliche) Verfahren ist nicht zu beanstanden und hat den Vorteil,

◆ durch das *Minus*zeichen vor der Verbrauchsabweichung darauf hinzuweisen, dass *weniger* Istkosten hätten anfallen sollen und dass eine Kostenunterdeckung vorliegt (vgl. Definition der Kostenunterdeckung: Normalkosten < Istkosten),

◆ durch das Minuszeichen vor der Beschäftigungsabweichung die Begründung zu erleichtern, dass *weniger* Fixkosten verrechnet wurden als tatsächlich angefallen sind.

Für die Berechnung der

$$\text{Sollkosten} = \text{variable Basisplankosten} \cdot \frac{x_i}{x_p} + \text{fixe Basisplankosten}$$

müssen die Fixkosten und/oder die variablen Kosten angegeben sein. Die Kostenspaltung kann aber auch mit Hilfe von **Variatoren** erfolgen:

Kostenarten	Basisplankosten (€)	davon variabel (€)	fix (€)	Variator
Hilfsstoffkosten	66 000,00	66 000,00	0,00	10
Betriebsstoffkosten	12 000,00	8 000,00	4 000,00	$6\frac{2}{3}$
Hilfslöhne	180 000,00	91 000,00	89 000,00	5,0555
Gehälter	14 000,00	0,00	14 000,00	0
kalkulatorische Abschreibungen	20 000,00	15 000,00	5 000,00	7,5
kalkulatorische Zinsen	8 000,00	0,00	8 000,00	0
Summe	300 000,00	180 000,00	120 000,00	

11 Scharnweber – ISBN 978-3-8120-0125-0

$$\text{Variator} = \frac{\text{variable Plankosten} \cdot 10}{\text{gesamte Plankosten}}$$

Ein Variator gibt an, um wie viel Prozent sich die Plankosten ändern, wenn die Beschäftigung um 10 % variiert.

Die Umrechnung der geplanten Hilfsstoffkosten in Soll-Hilfsstoffkosten erfolgt dann so:
66 000,00 € – 10 % = 59 400,00 €.

4.3.2 Grenzplankostenrechnung

Wenn über den Einsatz von Betriebsmitteln und Arbeitskräften an zentraler Stelle im Unternehmen entschieden wird, hat die Kostenstellenleitung keine Verantwortung für die fixen Kosten. Dann sind in der Plankostenrechnung auch nur die variablen Kosten vorzugeben. Gegenüber der flexiblen Plankostenrechnung auf Vollkostenbasis weist die Grenzplankostenrechnung folgende Unterschiede auf:

◆ (Variable) Sollkosten und verrechnete (variable) Plankosten sind identisch.

◆ Es entstehen keine Beschäftigungsabweichungen.

Die Kostenkontrolle sieht dann so aus:

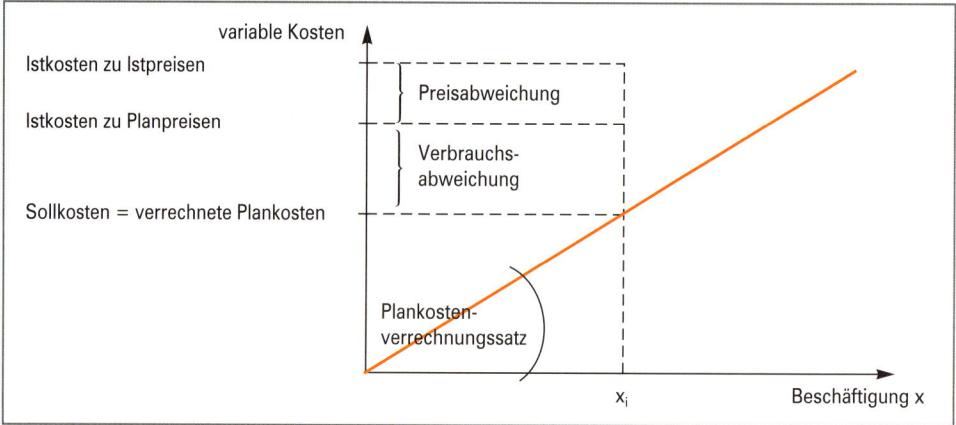

BEISPIEL:

Weil man die Fixkosten unberücksichtigt lässt, berechnet man den Plankostenverrechnungssatz durch Division der variablen Kosten bei Planbeschäftigung durch die Planbeschäftigung, z.B. bei der Kostenfunktion K = 24 000,00 [€] + 19,00 [€/Fertigungsstunde] · x [Fertigungsstunden] und einer Planbeschäftigung von 4 000 Fertigungsstunden

76 000,00 € : 4 000 Fertigungsstunden = 19,00 €/Fertigungsstunde.

Der Plankostenverrechnungssatz ist identisch mit dem variablen Plankostensatz. Auch die verrechneten Plankosten und die Sollkosten stimmen überein. Bei einer Istbeschäftigung von 3 600 Fertigungsstunden werden 68 400,00 € verrechnet. Betragen die variablen Istkosten 70 000,00 €, dann ist die Verbrauchsabweichung 1 600,00 €.

4.4 Aufgaben und Lösungen zum Lernabschnitt 4.3

4.4.1 Aufgaben

Aufgabe 1

Erläutern Sie zwei Unterschiede der flexiblen Plankostenrechnung auf Teilkostenbasis im Vergleich zu derjenigen auf Vollkostenbasis.

Aufgabe 2

Ein Industriebetrieb plante für das 1. Quartal dieses Geschäftsjahres die Herstellung von 500 Stück einer bestimmten Produktart. Der Kostenplanung lagen folgende Daten zugrunde:

Materialverbrauch (proportional)	10 kg/Stück
Materialpreis	8,00 €/kg
sonstige Kosten (fix)	15 000,00 €/Quartal

Die Istbeschäftigung lag im 1. Quartal bei 400 Stück. Die Ist-Materialkosten beliefen sich bei einem Materialpreis von 9,00 €/kg und einem Materialverbrauch von 10,50 kg je Stück auf 37 800,00 €.

Errechnen Sie

(1) die Preisabweichung,
(2) die Verbrauchs- und die Beschäftigungsabweichung.

Aufgabe 3

Benennen Sie die in der Abbildung durch Ziffern gekennzeichneten Größen mit den in der flexiblen Plankostenrechnung auf Vollkostenbasis üblichen Bezeichnungen.

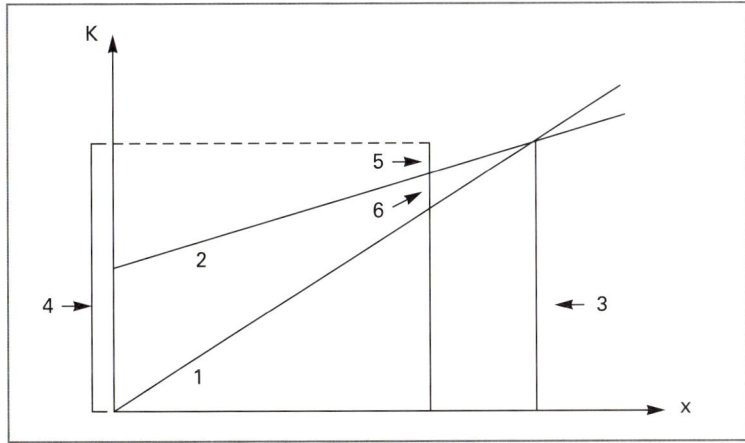

Aufgabe 4

Die Kostenstelle Polsterei einer Fabrik für Sitzmöbel arbeitet mit einer Planbeschäftigung von 2 400 Polsterstühlen für die Planperiode. Die Basisplankosten belaufen sich auf 278 400,00 €, wovon 69 600,00 € fix sind.

a) Wie hoch ist der Plankostenverrechnungssatz je Polsterstuhl?

b) Welche verrechneten Plankosten ergeben sich bei 20 % geringerer Kapazitätsauslastung?

c) Wie hoch sind die Sollkosten bei der Istbeschäftigung von 80% (verglichen mit der Planbeschäftigung)?

d) Ermitteln Sie die Beschäftigungsabweichung und erläutern Sie das Ergebnis.

e) Ermitteln Sie die Verbrauchsabweichung, wenn die Istkosten 238 140,00 € betragen. Erläutern Sie das Ergebnis.

Aufgabe 5 >

In einer Kostenstelle wurden bei einer Planbeschäftigung von 400 Stunden Energiekosten von 2 000,00 € geplant, davon 200,00 € als fixe Kosten.

a) Wie hoch ist in diesem Fall der Variator?

b) Warum gilt der unter a) errechnete Variator nur für die hier angegebene Planbeschäftigung?

Aufgabe 6 >

a) Errechnen Sie die Sollkosten, die Verbrauchs- und die Beschäftigungsabweichung der Kostenart Hilfslöhne aufgrund der folgenden Angaben:

Basisplankosten	3 000,00 €
Variator	7
Beschäftigungsgrad	80 % der Planbeschäftigung
Istkosten	2 700,00 €

b) Wodurch wird sichergestellt, dass in die Verbrauchsabweichung keine Preisabweichung eingeht?

Aufgabe 7 >

Für eine Kostenstelle liegen folgende Größen vor:

Istkosten	13 000,00 €
Istbeschäftigung	1 000 Stück
Plankostenverrechnungssatz	10,00 €/Stück
Beschäftigungsabweichung	1 300,00 €

Ermitteln Sie die Verbrauchsabweichung.

Aufgabe 8 >

Ein Industriebetrieb ermittelt nach Einführung der Plankostenrechnung für eine Fertigungsstelle einen variablen Plankostensatz von 10,00 €/Stunde. Hierbei beträgt der variable Teil am gesamten Plankostenverrechnungssatz pro Stunde 40 %. Die Istkosten belaufen sich in der Abrechnungsperiode auf 238 000,00 €. In dieser Periode betrug die Istbeschäftigung 10 000 Stunden = 125 % der Planbeschäftigung.

Berechnen Sie

a) den Plankostenverrechnungssatz,

b) die Beschäftigungsabweichung,

c) die geplanten Fixkosten,

d) die Verbrauchsabweichung.

Aufgabe 9

Ein Industriebetrieb, der nur eine einzige Produktart herstellt und vertreibt, plante für den abgelaufenen Monat eine Beschäftigung, die genau der optimalen Kapazitätsauslastung entsprechen sollte. Dabei wären planmäßig Fixkosten in Höhe von 190000,00 € und variable Kosten in Höhe von 725000,00 € angefallen. Im abgelaufenen Monat wurden 720 Stück produziert. Die Sollkosten betrugen 842500,00 €.

Ermitteln Sie

a) die optimale Kapazitätsauslastung in Stück/Monat,

b) die Beschäftigungsabweichung.

Aufgabe 10

Für eine Fertigungsstelle sind die folgenden Daten ermittelt worden:

Istbeschäftigung	1260 Stunden
verrechnete Plankosten	56700,00 €
Sollkosten	63720,00 €
Fixkosten	23400,00 €

a) Ermitteln Sie die Planbeschäftigung dieser Kostenstelle in Stunden.

b) Errechnen Sie die Basisplankosten.

c) Berechnen Sie für eine Istbeschäftigung von 1500 Stunden bei Istkosten von 74000,00 € die Verbrauchsabweichung.

Aufgabe 11

Ein Unternehmen erwarb vor 8 Jahren eine Maschine mit Anschaffungskosten von 60000,00 €. Die betriebsgewöhnliche Nutzungsdauer beträgt 10 Jahre. Der Preisindex der Abrechnungsperiode wird mit 150 % angegeben.

Die Maschine beansprucht eine Fläche von 10 m². Die Raumkosten werden monatlich mit 6,35 €/m² kalkuliert.

Der Betrieb rechnet mit Instandhaltungskosten von 4500,00 €/Jahr.

Der für die Maschine benötigte Elektromotor hat eine Antriebsleistung von 16 kWh und eine mittlere Leistung von 70 %. Die erreichbaren Sollstunden betragen 2000 h/Jahr. Der effektive Stromverbrauch wird mit 0,12 €/kWh abgerechnet.

Bei der Ermittlung der kalkulatorischen Zinsen vom Wiederbeschaffungswert rechnet das Unternehmen mit 9 % p.a.

a) Ermitteln Sie den Plankostenverrechnungssatz für die Maschine unter Berücksichtigung der erreichbaren Sollstunden.

b) Bei einer effektiven Laufzeit von 1500 Stunden sind insgesamt 24000,00 € an Istkosten angefallen. Gehen Sie davon aus, dass bei Vollbeschäftigung (2000 Stunden) die Kosten zu 40 % fix sind und berechnen Sie (1) die Beschäftigungsabweichung, (2) die Verbrauchsabweichung.

c) Nennen Sie drei Gründe für das Auftreten der unter b) berechneten Beschäftigungsabweichung.

Aufgabe 12

Das nachstehende Gewinnschwellen-Diagramm eines Unternehmens, das nur eine Produktart herstellt und vertreibt, dient als Hilfsmittel, um bei verschiedenen Absatzmengen das zu erwartende Betriebsergebnis abzulesen. Bei einer Absatzmenge von 5500 Stück ergibt sich danach ein Betriebsgewinn von etwas mehr als 200000,00 €:

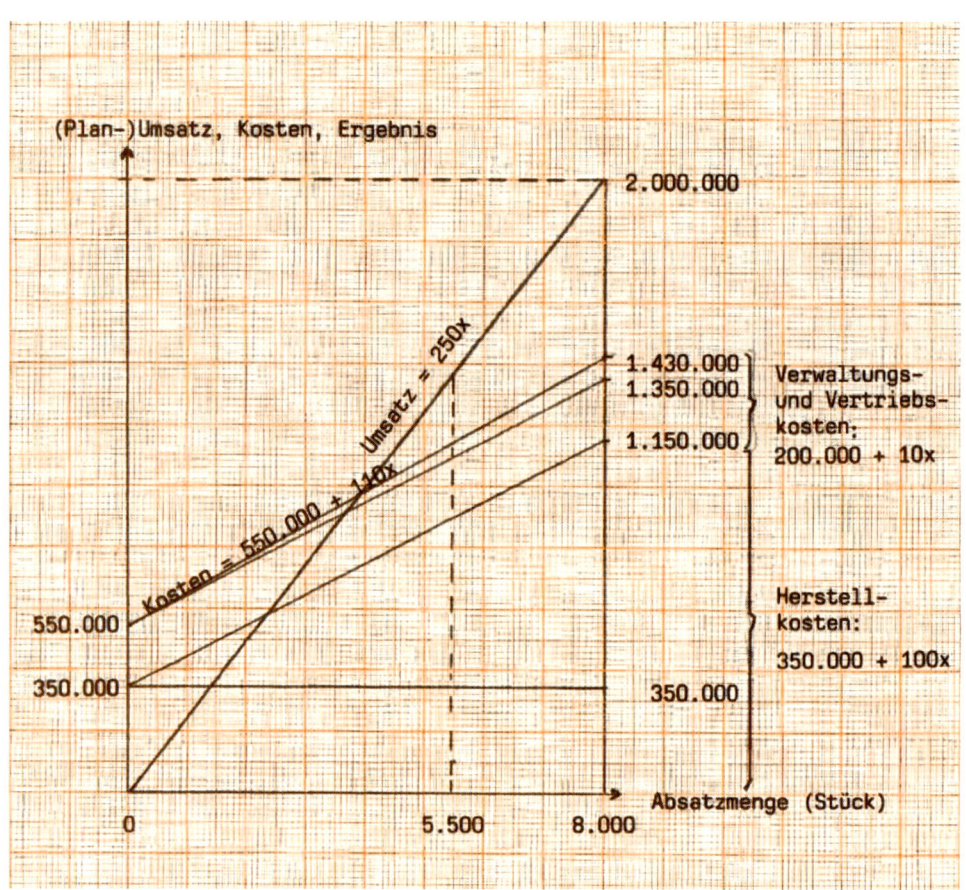

Diese Betriebsergebnisrechnung nach dem Umsatzkostenverfahren weist für die Rechnungsperiode, in der 5500 Stück abgesetzt worden sind, einen Betriebsgewinn von 235000,00 € aus:

Umsatzerlöse		1 375 000,00 €
– verrechnete Plan-Herstellkosten des Umsatzes	825 000,00 €	
– Beschäftigungsabweichung	50 000,00 €	
– Verbrauchsabweichung	8 500,00 €	
– Preisabweichung	1 500,00 €	
Ist-Herstellkosten des Umsatzes		885 000,00 €
Ist-Verwaltungs- und Vertriebskosten		255 000,00 €
Betriebsgewinn		235 000,00 €

a) Ermitteln Sie auf algebraischem Wege aus den Zahlen des Gewinnschwellen-Diagramms das geplante Betriebsergebnis bei einem Absatz von 5500 Stück.

b) Wie viel Stück hat das Unternehmen in der Rechnungsperiode auf Lager produziert?

c) Erklären Sie die Gewinndifferenz zwischen der obigen Betriebsergebnisrechnung und dem Ergebnis der Aufgabe a).

Aufgabe 13 ▷

Im letzten Monat ergaben sich in einer Kostenstelle diese ungünstigen Abweichungen:

Beschäftigungsabweichung	5 400,00 €
Verbrauchsabweichung	4 300,00 €

Die Planbeschäftigung war mit 400 Stunden festgelegt worden. Als Basisplankosten waren 90 000,00 € angesetzt. Die Istbeschäftigung betrug 360 Stunden.

Ermitteln Sie

a) den Plankostenverrechnungssatz,

b) die verrechneten Plankosten,

c) die Sollkosten,

d) die Istkosten,

e) den proportionalen Plankostensatz und die Fixkosten,

f) den Variator für die Planbeschäftigung.

Aufgabe 14 ▷

Für eine Montagekostenstelle wurde dieses monatliche Gemeinkostenbudget vorgegeben:

Planbeschäftigung: 2 300 Montagestunden

Kostenart	Plankosten	
	€	Variator
Hilfslöhne	97 750,00	8
Betriebsstoffkosten	36 800,00	9
Instandhaltungskosten	13 800,00	5
Raumkosten	8 000,00	0
kalk. Abschreibungen	60 000,00	4
kalk. Zinsen	14 150,00	0
sonstige Gemeinkosten	11 000,00	6
Summe	241 500,00	

Im letzten Monat sind bei einer Istbeschäftigung von 2 185 Montagestunden Istkosten (nach Eliminierung der Preisabweichungen) in Höhe von 235 980,00 € angefallen.

a) Vervollständigen Sie das Kostenkontrollblatt für den letzten Monat:

Planbeschäftigung: 2 300 Montagestunden   Istbeschäftigung: 2 185 Montagestunden
Plankostensatz: 105,00 €/Stunde

Kostenart	Plankosten			Soll-kosten €	Ist-kosten €	Ver-brauchs-abwei-chung €
	€	davon				
		variabel	fix			
Hilfslöhne	97 750,00				94 830,00	
Betriebsstoffkosten	36 800,00				35 900,00	
Instandhaltungskosten	13 800,00				13 300,00	
Raumkosten	8 000,00				8 000,00	
kalk. Abschreibungen	60 000,00				58 800,00	
kalk. Zinsen	14 150,00				14 150,00	
sonstige Gemeinkosten	11 000,00				11 000,00	
Summe	241 500,00				235 980,00	

b) Ermitteln Sie anhand der vorliegenden Daten
   (1) die Gesamtabweichung,
   (2) die Beschäftigungsabweichung
   dieser Kostenstelle.

c) Begründen Sie, ob die von Ihnen für diese Kostenstelle insgesamt ermittelte
   (1) Verbrauchsabweichung,
   (2) Beschäftigungsabweichung
   günstig oder ungünstig ist.

d) Erläutern Sie die Auswirkung auf den Variator für die Hilfslöhne in dieser Kostenstelle, wenn dem Gemeinkostenbudget eine Planbeschäftigung von 2185 Stunden (statt 2300 Stunden) zugrunde gelegt worden wäre.

Aufgabe 15 ▷

Als Bezugsgröße für die Kostenplanung dient die erwartete Fertigungszeit, wobei mit 20 Arbeitstagen in der Planperiode und einer täglichen Fertigungszeit von 8 Stunden gerechnet wird. Für die Planperiode werden Kosten in Höhe von 8000,00 € bei einem Variator von 6 vorgegeben. Nach Ablauf der Planperiode ermittelt man bei einer Ausfallzeit von 24 Stunden Istkosten von 7400,00 €.

a) Geben Sie die Kostenfunktion an.

b) Führen Sie die Abweichungsanalyse durch.

c) Zweck der Abweichungsanalyse ist in erster Linie die Wirtschaftlichkeitskontrolle. Nennen Sie einen anderen Grund, der eine Abweichungsanalyse sinnvoll macht.

Aufgabe 16 ▷

In einer Fertigungskostenstelle wurde auf der Basis einer Planbeschäftigung von 2000 Stunden folgender Kostenplan aufgestellt:

	Plankosten (€)	davon fix (€)
Materialkosten	520000,00	10000,00
Personalkosten	154000,00	80000,00
Fremdleistungskosten	14000,00	12000,00
kalk. Abschreibungen	25000,00	25000,00
kalk. Zinsen	3000,00	3000,00
kalk. Wagniskosten	4000,00	4000,00
Summe	720000,00	134000,00

Am Ende der Periode stellte sich heraus, dass die Istbeschäftigung nur 1800 Stunden betrug.

	Istkosten (€)
Materialkosten	470000,00
Personalkosten	148000,00
Fremdleistungskosten	14000,00
kalk. Abschreibungen	25000,00
kalk. Zinsen	3000,00
kalk. Wagniskosten	4000,00
Summe	664000,00

a) Ermitteln Sie aus diesen Zahlen

	auf Vollkostenbasis	auf Grenzkostenbasis
(1) den Plankostenverrechnungssatz		
(2) die verrechneten Plankosten		
(3) die Sollkosten		
(4) die Verbrauchsabweichung		
(5) die Beschäftigungsabweichung		

b) Zu den Personalkosten gehören auch die Fertigungslöhne, also Akkordlöhne. Begründen Sie, warum bei ihnen in der Regel keine Verbrauchsabweichung anfällt.

Aufgabe 17

Für eine Kostenstelle wurde die Kostenfunktion K = 220800,00 (€) + 150,00 (€/Stunde) · x (Stunden) ermittelt. Die tägliche Arbeitszeit beträgt 8 Stunden. Es wird mit jährlich 230 Arbeitstagen gerechnet. Am Jahresende wird festgestellt, dass für diese Kostenstelle an Periodenkosten (nach Eliminierung der Preisabweichung) ein Betrag von 470000,00 € angefallen ist. Im Abrechnungszeitraum ist an 10 Tagen gestreikt worden. An Ausfallzeiten sind darüber hinaus 196 Stunden festgestellt worden.

Führen Sie die Abweichungsanalyse

a) in einer flexiblen Plankostenrechnung auf Vollkostenbasis

b) in einer Grenzplankostenrechnung

durch, wobei die Plankostenverrechnungssätze, die verrechneten Plankosten, die Sollkosten, die Verbrauchs- und die Beschäftigungsabweichung anzugeben sind.

Aufgabe 18

Der Leiter einer Betriebssparte, die nur eine einzige Produktart herstellt und vertreibt, hat sich ein Gewinnschwellen-Diagramm anfertigen lassen, aus dem er das bei verschiedenen Absatzmengen zu erwartende Betriebsergebnis ablesen kann:

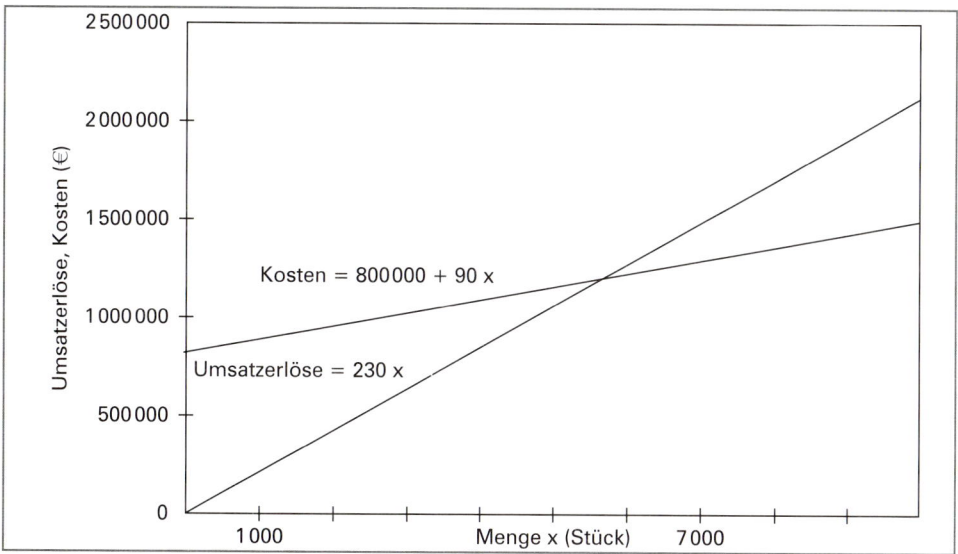

Von den Fixkosten entfallen 560 000,00 € auf die Herstellung und 240 000,00 € auf Verwaltung und Vertrieb. Von den variablen Kosten entfallen 80,00 €/Stück auf die Herstellung und 10,00 €/Stück auf Verwaltung und Vertrieb.

Im letzten Monat wurden 7 000 Stück zum Preis von 230,00 €/Stück verkauft. Der Verkaufsleiter liest aus dem Gewinnschwellen-Diagramm einen Betriebsgewinn von rund 180 000,00 € ab und vergewissert sich durch diese Rechnung:

Umsatzerlöse	=	7 000 Stück · 230,00 €/Stück	=	1 610 000,00 €
Kosten	=	800 000,00 € + 7 000 Stück · 90,00 €/Stück	=	1 430 000,00 €
				180 000,00 €

Umso erstaunter ist der Spartenleiter, als er wenige Tage später eine Betriebsergebnisrechnung erhält, die einen höheren Gewinn ausweist, obgleich ihr die im Gewinnschwellen-Diagramm genannten Funktionen zugrunde liegen:

Umsatzerlöse		1 610 000,00 €
– verrechnete Plan-Herstellkosten des Umsatzes	1 050 000,00 €	
– Beschäftigungsabweichung	28 000,00 €	
– Verbrauchsabweichung	1 200,00 €	
– Preisabweichung	800,00 €	
– Ist-Herstellkosten des Umsatzes		1 080 000,00 €
– Ist-Verwaltungs- und Vertriebskosten		310 000,00 €
Betriebsgewinn		220 000,00 €

Erklären Sie die Gewinndifferenz!

Aufgabe 19 >

Gehen Sie von diesen Daten für eine Abrechnungsperiode aus:

Planbeschäftigung	3 000 Stück einer einzigen Produktart
Basis-Plankosten	160 000,00 €, davon 100 000,00 € fix
Ist-Beschäftigung	2 400 Stück
Istkosten (zu Planpreisen)	155 000,00 €

a) Errechnen Sie die Sollkosten und die Verbrauchsabweichung.

b) Analysieren Sie die Verbrauchsabweichung. Berücksichtigen Sie dabei,

- dass die Soll-Maschinenlaufzeit 4 Minuten pro Stück ist und

- dass die durchschnittliche Ist-Maschinenlaufzeit wegen eines (vom Kostenstellenleiter nicht zu vertretenden) erhöhten Anfalls von Ausschuss 4,5 Maschinenminuten pro Stück beträgt.

4.4.2 Lösungen

Aufgabe 1

In der flexiblen Plankostenrechnung auf Teilkostenbasis werden in den Soll-Ist-Vergleich nur die variablen Kosten einbezogen, d.h., es werden nur die variablen Sollkosten und die variablen Istkosten gegenübergestellt, sodass die Verbrauchsabweichungen mit jenen in der flexiblen Plankostenrechnung auf Vollkostenbasis übereinstimmen.

In der flexiblen Plankostenrechnung auf Teilkostenbasis werden die Fixkosten der Kostenstellen in einem Zuge (Block) in die Betriebsergebnisrechnung übernommen, sodass keine Beschäftigungsabweichungen auftreten können.

Aufgabe 2

(1) Preisabweichung:

$\Delta P = 4\,200\ kg \cdot 9{,}00\ €/kg - 4\,200\ kg \cdot 8{,}00\ €/kg = 4\,200{,}00\ €$

Darin sind 200,00 € enthalten, die eine Mischung aus Preis- und Verbrauchsabweichung darstellen, aber nicht befriedigend aufgeteilt werden können:

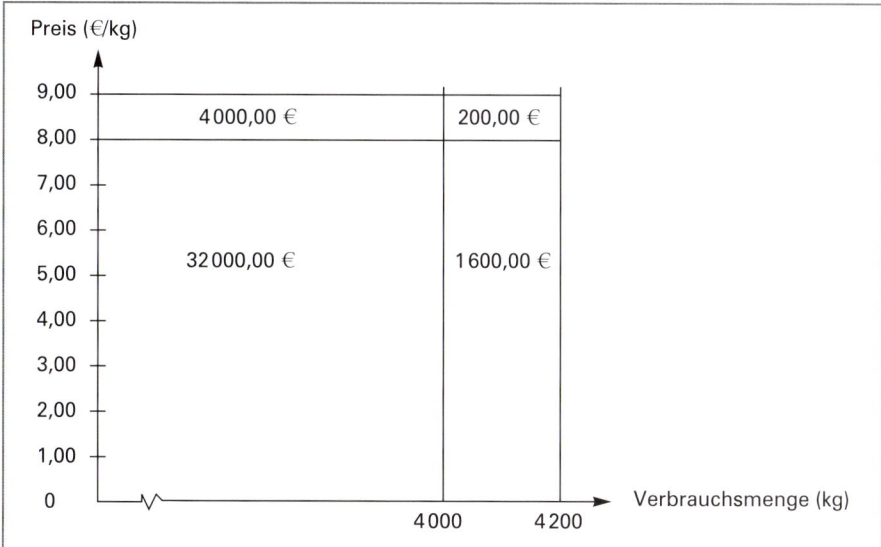

(2) Verbrauchsabweichung: $\Delta V = 33\,600{,}00\ € - 32\,000{,}00\ € = \underline{\underline{1\,600{,}00\ €}}$

Beschäftigungsabweichung: $\Delta B = \underline{\underline{3\,000{,}00\ €}}$ (20 % der Fixkosten wurden zu wenig verrechnet)

Umgekehrte Vorzeichen sind bei richtiger Interpretation ebenfalls anzuerkennen.

Aufgabe 3

1 verrechnete Plankosten
2 Sollkosten
3 Basisplankosten
4 Istkosten (zu Planpreisen)
5 Verbrauchsabweichung (ΔV)
6 Beschäftigungsabweichung (ΔB)

Aufgabe 4

a) $\dfrac{278\,400{,}00\ €}{2\,400\ Stühle} = 116{,}00\ €/Stuhl$

b) $116{,}00\ €/Stuhl \cdot 1\,920\ Stühle = 222\,720{,}00\ €$

c) $69\,600{,}00\ € + \dfrac{208\,800{,}00\ € \cdot 80}{100} = 236\,640{,}00\ €$

d) $\Delta B = $ Sollkosten – verrechnete Plankosten $= 236\,640{,}00\ € - 222\,720{,}00\ € = 13\,920{,}00\ €$

$\Delta B = 20\,\%$ von $69\,600{,}00\ € = 13\,920{,}00\ €$ zu wenig verrechnete Fixkosten

e) ΔV = Istkosten – Sollkosten = 238 140,00 € – 236 640,00 € = 1 500,00 €

Wenn die Kostenstellenleitung keine Rechtfertigungsgründe (wie schlechtere Faktorqualität) anführen kann, sind die 1 500,00 € Ausdruck von Unwirtschaftlichkeit, mit weniger als 1 % der Ist-kosten aber noch tolerierbar.

(Umgekehrte Vorzeichen sind bei richtiger Interpretation ebenfalls anzuerkennen.)

Aufgabe 5

a) 1 800,00 € · 10 : 2 000,00 € = 9

b) Bei einer Planbeschäftigung von 100 Stunden wären Basisplankosten in Höhe von 650,00 € angesetzt worden. Daraus ergäbe sich ein Variator von nur ≈ 6,9, denn bei einer Planbeschäftigung von 100 Stunden machen die variablen Plankosten (450,00 €) nur rund 69 % der Basisplankosten aus:

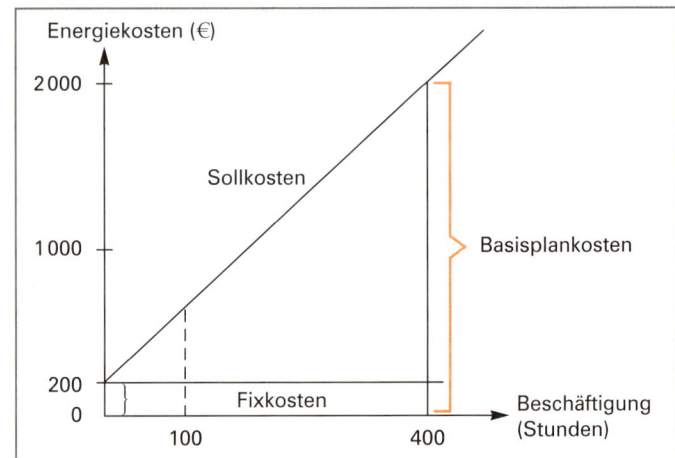

Aufgabe 6

a) 7/10 der Plankosten sind variabel $\Rightarrow$ Sollkosten = 900,00 € + 21,00 € je % Beschäftigungsgrad = 2 580,00 €

ΔV = Istkosten – Sollkosten = 120,00 €
ΔB = Sollkosten – verrechnete Plankosten = 2 580,00 € – 30,00 € · 80 = 180,00 €

b) Bei den Istkosten, die den Sollkosten gegenübergestellt werden, handelt es sich um Istkosten im Sinne der Plankostenrechnung, also um Istkosten zu Planpreisen.

Die Preisabweichung = Istverbrauchsmengen · Istpreise – Istverbrauchsmengen · Planpreise wurde also bereits eliminiert.

Aufgabe 7

Mengenabweichung = Istkosten (zu Planpreisen) – verrechnete Plankosten
Mengenabweichung = 13 000,00 € – 10 000,00 € = 3 000,00 €
Verbrauchsabweichung = Mengenabweichung – Beschäftigungsabweichung = 1 700,00 €

Aufgabe 8

a) 10,00 €/Stunde · 100 : 40 = 25,00 €/Stunde

b) Istbeschäftigung = 125 % = 10 000 Stunden
Planbeschäftigung = 100 % = 8 000 Stunden

Bei einer Überbeschäftigung werden zu viele Fixkosten verrechnet, und zwar in diesem Fall

2 000 Stunden · (25,00 €/Stunde – 10,00 €/Stunde) = 30 000,00 €

c) 25 % der Fixkosten wurden zu viel verrechnet. Also betragen die geplanten Fixkosten
30 000,00 € · 100 : 25 = 120 000,00 €

d) Verbrauchsabweichung = Istkosten – Sollkosten
= 238 000,00 € – (120 000,00 € + 10,00 €/Stunde · 10 000 Stunden)
= 18 000,00 €

Aufgabe 9

a) Variable Sollkosten : Stückzahl = variable Plankosten je Stück
(842 500,00 € – 190 000,00 €) : 720 Stück = 906,25 €/Stück

725 000,00 € : 906,25 €/Stück = 800 Stück

b) Beschäftigungsabweichung = Sollkosten – verrechnete Plankosten
Beschäftigungsabweichung = 842 500,00 € – (915 000,00 € : 800 Stück · 720 Stück) = 19 000,00 €

oder (anderer Rechenweg):
10 % Unterbeschäftigung = 10 % der Fixkosten = 19 000,00 € wurden zu wenig verrechnet.

Aufgabe 10

a) **Rechenweg 1:**

ΔB = Sollkosten – verrechnete Plankosten
= 63 720,00 € – 56 700,00 €
= 7 020,00 €

Also wurden $\dfrac{7\,020,00\ € \cdot 100}{23\,400,00\ €}$ = 30 % der Fixkosten zu wenig verrechnet. Daraus folgt, dass auch

die Istbeschäftigung 30 % unter der Planbeschäftigung liegt.

Planbeschäftigung $= \dfrac{1\,260\ \text{h}}{70\,\%} \cdot 100\,\%$ = 1 800 h

Rechenweg 2:

Plankostenverrechnungssatz $= \dfrac{56\,700,00\ €}{1\,260\ \text{h}}$ = 45,00 €/h

variable Sollkosten = 63 720,00 € – 23 400,00 € = 40 320,00 €

variabler Plankostenverrechnungssatz $= \dfrac{40\,320,00\ €}{1\,260\ \text{h}}$ = 32,00 €/h

Der fixe Plankostenverrechnungssatz beträgt also 13,00 €/h.

Planbeschäftigung $= \dfrac{23\,400,00\ €}{13,00\ €/\text{h}}$ = 1 800 h

b) **Rechenweg 1:**
Basisplankosten = Plankostenverrechnungssatz · Planbeschäftigung
45,00 €/h · 1 800 h = 81 000,00 €

Rechenweg 2:
Basisplankosten = variabler Plankostenverrechnungssatz · Planbeschäftigung + Fixkosten
= 32,00 €/h · 1 800 h + 23 400,00 € = 81 000,00 €

c) ΔV = Istkosten – Sollkosten = 74 000,00 € – (23 400,00 € + 32,00 €/h · 1 500 h) = 2 600,00 €

Aufgabe 11

a)

kalkulatorische Abschreibungen (90 000,00 €/10 Jahre)	9 000,00 €/Jahr
Raumkosten (10 m^2 · 6,35 €/m^2 · 12)	762,00 €/Jahr
Instandhaltungskosten	4 500,00 €/Jahr
Stromkosten (16 kWh · 0,7 · 2 000 · 0,12 €/kWh)	2 688,00 €/Jahr
kalkulatorische Zinsen (vom halben Wiederbeschaffungswert)	4 050,00 €/Jahr
Basisplankosten	21 000,00 €/Jahr

$$\text{Plankostenverrechnungssatz} = \frac{21\,000,00\ €}{2\,000\ h} = 10,50\ €/h$$

b) (1) Die Fixkosten belaufen sich auf 40 % von 21 000,00 € = 8 400,00 €. 25 % der Kapazität wurden nicht genutzt, also wurden auch 25 % der fixen Kosten zu wenig verrechnet: ΔB = 2 100,00 €.

(2) gesamte Mengenabweichung = Istkosten – verrechnete Plankosten
= 24 000,00 € – 10,50 €/h · 1 500 h = 8 250,00 €

ΔV = gesamte Mengenabweichung – ΔB = 8 250,00 € – 2 100,00 € = 6 150,00 €

oder (anderer Rechenweg): ΔV = Istkosten – Sollkosten

$$= 24\,000,00\ € - \left(8\,400,00\ € + \frac{21\,000,00\ € - 8\,400,00\ €}{2\,000\ h} \cdot 1\,500\ h\right) = 6\,150,00\ €$$

c) Z. B.:
– Verschlechterung der Auftragslage
– Maschinenausfall
– Personalausfall

Aufgabe 12

a)

Umsatzerlöse (250 · 5 500)	1 375 000,00 €
– Umsatzkosten (550 000 + 110 · 5 500)	1 155 000,00 €
Betriebsgewinn	220 000,00 €

b) Geplant war eine Produktionsmenge von 7 000 Stück: $\dfrac{825\,000,00\ €}{5\,500\ \text{Stück}} = 150,00\ €/\text{Stück}$

$$150 = \frac{350\,000 + 100x}{x} \Rightarrow x = 7\,000$$

Die Beschäftigungsabweichung von 50 000,00 € drückt aus, dass 1/7 der fixen Herstellkosten zu wenig verrechnet worden ist. Demzufolge ist 1/7 von 7 000 Stück weniger produziert worden. Von der tatsächlichen Produktionsmenge (6 000 Stück) gingen 500 Stück auf Lager.

c) Die Betriebsergebnisrechnung hätte ohne die Preis- und Verbrauchsabweichung von insgesamt 10 000,00 € einen Gewinn von 245 000,00 € ausgewiesen, also 25 000,00 € mehr als das Gewinn-schwellendiagramm. Die Differenz ist auf die unterschiedliche Bewertung der auf Lager produzier-ten 500 Stück zurückzuführen. In der Betriebsergebnisrechnung werden sie mit ihren vollen Her-stellkosten von 150,00 €/Stück berücksichtigt, im Gewinnschwellendiagramm mit ihren variablen Herstellkosten von 100,00 €/Stück.

Aufgabe 13

a) $\text{Plankostenverrechnungssatz} = \dfrac{\text{Basisplankosten}}{\text{Planbeschäftigung}} = \dfrac{90\,000,00 \text{ €}}{400 \text{ Stunden}} = 225,00 \text{ €/Stunde}$

b) verrechnete Plankosten = Plankostenverrechnungssatz · Istbeschäftigung
= 225,00 €/Stunde · 360 Stunden = 81 000,00 €

c) Sollkosten = verrechnete Plankosten + ΔB = 81 000,00 € + 5 400,00 € = 86 400,00 €

Mit Hilfe der unter e) dargestellten Berechnungsvariante für die Kostenfunktion

$$K = 54\,000,00 \text{ €} + 90,00 \text{ €/Stunde} \cdot x \text{ Stunden}$$

lassen sich die Sollkosten auch so berechnen:

$$54\,000,00 \text{ €} + 90,00 \text{ €/Stunde} \cdot 360 \text{ Stunden} = 86\,400,00 \text{ €}$$

d) Istkosten = Sollkosten + ΔV = 86 400,00 € + 4 300,00 € = 90 700,00 €

e) $\text{proportionaler Plankostensatz} = \dfrac{90\,000,00 \text{ €} - 86\,400,00 \text{ €}}{400 \text{ Stunden} - 360 \text{ Stunden}} = 90,00 \text{ €/Stunde}$

Fixkosten = 90 000,00 € – 90,00 €/Stunde · 400 Stunden = 54 000,00 €

Anderer Rechenweg z. B.:

Die Istbeschäftigung lag mit 360 Stunden 10 % unter der Planbeschäftigung von 400 Stunden. Also wurden auch 10 % der Fixkosten zu wenig verrechnet. Wenn die Beschäftigungsabweichung in Höhe von 5 400,00 € = 10 % der Fixkosten ist, betragen die Fixkosten 54 000,00 €. Wenn die proportionalen Basisplankosten 36 000,00 € (= 90 000,00 € – 54 000,00 €) ausmachen, beträgt der proportionale Plankostensatz 90,00 €/Stunde (= 90 000,00 € : 400 Stunden).

f) Variator = prozentualer Anteil der variablen Plankosten : 10

$$= \dfrac{90 \cdot 100}{225 \cdot 10} = 4$$

Aufgabe 14

a)

Planbeschäftigung:	2 300 Montagestunden		Istbeschäftigung:	2 185 Montagestunden
Plankostensatz:	105,00 €/Stunde			

Kostenart	Plankosten			Soll-kosten €	Ist-kosten €	Ver-brauchs-abwei-chung €
	€	davon				
		variabel	fix			
Hilfslöhne	97 750,00	78 200,00	19 550,00	93 840,00	94 830,00	990,00
Betriebsstoffkosten	36 800,00	33 120,00	3 680,00	35 144,00	35 900,00	756,00
Instandhaltungskosten	13 800,00	6 900,00	6 900,00	13 455,00	13 300,00	– 155,00
Raumkosten	8 000,00	0,00	8 000,00	8 000,00	8 000,00	0,00
kalk. Abschreibungen	60 000,00	24 000,00	36 000,00	58 800,00	58 800,00	0,00
kalk. Zinsen	14 150,00	0,00	14 150,00	14 150,00	14 150,00	0,00
sonstige Gemeinkosten	11 000,00	6 600,00	4 400,00	10 670,00	11 000,00	330,00
Summe	241 500,00	148 820,00	92 680,00	234 059,00	235 980,00	1 921,00

b) (1) Gesamtabweichung = Istkosten – verrechnete Plankosten
Gesamtabweichung = 235 980,00 € – 105,00 €/Stunde · 2 185 Stunden = 6 555,00 €

(2) Beschäftigungsabweichung = Sollkosten – verrechnete Plankosten
Beschäftigungsabweichung = 234 059,00 € – 229 425,00 € = 4 634,00 €

oder

Beschäftigungsabweichung = Gesamtabweichung – Verbrauchsabweichung

Beschäftigungsabweichung = 6555,00 € – 1921,00 € = 4634,00 €

oder

Beschäftigungsabweichung = zu wenig oder zu viel verrechnete Fixkosten. Hier wurden

$$\frac{2300 \text{ Stunden} - 2185 \text{ Stunden}}{2300 \text{ Stunden}} \cdot 100 = 5\%$$

der Fixkosten zu wenig verrechnet.

Beschäftigungsabweichung = 5% von 92680,00 € = 4634,00 €

c) (1) Die Verbrauchsabweichung wirkt sich ungünstig auf das Betriebsergebnis aus, weil die Istkosten über den Sollkosten liegen.

(2) Es handelt sich um eine ungünstige Beschäftigungsabweichung, weil zu wenig Fixkosten verrechnet wurden.

d) In diesem Fall wären als (Basis-)Plankosten für Hilfslöhne 93840,00 € angesetzt worden:

$$\frac{78200,00 \text{ €} \cdot 2185 \text{ Stunden}}{2300 \text{ Stunden}} + 19550,00 \text{ €}$$

Der Anteil der variablen Hilfslöhne fiele dann auf

$$\frac{74290,00 \text{ €}}{93840,00 \text{ €}} \cdot 100 \approx 79,17\%$$

⇒ Der Variator fällt auf 7,9

Aufgabe 15

a) K = 3200 (€) + 30 (€/h · x (h)

b) △V = 120,00 €
△B = 480,00 €

c) Die Plangrößen werden im Nachhinein auf ihre Genauigkeit überprüft.

Aufgabe 16

a)

	auf Vollkostenbasis	auf Grenzkostenbasis
(1) Plankostenverrechnungssatz	$\frac{720000 \text{ €}}{2000 \text{ h}} = 360 \text{ €/h}$	$\frac{586000 \text{ €}}{2000 \text{ h}} = 293 \text{ €/h}$
(2) verrechnete Plankosten	360 €/h · 1800 h = 648000 €	293 €/h · 1800 h = 527400 €
(3) Sollkosten	134000 € + $\frac{586000 \text{ €}}{2000 \text{ h}}$ · 1800 h = 661400 €	293 €/h · 1800 h = 527400 €
(4) Verbrauchsabweichung	Istkosten – Sollkosten = 664000 € – 661400 € = 2600 €	variable Istkosten – (variable) Sollkosten = 530000 € – 527400 € = 2600 €
(5) Beschäftigungsabweichung	Sollkosten – verr. Plan- kosten = 661400 € – 648000 € = 13400 € (10% der Fixkosten wur- den zu wenig verrechnet)	fällt nicht an, weil keine Fixkosten verrechnet werden

b) Die Abweichung zwischen Istarbeitszeit und Vorgabezeit ist für die Lohnhöhe bedeutungslos, da in jedem Fall die Vorgabezeit bezahlt wird. Allerdings können Zusatzlöhne notwendig werden, wenn der Arbeitnehmer die Zeitabweichung nicht zu vertreten hat, weil sie z.B. auf Konstruktionsänderungen, Materialmängel oder Stockungen im Materialfluss zurückzuführen sind.

Aufgabe 17

a) auf Vollkostenbasis	b) auf Grenzkostenbasis
Plankostenverrechnungssatz $= \dfrac{496\,800\ \text{€}}{1\,840\ \text{Std.}} = 270,00\ \text{€/Std.}$	Plankostenverrechnungssatz $= 150,00\ \text{€/Std.}$
Verrechnete Plankosten $= 270,00\ \text{€/Std.} \cdot 1\,564\ \text{Std.} = 422\,280,00\ \text{€}$	Verrechnete Plankosten $= 150,00\ \text{€/Std.} \cdot 1\,564\ \text{Std.} = 234\,600,00\ \text{€}$
Sollkosten $= 220\,800,00\ \text{€} + 150,00\ \text{€/Std.} \cdot 1\,564\ \text{Std.}$ $= 455\,400,00\ \text{€}$	Sollkosten = verrechnete Plankosten $= 234\,600,00\ \text{€}$
$\triangle V$ = Istkosten − Sollkosten $= 470\,000,00\ \text{€} - 455\,400,00\ \text{€} = 14\,600,00\ \text{€}$	$\triangle V$ = (variable) Istkosten − (variable) Sollkosten $= 249\,200,00\ \text{€} - 234\,600,00\ \text{€} = 14\,600,00\ \text{€}$
$\triangle B$ = Sollkosten − verrechnete Plankosten $= 455\,400,00\ \text{€} - 422\,280,00\ \text{€} = 33\,120,00\ \text{€}$	$\triangle B$ wird nicht ausgewiesen, weil keine Fixkosten verrechnet werden

Aufgabe 18

Ohne Verbrauchs- und Preisabweichung wäre die Gewinndifferenz 42 000,00 €. Diese Differenz erklärt sich dadurch, dass 600 Stück auf Lager produziert und nicht mit den variablen Herstellkosten von 80,00 €/Stück, sondern mit den vollen Herstellkosten von 150,00 €/Stück bewertet worden sind. Die Erhöhung des Erzeugnisbestands ergibt sich aus folgender Rechnung:

1. Plan-Herstellkosten: 1 050 000,00 € : 7 000 Stück = 150,00 €/Stück
   Aus der Gleichung 150 = (560 000 + 80 x)/x folgt, dass die geplante Menge x = 8 000 (Stück) war.

2. Die Beschäftigungsabweichung von 28 000,00 € sagt aus, dass 5 % der fixen Herstellkosten zu wenig verrechnet worden sind. Also lag die Ist-Produktionsmenge 5 % unter der Plan-Produktionsmenge. Wenn 8 000 Stück − 5 % = 7 600 Stück hergestellt und nur 7 000 Stück abgesetzt worden sind, müssen 600 Stück auf Lager produziert worden sein.

Aufgabe 19

a) Sollkosten $= 100\,000,00\ \text{€} + \dfrac{60\,000,00\ \text{€}}{3\,000\ \text{Stück}} \cdot 2\,400\ \text{Stück} = 148\,000,00\ \text{€} \Rightarrow \triangle V = 7\,000,00\ \text{€}$

b) Auch wenn man die unter a) ermittelten Sollkosten bei Soll-Maschinenlaufzeit vorgegeben hätte:

Sollkosten $= 100\,000,00\ \text{€} + \dfrac{60\,000,00\ \text{€}}{12\,000\ \text{Maschinenminuten}} \cdot 9\,600\ \text{Maschinenminuten} = 148\,000,00\ \text{€}$

wäre der Eindruck entstanden, der Kostenstellenleiter sei für eine (globale) Verbrauchsabweichung in Höhe von 7 000,00 € verantwortlich. Nun sind aber die 2 400 Stück aufgrund des von ihm nicht zu vertretenden erhöhten Anfalls von Ausschuss nicht in 160, sondern nur in 180 Maschinenstunden herstellbar. Statt der Sollkosten bei Soll-Maschinenlaufzeit sollten den Istkosten von 155 000,00 € Sollkosten bei Ist-Maschinenlaufzeit

$= 100\,000,00\ \text{€} + \dfrac{60\,000,00\ \text{€}}{12\,000\ \text{Maschinenminuten}} \cdot 10\,800\ \text{Maschinenminuten} = 154\,000,00\ \text{€}$

gegenübergestellt werden, sodass die vom Kostenstellenleiter zu verantwortende Verbrauchsabweichung nur 1 000,00 € beträgt. Die Leistungs- oder Ausbeuteabweichung in Höhe von 6 000,00 € ist ihm nicht anzulasten.

12 Scharnweber – ISBN 978-3-8120-0125-0

5 Aufgabensatz für eine Probeklausur

(Bearbeitungszeit: 120 Minuten)

Aufgabe 1 (20 Punkte)

Ein Industriebetrieb setzt für die Bereitstellung des betriebsnotwendigen Kapitals kalkulatorische Zinsen an, berechnet das betriebsnotwendige Kapital nach der Formel

    betriebsnotwendiges Vermögen
– Abzugskapital
   ———————————————————
= betriebsnotwendiges Kapital

und ermittelt das betriebsnotwendige Vermögen nach der Durchschnittswertmethode auf der Basis von Wiederbeschaffungskosten aus diesen Werten

Grundstücke	1 000 000,00 €
Gebäude	3 000 000,00 €
Maschinen und maschinelle Anlagen	2 800 000,00 €
Finanzanlagen	1 200 000,00 €
Roh-, Hilfs- und Betriebsstoffe	600 000,00 €
Fertige Erzeugnisse	400 000,00 €
Debitoren	750 000,00 €
Flüssige Mittel	250 000,00 €

unter Berücksichtigung folgender Zusatzinformationen:

– Zum Betriebsvermögen gehören zwei Wohnungen, die an betriebsexterne Personen vermietet sind. Wert dieser Wohnungen: 600 000,00 €. Bodenanteil dieser Wohnungen: 10 % der Grundstücke.

– In der Position Finanzanlagen befindet sich eine Beteiligung im Wert von 500 000,00 €, die im Hinblick auf eine langfristige Sicherung der Materialversorgung vorgenommen wurde. Die restlichen Finanzanlagen sind aufgrund fehlender Investitionsalternativen in langfristigen Industrieobligationen gebunden.

a) Berechnen Sie das betriebsnotwendige Vermögen.   10 Punkte

b) Nennen Sie zwei Beispiele für das Abzugskapital.   2 Punkte

c) Aus welchem Grund ist die Berücksichtigung des Abzugskapitals umstritten?   2 Punkte

d) Begründen Sie, warum die Durchschnittswertmethode dem Wertansatz nach Nr. 45 (1) der Leitsätze für die Preisermittlung aufgrund von Selbstkosten (LSP) vorzuziehen ist, wonach das Anlagevermögen mit dem kalkulatorischen Restwert nach Maßgabe der Vorschriften für die Abschreibungen anzusetzen ist.   2 Punkte

e) Nennen Sie zwei Gründe für eine Differenz zwischen den unter d) angesprochenen kalkulatorischen Abschreibungen und den bilanziellen Abschreibungen.   2 Punkte

f) Kalkulatorische Zinsen und kalkulatorische Abschreibungen sind Anderskosten, zu denen auch die kalkulatorischen Wagniskosten zählen. Nennen Sie zwei Unterschiede zwischen den Einzelwagnissen und dem allgemeinen Unternehmerwagnis.   2 Punkte

Aufgabe 2 (22 Punkte)

Ein Industriebetrieb produziert und vertreibt ausschließlich die Produktarten A und B. Für den letzten Monat liegen folgende Informationen vor:

	Produktart A	Produktart B
Produktionsmenge (Stück)	2 300	1 000
Absatzmenge (Stück)	2 320	970
Fertigungsmaterial (€)	920 000,00	300 000,00
Fertigungslohn I (€)	92 000,00	30 000,00
Fertigungslohn II (€)	57 500,00	35 000,00
Sondereinzelkosten des Vertriebs (€)	2 320,00	970,00
Umsatzerlöse (€)	2 668 000,00	921 500,00
Bestandsmehrung an fertigen Erzeugnissen (€)	3 650,00	

Kosten- stellen ➡	Materialwesen	Fertigung I	Fertigung II	Verwaltung/ Vertrieb
Istgemeinkosten (€)	140 000,00	960 000,00	190 000,00	410 000,00
Normalzuschlagssätze	12,00 %	780,00 %	200,00 %	15,00 %

a) Kalkulieren Sie die Normalselbstkosten je Stück der beiden Produktarten mit Hilfe der differenzierenden Zuschlagskalkulation.   8 Punkte

b) Unter welcher Voraussetzung hätte der Betrieb die Äquivalenzzahlenkalkulation anwenden können?   2 Punkte

c) Berechnen Sie die Kostenüber-/-unterdeckungen der vier Kostenstellen.   8 Punkte

d) Ermitteln Sie das Umsatzergebnis im letzten Monat und leiten Sie daraus das Betriebsergebnis ab.   4 Punkte

Aufgabe 3 (22 Punkte)

Ein Unternehmen produziert und vertreibt nur eine Produktart, von der es pro Monat maximal 4 000 Stück herstellen kann, zu einem Preis von 1 040,00 € netto je Stück.

Die monatlichen fixen Kosten betragen 180 000,00 €. Im letzten Monat wurden 3 000 Stück produziert und abgesetzt. Dabei fielen bei linearem Kostenverlauf Einzelkosten in Höhe von 2 100 000,00 € und variable Gemeinkosten in Höhe von 660 000,00 € an.

a) Gehen Sie von einer 75 %igen Kapazitätsauslastung aus und berechnen Sie

    (1) die kurzfristige Preisuntergrenze,   2 Punkte
    (2) die langfristige Preisuntergrenze.   4 Punkte

b) Bei welcher Stückzahl pro Monat liegt

    (1) die gewinnmaximale Ausbringungsmenge,   2 Punkte
    (2) die Gewinnschwelle (= Break-even-Point)?   4 Punkte

c) Errechnen Sie die Stückzahl, die bei einem Gewinn in Höhe von 10 % des Umsatzes benötigt wird, und interpretieren Sie das Ergebnis.   6 Punkte

d) Aufgrund der Marktsituation muss der Verkaufspreis auf 1 000,00 €/Stück gesenkt werden. Das Unternehmen möchte einen Gewinn von mindestens 100 000,00 €/Monat erzielen.

    Ermitteln Sie die dazu notwendigen Umsatzerlöse.   4 Punkte

Aufgabe 4 (16 Punkte)

a) Die Geschäftsleitung möchte wissen, wie hoch das Ergebnis gewesen wäre, wenn man dieses Produktionsprogramm ausschließlich auf der Basis kostenrechnerischer Überlegungen optimiert hätte:

Erzeugnisgruppen	A		B	
Erzeugnisarten	A1	A2	B1	B2
Produktions- und Absatzmenge	500 Stück	800 Stück	1 200 Stück	2 000 Stück
variable Kosten	472 000 €	658 000 €	648 000 €	1 292 000 €
Erzeugnisarten-Fixkosten	20 400 €	40 400 €	25 200 €	66 800 €
Erzeugnisgruppen-Fixkosten	29 800 €		45 200 €	
Umsatzerlöse	550 000 €	732 000 €	609 000 €	1 479 600 €
Unternehmensfixkosten	76 000 €			
Betriebsverlust	3 200 €			

Ermitteln Sie in einer mehrstufigen Deckungsbeitragsrechnung das optimale Ergebnis.   **10 Punkte**

b) Auf einer noch zu beschaffenden Produktionsanlage soll das Produkt C hergestellt werden. Es wird überlegt, ob Fremdbezug zu einem höheren Gewinn führt. Dabei sind folgende Informationen zu berücksichtigen:

variable Stückkosten (k_v)   24,00 €
zurechenbare fixe Kosten für C (K_f)   179 200,00 €
Einstandspreis bei Fremdbezug (p_F)   80,00 €

Berechnen Sie die Stückzahl, bis zu der es günstiger ist, C von einem Lieferanten zu beziehen.   **6 Punkte**

Aufgabe 5 (20 Punkte)

Ein mittelständisches Unternehmen setzt die flexible Plankostenrechnung auf Vollkostenbasis ein. Für den vergangenen Monat liegt dieser noch unvollständige Kostenbericht einer Kostenstelle vor:

Planbeschäftigung:	3 680 Fertigungsstunden
Istbeschäftigung:	3 128 Fertigungsstunden

Kostenart ⇩	Basisplankosten			Sollkosten (€)	Istkosten (€)	Verbrauchs- abweichung (€)
	fix (€)	proportional (€)	gesamt (€)			
Fertigungslöhne	0	74 900	74 900		63 900	
Hilfslöhne	20 300	28 900	49 200		44 900	
Personalzusatzkosten	10 900	56 600	67 500		59 100	
Betriebsstoffkosten	3 900	11 700	15 600		14 000	
Reparaturkosten	0	30 500	30 500		25 700	
kalk. Abschreibungen	55 100	18 200	73 300		70 570	
kalk. Zinsen und Raumkosten	38 600	0	38 600		38 600	
Summe	128 800	220 800	349 600		316 770	

a) Nennen Sie zwei Unterschiede zwischen der flexiblen Plankostenrechnung auf Vollkostenbasis und der Grenzplankostenrechnung. **2 Punkte**

b) Zur Berechnung der Sollkosten wird häufig der Variator angegeben. Ermitteln Sie aus den oben genannten Zahlen für die Betriebsstoffkosten den Variator. **2 Punkte**

c) Ergänzen Sie den Kostenbericht an den offenen Stellen um die noch fehlenden Geldbeträge. **7 Punkte**

d) Begründen Sie, warum in die Verbrauchsabweichungen keine Preisabweichungen eingehen. **2 Punkte**

e) Ermitteln Sie aus den oben genannten Zahlen
(1) den Plankostenverrechnungssatz, **2 Punkte**
(2) die verrechneten Plankosten. **2 Punkte**

f) Berechnen und interpretieren Sie die Beschäftigungsabweichung dieser Kostenstelle. **3 Punkte**

6 Lösungen der Aufgaben in der Probeklausur zur Kosten- und Leistungsrechnung

Aufgabe 1

a) ◆ Die Grundstücke werden mit 1 000 000,00 € abzüglich 10 % wegen der nicht betriebsbedingten Wohnungen angesetzt: **900 000,00 €**

◆ Die Gebäude werden nach der Durchschnittswertmethode mit der Hälfte von 2 400 000,00 € (= Gebäude abz. der vermieteten Wohnungen) angesetzt: **1 200 000,00 €**

◆ Die Maschinen und maschinellen Anlagen werden nach der Durchschnittswertmethode mit dem halben Ausgangswert angesetzt: **1 400 000,00 €**

◆ Bei den Finanzanlagen ist der Wert der Industrieobligationen abzuziehen, weil diese keinen Betriebszweck erfüllen: **500 000,00 €**

◆ Die Posten des Umlaufvermögens fließen in voller Höhe in die Berechnung ein, weil keine Zusatzinformationen dagegen sprechen; z.B. Hinweise darauf, dass diese Werte nicht dem Jahresdurchschnitt entsprechen: **2 000 000,00 €**
6 000 000,00 €

b) Z.B.:
– (unverzinsliche) Kundenanzahlungen
– (nicht skontierungsfähige) Verbindlichkeiten aus Lieferungen und Leistungen

c) Wenn man die unter b) genannten Positionen nicht verzinst, verstößt man gegen den Grundsatz, Finanzierungseinflüsse aus der Kostenrechnung herauszuhalten.

d) Die Durchschnittswertmethode geht nicht von den (im Laufe der Nutzungsdauer verringerten) kalkulatorischen Restwerten aus und erfüllt damit die Forderung nach einer gleichmäßigen Kostenverteilung.

e) Z.B.:

bilanzielle Abschreibungen	kalkulatorische Abschreibungen
– gewöhnlich anfangs degressiv (wenn steuerlich zulässig)	– linear
– von den Anschaffungskosten	– vom Wiederbeschaffungswert

f)

Einzelwagnisse	allgemeines Unternehmerwagnis
– sind die mit der Leistungserstellung in den einzelnen Tätigkeitsgebieten des Betriebes verbundenen Verlustgefahren – werden in den kalkulatorischen Wagniskosten berücksichtigt	– gefährdet das Unternehmen als Ganzes – wird im kalkulatorischen Gewinn abgegolten

Aufgabe 2

a)

	Normal-Zuschlagssatz	Produktart A (€/Stück)	Produktart B (€/Stück)
Fertigungsmaterial		400,00	300,00
Materialgemeinkosten	12,00 %	48,00	36,00
Fertigungslöhne I		40,00	30,00
Fertigungsgemeinkosten I	780,00 %	312,00	234,00
Fertigungslöhne II		25,00	35,00
Fertigungsgemeinkosten II	200,00 %	50,00	70,00
Herstellkosten		875,00	705,00
Verwaltungs- und Vertriebsgemeinkosten	15,00 %	131,25	105,75
Sondereinzelkosten des Vertriebs		1,00	1,00
Selbstkosten		1 007,25	811,75

b) Die Äquivalenzzahlenkalkulation setzt Sortenfertigung voraus, also die Produktion eng verwandter Produkte (die aus denselben Rohstoffen bestehen und etwa dieselbe Fertigung durchlaufen).

c)

Kostenstellen ⟶	Materialwesen	Fertigung I	Fertigung II	Verwaltung/Vertrieb
Istgemeinkosten (€)	140 000,00	960 000,00	190 000,00	410 000,00
Normalzuschlagssätze	12,00 %	780,00 %	200,00 %	15,00 %
Zuschlagsbasis (€)	1 220 000,00	122 000,00	92 500,00	2 713 850,00
Normalgemeinkosten (€)	146 400,00	951 600,00	185 000,00	407 077,50
Kostenüber-(+)/-unterdeckung (–) der Kostenstellen (€)	6 400,00	– 8 400,00	– 5 000,00	– 2 922,50

Nebenrechnung:

Berechnung der **Normal**-Herstellkosten des Umsatzes als Zuschlagsbasis für die Verwaltungs- und Vertriebsgemeinkosten

Fertigungsmaterial	1 220 000,00 €
Materialgemeinkosten	146 400,00 €
Fertigungslöhne I	122 000,00 €
Fertigungsgemeinkosten I	951 600,00 €
Fertigungslöhne II	92 500,00 €
Fertigungsgemeinkosten II	185 000,00 €
Herstellkosten der Produktion	2 717 500,00 €
– Bestandsmehrung an fertigen Erzeugnissen	3 650,00 €
Herstellkosten des Umsatzes	2 713 850,00 €

d)

Umsatzerlöse (€)	3 589 500,00
Normal-Selbstkosten des Umsatzes (€)	3 124 217,50
Umsatzergebnis (€)	465 282,50
– Kostenunterdeckung der Kostenstellen (€)	9 922,50
Betriebsergebnis (€)	455 360,00

Nebenrechnung (€):

Herstellkosten des Umsatzes	2 713 850,00
+ 15 % VWVtGK	407 077,50
+ Sondereinzelkosten des Vertriebs	3 290,00
Normal-Selbstkosten des Umsatzes	3 124 217,50

Aufgabe 3

a) (1) kurzfristige Preisuntergrenze = variable Stückkosten

$$= \frac{2\,100\,000,00\ €\ +\ 660\,000,00\ €}{3\,000\ \text{Stück}} = 920,00\ €/\text{Stück}$$

(2) langfristige Preisuntergrenze = volle Stückkosten

$$= \frac{2\,100\,000,00\ €\ +\ 660\,000,00\ €\ +\ 180\,000,00\ €}{3\,000\ \text{Stück}} = 980,00\ €/\text{Stück}$$

b) (1) Bei linearem Kostenverlauf und positivem Deckungsbeitrag (1 040,00 €/Stück – 920,00 €/Stück = 120,00 €/Stück) liegt die gewinnmaximale Ausbringungsmenge bei der Kapazitätsgrenze, also hier bei 4 000 Stück.

(2) Gewinnschwellenmenge $= \dfrac{\text{Fixkosten}}{\text{Stückdeckungsbeitrag}} = \dfrac{180\,000,00\ €}{120,00\ €/\text{Stück}} = 1\,500$ Stück

c) $0,10 = \dfrac{U\ -\ K}{U} = \dfrac{1\,040x\ -\ (180\,000\ +\ 920x)}{1\,040x}$

$\Rightarrow$ x = 11 250 (Stück)

Diese Ausbringungsmenge ist wegen der Kapazitätsgrenze nicht realisierbar.

d) Es müssen $\dfrac{180\,000,00\ €\ +\ 100\,000,00\ €}{80,00\ €/\text{Stück}} = 3\,500$ Stück produziert und zum Preis von 1 000,00 €

je Stück abgesetzt werden. $\Rightarrow$ Umsatzerlöse: 3 500 000,00 €

Aufgabe 4

a) Die Erzeugnisart B1 weist einen negativen Deckungsbeitrag in Höhe von

Umsatzlöse	609 000,00 €
– variable Kosten	648 000,00 €
	– 39 000,00 €

auf und sollte deshalb aus dem Produktionsprogramm genommen werden. Damit wäre, **wenn** auch die Erzeugnisarten-Fixkosten von B1 abgebaut werden können, dieses das optimale Ergebnis:

Erzeugnisgruppen	A		B
Erzeugnisarten	A1	A2	B2
Umsatzlöse	550 000 €	732 000 €	1 479 600 €
variable Kosten	472 000 €	658 000 €	1 292 000 €
Deckungsbeitrag	78 000 €	74 000 €	187 600 €
Erzeugnisarten-Fixkosten	20 400 €	40 400 €	66 800 €
Rest-Deckungsbeitrag 1	57 600 €	33 600 €	120 800 €
Erzeugnisgruppen-Fixkosten	29 800 €		45 200 €
Rest-Deckungsbeitrag 2	61 400 €		75 600 €
Unternehmensfixkosten	76 000 €		
Betriebsgewinn	61 000 €		

b) kritische Menge x:

$$K_f + k_v \cdot x = p_F \cdot x$$
$$179\,200 + 24\,x = 80x$$
$$x = 3\,200 \ (\text{Stück})$$

Aufgabe 5

a) Anders als bei der flexiblen Plankostenrechnung auf Vollkostenbasis
   - sind bei der Grenzplankostenrechnung Sollkosten und verrechnete Plankosten identisch,
   - entstehen bei der Grenzplankostenrechnung keine Beschäftigungsabweichungen.

b) $\text{Variator} = \dfrac{\text{variable Plankosten} \cdot 10}{\text{gesamte Plankosten}} = \dfrac{11\,700 \cdot 10}{15\,600} = \underline{\underline{7,5}}$

c)

| Planbeschäftigung: | 3680 Fertigungsstunden |
| Istbeschäftigung: | 3128 Fertigungsstunden |

| Kostenart ⇓ | Basisplankosten | | | Sollkosten (€) | Istkosten (€) | Verbrauchs-abweichung (€) |
	fix (€)	proportional (€)	gesamt (€)			
Fertigungslöhne	0	74900	74900	63665	63900	235
Hilfslöhne	20300	28900	49200	44865	44900	35
Personalzusatzkosten	10900	56600	67500	59010	59100	90
Betriebsstoffkosten	3900	11700	15600	13845	14000	155
Reparaturkosten	0	30500	30500	25925	25700	– 225
kalk. Abschreibungen	55100	18200	73300	70570	70570	0
kalk. Zinsen und Raumkosten	38600	0	38600	38600	38600	0
Summe	128800	220800	349600	316480	316770	290

d) Die Istkosten wurden preisbereinigt, indem man die Ist-Verbrauchsmengen der Kostengüter mit den Planpreisen multipliziert hat.

e) (1) $\text{Plankostenverrechnungssatz} = \dfrac{\text{Basisplankosten}}{\text{Planbeschäftigung}} = \dfrac{349\,600{,}00\ €}{3680\ h} = 95{,}00\ €/h$

(2) verrechnete Plankosten = Plankostenverrechnungssatz · Istbeschäftigung
= 95,00 €/h · 3128 h = 297 160,00 €

f) ΔB = Sollkosten – verrechnete Plankosten = 316480,00 € – 297160,00 € = 19320,00 € oder (anderer Rechenweg): 15 % der Fixkosten in Höhe von 128800,00 € = 19320,00 €

Die Istbeschäftigung lag (15 %) unter der Planbeschäftigung, wodurch fixe Kosten (ebenfalls 15 %) zu wenig verrechnet wurden.

Benotung:

Punkte	0 – 29	30 – 49	50 – 66	67 – 80	81 – 91	92 – 100
Note	6	5	4	3	2	1

Verzeichnis der Tabellen zum durchgehenden Zahlenbeispiel

Literaturverzeichnis

Diesem Literaturverzeichnis haftet, weil es übersichtlich sein soll, der Makel der Willkür an. Es enthält nur einige Bücher zur Kosten- und Leistungsrechnung, denen der Verfasser dieses Kurzlehrbuchs besondere Anregungen verdankt und die (wenn sie durch ein * gekennzeichnet sind) auch den Appetit der Leserinnen und Leser auf weitere Übungsaufgaben stillen können.

Wertvolles Übungsmaterial auf dem Weg zur IHK-Bilanzbuchhalterprüfung sind auch die beim W. Bertelsmann Verlag, Service-Center DIHK, 33506 Bielefeld, zu beziehenden Aufgaben (mit Lösungen) aus vergangenen bundeseinheitlichen Prüfungen.

* Däumler/Grabe, Kostenrechnung 1, Grundlagen, 9. Aufl., Herne/Berlin 2003

* dies., Kostenrechnung 2, Deckungsbeitragsrechnung, 8. Aufl., Herne/Berlin 2006

* dies., Kostenrechnung 3, Plankostenrechnung und Kostenmanagement, 7. Aufl., Herne/Berlin 2004

Wolfgang Kilger, Kurzfristige Erfolgsrechnung, Wiesbaden 1962

ders., Flexible Plankostenrechnung und Deckungsbeitragsrechnung, 10. Aufl., Wiesbaden 1993

Erich Kosiol, Kostenrechnung und Kalkulation, Berlin 1969

Paul Riebel, Einzelkosten- und Deckungsbeitragsrechnung, 7. Aufl., Wiesbaden 1994

Johann Steger, Kosten- und Leistungsrechnung, 3. Aufl., München/Wien 2001

Johannes N. Stelling, Kostenmanagement und Controlling, 2. Auflage, München/Wien 2005.

Stichwortverzeichnis